やさしい 基礎物理学

編／木下順二 　著／大森理恵, 小林義彦, 庄司善彦, 髙須雄一, 野村和泉, 松本みどり

羊土社
YODOSHA

序

　自然科学を学ぶうえで，物理の知識や考え方が基礎になっていることが多い．したがって，物理を専門としない学生でも，物理の知識を学びたいという気持ちをもつ人は多いと思う．しかし，学生向けの教科書は，物理を専門とする学生向けに書かれたものや，それを少しアレンジしただけのものがほとんどで，微分・積分など，少し高度な数学を前提とするものが多い．これでは，高校で数学や物理を十分に学んでいない読者が，一人で読み通すことは困難であろう．

　本書は，高校の数学や中学の理科で全員が必修として学んでいる知識のみで十分理解することができるように，注意深く書かれている．そして，生命科学や医療系などの分野，環境問題やエネルギー問題などの分野，そして教養としての物理，などを学ぶうえで必要となるさまざまな領域にスムーズに接続している．物理を楽しく学びながら，将来いろいろな分野で物理を応用するときに，その理解を大いに助ける効果が期待できるなど，リメディアル教育にもふさわしい内容となっているのが特長である．

　本書の編集にあたっては，物理を専門としない学生を長年指導してきたベテラン教員のなかから6人に執筆をお願いした．日本物理学会の物理教育領域において活躍してきた教育熱心な方ばかりである．それぞれの執筆者が2章ずつ担当しているものの，全員で綿密な検討をくり返し，内容を練り上げてきた．そのため，物理を初めて学ぶ学生や，物理に苦手意識をもっている学生諸君にも，楽しく読みこなせる教科書になっているものと自負している．

　執筆が始まってから，およそ5年間に150回以上に及ぶ編集会議を重ねて，ようやく出版にこぎ着けることができた．この間，辛抱強く原稿の完成を待っていただいた編集部の間馬彬大氏をはじめ，出版にご尽力いただいた羊土社の方々に，この場を借りて深く感謝する．

2024年12月

著者代表　木下順二

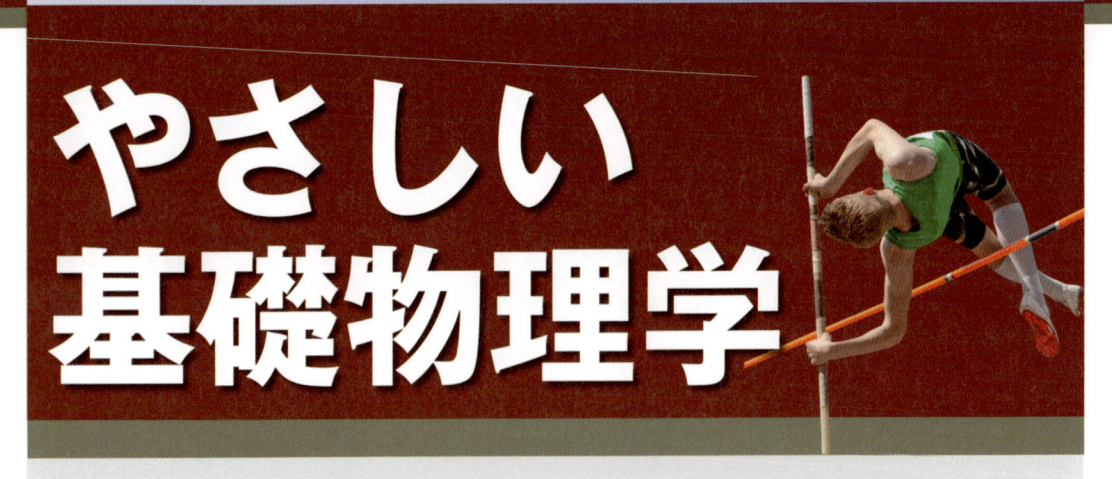

やさしい基礎物理学

CONTENTS

CONTENTS

CONTENTS

コラム

●綱引きの姿勢／33　●近代科学の父　ガリレオ・ガリレイ／61　●棒高跳び／80
●浸透圧―エントロピーによる圧力／99　●地震で知る地球の内部構造／118　●聞こえる音のあれこれ／134　●赤緑テスト／151　●人体と電流・電圧／175　●電場と運動場／198　●生活の中で使われる電磁誘導／225　●パルスオキシメーター／244
●考古学に寄与する原子核物理と生物学／250

執筆者一覧

※所属は執筆時のもの

┃ 編　集

木下　順二　　東京医科大学 非常勤講師

┃ 執　筆 (五十音順, 〔 〕内は執筆担当章)

大森　理恵　　元 獨協医科大学
〔1章, 2章〕

木下　順二　　東京医科大学 非常勤講師
〔序, 0章〕

小林　義彦　　東京医科大学
〔4章, 10章〕

庄司　善彦　　兵庫県立大学 非常勤講師
〔11章, 12章〕　高エネルギー加速器研究機構 客員研究員 (客員准教授)

髙須　雄一　　聖マリアンナ医科大学
〔8章, 9章〕

野村　和泉　　中部大学 非常勤講師
〔5章, 6章〕

松本みどり　　元 東京女子医科大学
〔3章, 7章〕

章末問題について

各章の最後に章末問題を掲載しています. 復習や自主学習にお役立てください.

- 解答は, 問題の末尾にある**二次元コード**を読み込むことによって, お手持ちの端末でご覧いただけます.

- また, 羊土社ホームページの**本書特典ページ**（下記参照）にも解答を掲載しております.

1. 羊土社ホームページ （**www.yodosha.co.jp/**）にアクセス （URL入力または「羊土社」で検索）

2. 羊土社ホームページのトップページ右上の**書籍特典**をクリック

3. **コード入力欄**に下記をご入力ください

   コード： **hzz** - **zuol** - **ekou** ※すべて半角アルファベット小文字

4. 本書特典ページへのリンクが表示されます

※ 羊土社会員にご登録いただきますと, 2回目以降のご利用の際はコード入力は不要です
※ 羊土社会員の詳細につきましては, 羊土社HPをご覧ください
※ 付録特典サービスは, 予告なく休止または中止することがございます. 本サービスの提供情報は羊土社HPをご参照ください

■正誤表・更新情報

本書発行後に変更, 更新, 追加された情報や, 訂正箇所のある場合は, 下記のページ中ほどの「正誤表・更新情報」からご確認いただけます.

https://www.yodosha.co.jp/
yodobook/book/9784758121767/

■本書関連情報のメール通知サービス

メール通知サービスにご登録いただいた方には, 本書に関する下記情報をメールにてお知らせいたしますので, ご登録ください.

- 本書発行後の更新情報や修正情報 （正誤表情報）
- 本書の改訂情報
- 本書に関連した書籍やコンテンツ, セミナー等に関する情報

※ご登録には羊土社会員のログイン/新規登録が必要です

ご登録はこちらから

やさしい基礎物理学

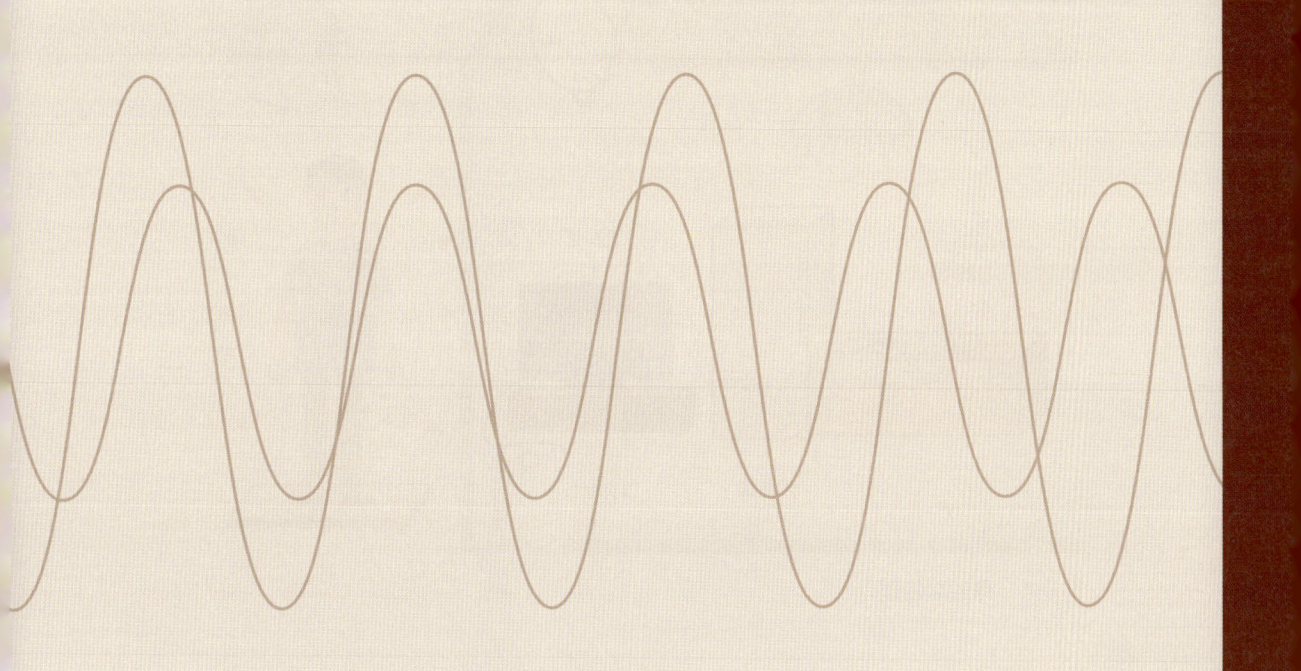

0 はじめに

0.1 身近な物理

　自然現象にせよ，身近な生活用品にせよ，物理的な原理に基づくものはたくさんある．物理学を学ぶことによって，その原理を理解して人にも説明できるようになる．これは素晴らしいことではないだろうか．

0.1.1 生活の中の物理

　自分の周りを注意して見回すと，身近な機器の多くに物理的な原理が応用されていることに気がつく（図0-1）．部屋の照明は電気（→8章「電気回路」）によるもので，家庭には冷蔵庫やテレビなどの電化製品があふれている．冷蔵庫は熱力学の原理（→4.4「熱力学第一法則」）を応用して低温の状態をつくり出していて，テレビやスマートフォンなどの通信機器は電磁波（→10.6「電磁波」）を利用して情報をやり取りしている．このように，現代人の便利な生活は物理の応用に負うところが大きいのである．

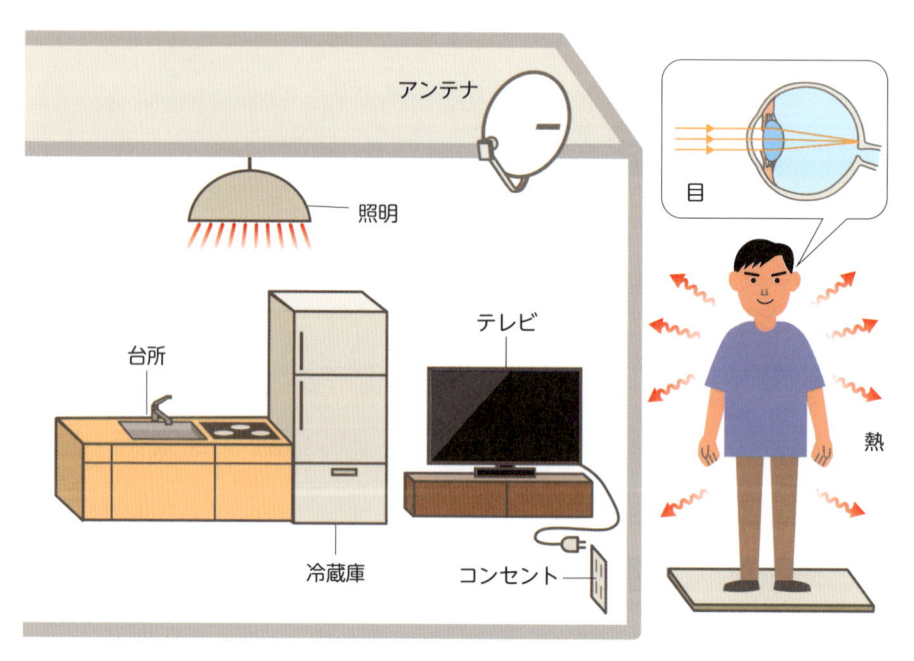

アンテナ

照明

目

台所

テレビ

冷蔵庫

コンセント

熱

図 0-1　身近な物理

0.1.2 ▎身体の中の物理

　ヒトの身体の中に目を向けてみよう．目は凸レンズを形成していて，光は網膜に像を結ぶ（→7.3「レンズ」）．身体は体表面で赤外線を吸収したり，放出したりして周囲と熱をやり取りしている（→4.3「熱と温度」）．人は2本足で立って身体のバランスを保っている（→1.3「力のモーメント」）．人の身体のはたらきも物理的な原理がその基本にある．

　一方で，健康診断などで行われる計測や画像診断などの検査も，物理的な原理に基づくものが多い．身長・体重・血圧の測定はもとより，身体にX線を当ててその透過量を調べるX線検査（→12.3「原子核・放射線に関する利用技術」）や，超音波を当ててその反射を見る（→6.3「音の反射・屈折・回折」）ことで体内の様子を知る超音波エコー検査などが行われている．このような検査機器はまさに物理的な原理の応用例といってよく，十分に使いこなすためには原理を知ることが重要なのである．

0.2 ▎物理学で扱う量

0.2.1 ▎物理量

　物理学で扱う大きさ（長さ）は宇宙のスケールから原子のサイズまで，広い範囲に及ぶ．物理で扱う量を物理量といい，「長さ」は物理量の1つである．例えば人の身長は「長さ」の一例であるが，「170 cm」のように表す（図0-2）．物理量を表すには数値と単位のセットが必要であって，この例では「170」が数値で，「cm」が単位である．

$$\underbrace{170}_{\text{数値}} \ \underbrace{\text{cm}}_{\text{単位}}$$

図0-2　物理量の表し方

　物理量を記号で表すとき，その記号は数値と単位の両方を含んでいるので，長さ L に単位をつける必要はない．しかし，単位を明示した方がよい場合は，L [cm] と書くことがある．

0.2.2 ▎有効数字

　数値がとても大きい場合やとても小さい場合を考えよう．光の速さは300000000 m/s（メートル毎秒，またはメートル・パー・セカンドと読む）と書かれることがある．桁が多すぎてわかりにくいし，何桁目の数字まで意味があるのかよくわからない．これを，3.00×10^8 m/s のように書けば，およその大きさを比較するときに便利で，計算もやりやすい．このような書き方を科学的表記法という（図0-3）．3.00のように意味のあ

整数部は1〜9　べき乗を表す

$$3.00 \times 10^8$$

有効数字3桁という

図0-3　科学的表記法

る数字が3桁分あれば，有効数字が3桁であるという．掛け算や割り算によって計算を行う場合，結果の有効桁数は，最も有効数字の桁数が小さいものに合わせる．例えば，$5.0 \div 3.0 = 1.666\cdots\cdots$であるが，元の数は有効数字2桁なので，答えは1.7と書くのが適切である．

0.2.3 ベクトルとスカラー

物理量には2種類ある．1つは大きさのみをもつスカラー量である．例えば，長さ・質量などはスカラー量で表す．スカラー量を表すには，Lのように斜字体を用いる．もう1つは大きさと向きをもつベクトル量である．例えば，力・速度などはベクトル量である．ベクトル量を表すには$\vec{F}$のように上に矢印を書くか，$\boldsymbol{F}$のように全体を太字で表す．本書では矢印を用いて表すことにする．ベクトルは合成したり，分解したりすることができる（→1.2「力のつり合い」）．

0.2.4 国際単位系

本書では国際単位系（SI）を用いている．国際単位系は7つの基本単位からなっている（表0-1※）．その他の単位は基本単位を組み合わせた単位（組立単位）で表すことができる．大きな量や小さな量を表すときには，k（キロ）やm（ミリ）のような接頭語（表0-1）を用いて，km（キロメートル），mg（ミリグラム）のように表す．

それぞれの単位の定義は計測方法の発展に伴って，より精度のよい定義に置き換えられてきた．例えば，長さの基本単位「m（メートル）」は，もともと地球の大きさから決められた．北極からパリを通って赤道と直角に交わる弧（子午線という）の長さの1/1000万が1mと定められたが，その後，光の速さを用いた精度のよい定義に変更された．

表0-1　主なSI基本単位と接頭語

物理量	単位	
長さ	m	メートル
質量	kg	キログラム
時間	s	セカンド（秒）
電流	A	アンペア
温度	K	ケルビン
物質量	mol	モル

接頭語	数値	接頭語	数値
T テラ	10^{12}	c センチ	10^{-2}
G ギガ	10^{9}	m ミリ	10^{-3}
M メガ	10^{6}	μ マイクロ	10^{-6}
k キロ	10^{3}	n ナノ	10^{-9}
h ヘクト	10^{2}	p ピコ	10^{-12}

※　このほか，光度の単位カンデラ（記号cd）がある．

0.2.5 | 関係式と単位

2つの物理量の掛け算や割り算を行うと，その答えは新たな物理量となり，その単位は元の物理量の単位の掛け算や割り算となる．例えば，$ma = F$という運動方程式（→2.3「運動と力」）を考えてみよう．左辺は質量 m［単位 kg］と加速度 a［単位 m/s^2］の掛け算になっている．したがってその答の単位は［kg・m/s^2］となり，等号で結びつけられた右辺の力 F も同じ単位となる．力を表す組立単位はよく使われるので，［N（ニュートン）］という新しい単位で表すことにする．組立単位には，このように独自の名前がつけられているものも多い．また，物理量の中で数値が変わらないものを物理定数という．本書に出てくる物理量，単位，および物理定数は付録の表にまとめてある．

1 力とそのつり合い

この章の目標

- 力とは何かを知り，私たちの身の周りではどのような力がはたらいているかを理解する．
- 合力や分力を求める方法を学び，力のつり合いを理解する．
- 力のモーメントとは何かを知り，物体の静止条件を理解する．
- 作用反作用の法則を学び，力のつり合いとの違いを理解する．

1.1 力とは

考えてみよう　重力，電力，体力，想像力，経済力……など，「力」という言葉はいろいろな方面でいろいろな意味で使われている．これらのうち物理学でいう力はどれだろう？　その種類や性質をまとめよう．

1.1.1 力とは

　物理学では，物体を変形させたり，物体の運動を変化させたりするはたらきをするものを**力（force）**という．したがって，力がはたらくとゴムが伸びたり，割りばしが折れたりといった変形が生じたり，静止している物体が動いたり，その速さや進行方向が変わったりする．重力は物理学でいう力である．しかし，電力は物理学でいう力ではない．体力・想像力・経済力などはそれぞれの能力の高低を指して日常的に使われる．

　私たちが物体を移動させるために押したり引いたりする力は物理学でいう力の一例である．**図1-1**ではつかんだ部分に点を打ち，そこから加えた力の向きに矢印を描き，矢印の長さで力の大きさを表現している．力を記号で表す場合，force の頭文字を取り F を用いることが多い．

図1-1　引く力
つかんだ部分に加えた力を表す矢印

1.1.2 いろいろな力

　次にさまざまなものが物体に及ぼす力を見ていこう．

❶重力─地球が及ぼす力

図1-2のように手に持ったカバンは手を離すと支えを失って落下を始める．地球が物体に及ぼす力を**重力**といい，地表にあるすべての物体にはたらく．重力のはたらく向きを**鉛直方向下向き**という．重力Fの大きさは物体の質量m［kg］に比例し，

$$F = mg \qquad\qquad \cdots\cdots (1.1)$$

と表せる．gは**重力加速度**とよばれ，地表付近ではほぼ一定の値で9.8 m/s^{2}である．重力に限らず力のSI単位は［N］（ニュートン[※1]）である．$F = m$［kg］$\times g$［m/s^2］より［N］＝［kg・m/s^2］となる．(1.1) 式で計算される重力の大きさを**重さ**という．体重計で表示される50 kgとは50 kg × 9.8 m/s^2 = 490 Nの重さを質量に換算した値である．

物体に押したり引いたりする力を加えるには図1-1のようにその物体に触れていなければならないが，重力は直接触れていなくとも空間を隔ててはたらく．ジャンプして地表から離れても再び地表に降り立つのは，空中でも重力を受け続け地表に引き戻されるからである．

図1-2 重力がはたらいて落下

❷張力─糸が及ぼす力

糸につるされた物体は落下しない．これはぴんと張った糸が物体を支えているからである．図1-3のように糸が及ぼす力を糸の**張力**とよぶ．糸の取り付け点から糸の方向にはたらく．

❸垂直抗力─面が及ぼす力①

物体を机の上に置けば落下しない．これは机の上に置かれた物体は机の面から力を受けて支えられているからである．面が及ぼす力を**垂直抗力**という．物体の底面全体にはたらいているが，図1-4のように1つの点にまとめて考えることができる．面に垂直で物体が面を押す力と同じ大きさである．

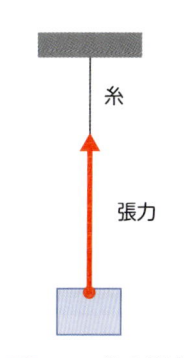

図1-3 糸の張力

❹摩擦力─面が及ぼす力②

粗い面の上に置かれた物体を引っ張っても物体が動き出さないのは，**摩擦力**が逆向きにはたらくからである．粗い面は垂直抗力の他に面に平行な方向で物体の運動を妨げる向きに摩擦力を及ぼす．これも物体の底面全体にはたらくが，1つ

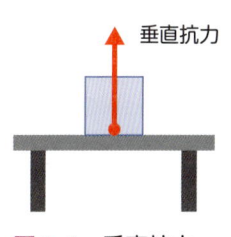

図1-4 垂直抗力

※1 アイザック・ニュートン（Isaac Newton, 1643-1727）にちなむ．ニュートンはイギリスの数学者・物理学者・天文学者．万有引力の法則，運動の3法則，微積分法など多数の業績を残した．

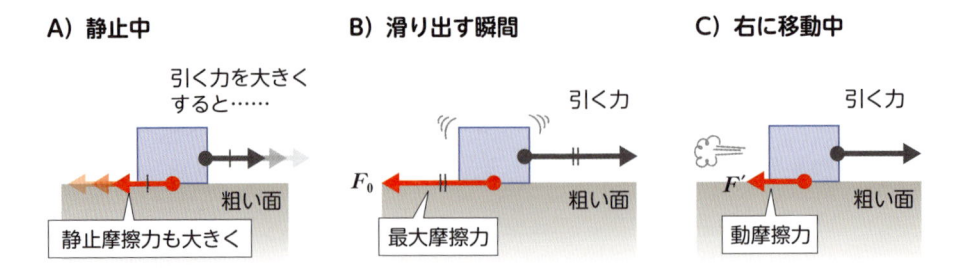

A) 静止中

引く力を大きくすると……

静止摩擦力も大きく

粗い面

B) 滑り出す瞬間

引く力

F_0 最大摩擦力

粗い面

C) 右に移動中

引く力

F' 動摩擦力

粗い面

図1-5 摩擦力

の点にまとめて考えることができる.

　物体が静止しているときにはたらく摩擦力を**静止摩擦力**という．引く力を徐々に大きくすると静止摩擦力は引く力と同じ大きさで大きくなり，物体は静止したまま動かない（図1-5A）．しかし引く力がある大きさを超えると動き出す．これは静止摩擦力の大きさに限界値があることを示す．この限界値を**最大摩擦力**という．最大摩擦力の大きさ F_0 は物体にはたらく垂直抗力の大きさ N に比例し，面と物体の底面の材質や状態で決まる**静止摩擦係数** μ（ミュー，ギリシャ文字）を比例定数として，

$$F_0 = \mu N \qquad\qquad \cdots\cdots (1.2)$$

と表すことができる．引く力が最大摩擦力を超えた瞬間，物体は図1-5Bのように引く力の向きに滑り出す.

　その後，運動する物体に粗い面は**動摩擦力**とよばれる力を動きを妨げる向きに及ぼす（図1-5C）．その大きさ F' は引く力にも動く速さにもよらない．垂直抗力の大きさ N に比例し，**動摩擦係数** μ' を比例定数として，

$$F' = \mu' N \qquad\qquad \cdots\cdots (1.3)$$

と表すことができる．一般に μ' は静止摩擦係数 μ より小さい．動かし始めは最大摩擦力を超える力が必要だが，動き出した後は動摩擦力に抗えばよいので，より小さな力で動かし続けることができる．摩擦力の大きさの変化を図1-6に示す.

　摩擦力は機械などをなめらかに動かすには妨げになるが，全くないと私たちは生活できない．ピンで物体を止めようとしてもピンが抜けてしまうとか，床の上を歩けないといったことが起こる．実際に摩擦力がごく小さくなる氷面では足が滑って歩きにくい.

❺弾性力―ばねが及ぼす力

　伸び縮みしているばねは**自然長**（元の長さ）に戻ろうとする．したがって図1-7のように，伸び縮みしているばねに結びつけられている物体はばねから力を受ける．ばねが元に戻ろうとする力を**弾性力**という．弾性力はばねが取りつけられている点に，ばねの変形が戻る向きにはたらく．その大きさ F は伸びや縮みの大きさ x に比例し，

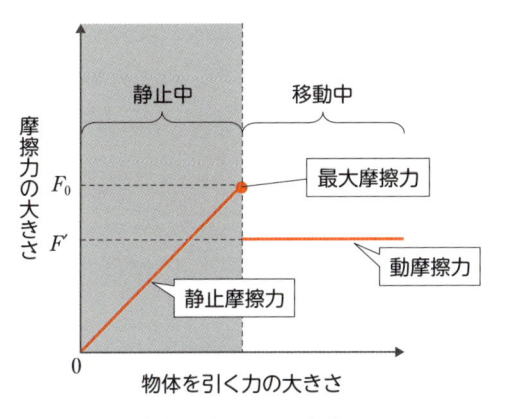

図1-6　摩擦力の大きさの変化
物体を引く力の増加とともに静止摩擦力も増加し，引く力が最大摩擦力よりも大きくなると滑り出す．運動する物体には，引く力によらず一定の大きさの動摩擦力がはたらく．

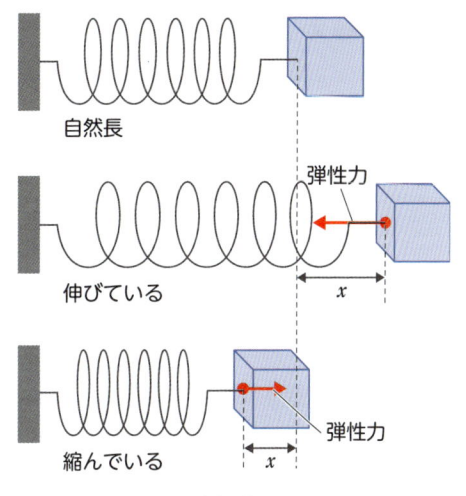

図1-7　フックの法則

ばね定数 k を用いて，

$$F = kx \qquad \cdots\cdots (1.4)$$

と表せる．これを**フックの法則**[2][3]という．ばね定数はばねごとに決まる値で，変形しにくいばねほど大きい（**図1-8**）．$k = \dfrac{F\,[\mathrm{N}]}{x\,[\mathrm{m}]}$ より，ばね定数の単位は $[\mathrm{N/m}]$ となる．

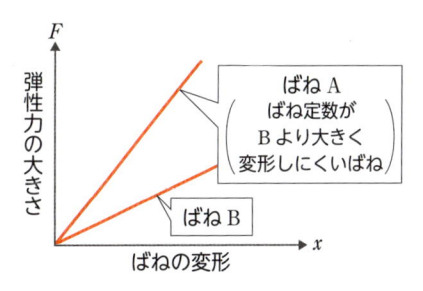

図1-8　ばね定数
直線の傾きがばね定数に当たる．

1.1.3 ▌気体や液体が及ぼす力

　同じ人に足を踏まれても相手の靴がハイヒールか運動靴かで痛さが違う．この違いは力を受ける面の広さの違いによる．そこで，単位面積あたりに作用する力に注目し**圧力**（pressure）とよび p で表す．はたらく力の大きさを F，力を受ける面の面積を S とすれば，

$$p = \frac{F}{S} \qquad \cdots\cdots (1.5)$$

$p = \dfrac{F\,[\mathrm{N}]}{S\,[\mathrm{m^2}]}$ より単位は $[\mathrm{N/m^2}]$ となる．これを $[\mathrm{Pa}]$（**パスカル**[4]）と表す．

　気体や液体が物体に及ぼす力で，単位面積あたり物体の面を垂直に押す力が気体や液体の圧力である．例として，次に大気圧と水圧について説明する．

※2　ロバート・フック（Robert Hooke, 1635-1703）：イギリスの物理学者・生物学者・天文学者．細胞を cell と名づけた．
※3　変形（伸びや縮み）があまり大きくない範囲で成り立つ．
※4　ブレーズ・パスカル（Blaise Pascal, 1623-1662, フランスの哲学者・物理学者・数学者）にちなむ．「人間は考える葦である」はパスカルの有名な言葉．

❶大気圧

　地球を取り巻く大気の及ぼす圧力を**大気圧**といいp_0で表す. $p_0 = 101325$ Pa ≈ 1013 hPaを標準大気圧という[※5]. これは親指の爪程度の面積に1 kgのおもりが載っている状況に相当する.

　ミクロな視点からは，多数の分子が面に次々とぶつかることで気体の圧力が生じる. 私たちの体にも絶えず空気の分子がぶつかり大気圧を及ぼしているのである.

❷水圧

　図1-9のようにガラス管の口に薄いゴム膜を張って水中に沈めるとゴム膜がへこむ. ゴム膜と内部の空気が水に押されるからである. その力を単位面積あたりにしたものを**水圧**とよぶ. ゴム膜のへこみ具合を観察すると水圧について次のことがわかる.

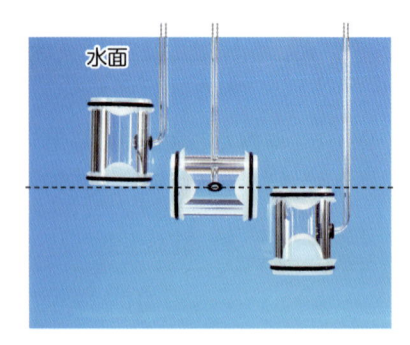

図1-9　水中のゴム膜のへこみ
©コーベットフォトエージェンシー/ミラージュ

①破線の深さにあるゴム膜はどれも同じようにへこんでいる. 水面からの深さが同じであれば，水圧はあらゆる向きから同じ大きさである.

②右の下面のゴム膜は他に比べ大きくへこみ，左の上面のゴム膜のへこみは小さい. 水圧は深いほど大きい.

　深さy [m] での水圧の大きさp [Pa] は図1-10に示すように，yより上にある水の重さによる圧力$\rho g y$と水面での大気圧p_0 [Pa] との和となり，

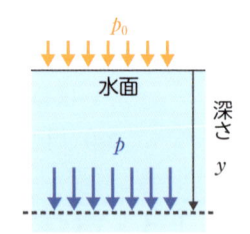

図1-10　水圧

$$p = p_0 + \rho g y \qquad \cdots\cdots (1.6)$$

と表すことができる[※6]. $g = 9.8$ [m/s^2] は重力加速度，ρ (ロー，ギリシャ文字) [kg/m^3] は水の密度である.

❸浮力

　プールの中では体が軽くなったように感じる. これは水が体に**浮力**を及ぼすからである. 水中にある物体が水から受ける水圧は面に垂直な向きで，大きさは深さとともに増す（図1-11の黒矢印）. 物体が側面に受ける力は左右で打ち消し合うが，上面に受ける下向きの力より，下面に受ける上向きの力の方が大きくなる. その結果，そ

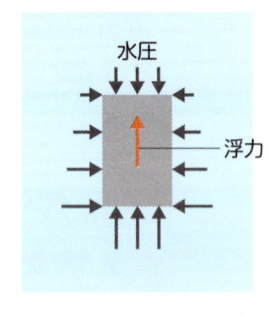

図1-11　水圧の差が浮力を生む

※5　単位Paの前についているhはヘクトと読み，10^2を表す接頭語.

※6　大気圧との差に注目して$\rho g y$のみを水圧という場合もある. 大気圧を0として表示する圧力をゲージ圧という. 血圧はふつうゲージ圧で表す.（1.6）式は真空を0とした水圧の値で，このような表示を絶対圧という.

の差に当たる上向きの力が物体にはたらく．これが浮力である（図1-11の赤矢印）．

浮力の大きさFは物体の形によらず，水の密度ρ，水中にある物体の体積V，重力加速度gを用いて，

$$F = \rho V g \qquad \cdots\cdots (1.7)$$

と表せる．これを**アルキメデスの原理**[7]という．

水中ではすべての物体に浮力が上向きにはたらく一方，水中でも重力は下向きにはたらく．重力の大きさが浮力より大きければ物体は沈み，浮力の方が大きければ浮き上がる．

- **力（force）：物体を変形させたり，物体の運動を変化させたりするはたらきをするもの**
- **重力：地球が物体に及ぼす力**

  大きさ　　F [N] $= mg$（質量m [kg]，地上での重力加速度$g = 9.8$ m/s^2）

  向き　　　鉛直方向下向き

- **張力：ぴんと張った糸が物体に及ぼす力，糸の方向にはたらく**
- **垂直抗力：面が物体に及ぼす力，面に垂直な方向にはたらく**
- **摩擦力：面が物体に及ぼす力，面の方向にはたらく**

  大きさ

  - **静止摩擦力：面の方向に引かれる力と同じ，ただし最大摩擦力F_0が最大値**

    F_0 [N] $= \mu N$（静止摩擦係数μ，垂直抗力の大きさN [N]）
  - **動摩擦力：F' [N] $= \mu' N$（動摩擦係数μ'）**

  向き　　　物体の運動を妨げる向き

- **弾性力：変形したばねが物体に及ぼす力**

  大きさ　　F [N] $= kx$（ばね定数k [N/m]，ばねの伸びや縮みx [m]）

  　　　　　（**フックの法則**）

  向き　　　ばねの変形が戻る向き

- **圧力（単位面積あたりの力）**

  圧力　　　p [Pa] $= \dfrac{F}{S}$

  　　　　　（面に垂直にはたらく力の大きさF [N]，面の面積S [m^2]）

  大気圧　　$p_0 = 1013$ hPa

  水圧　　　p [Pa] $= p_0 + \rho g y$

  　　　　　（水の密度ρ [kg/m^3]，重力加速度g [m/s^2]，水中の深さy [m]）

※7　アルキメデス（Archimedes，紀元前287頃−前212）：ギリシャの哲学者・天文学者・物理学者．てこの原理も有名．

確認問題 ▶ **問** 右図のようにばねに結びつけた小球を水中に入れて静止させた．小球にはたらく3つの力の名称とその向きを答えなさい．（→1.1.2，1.1.3）

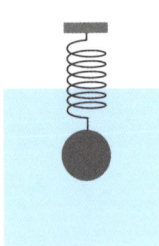

解答 重力（鉛直方向下向き），弾性力（鉛直方向上向き），浮力（鉛直方向上向き）

1.2 力のつり合い

考えてみよう 図1-12のように重たい荷物を2人で持つと，1人が分担する力は，1人で持つ場合より必ず小さな力で済むのだろうか？

1.2.1 力はベクトル

　地面にあるボールを強い力で蹴れば勢いよく飛ぶし，弱く蹴ればゆっくりと転がる．力には大きさ（強さ）がある．前方に蹴れば前方に転がるし右に蹴れば右に転がる．力には加える向きもある．力のように「**大きさ**」と「**向き**」を併せもつ量を**ベクトル**[8]とよぶ．

　力がはたらいていることを表すにはベクトルと同じように矢印を描く．人がキャリーバッグを引く力は図1-13のように，取っ手を始点として腕の向きに矢印を描き，矢印の長さは力の大きさに比例させる．力がはたらく点を力の**作用点**といい，必要に応じて矢印の始点の●で表す．力のはたらく方向を示す直線を力の**作用線**という．図1-14の例からわかるように，作用線上であれば作用点を移動しても力のはたらきは同じである．

　1.1.1では力を記号 F で表したが，向きをもつことを含めて $\vec{F}$ と表す．これはベクトルの一般的な表記であ

図1-12 2人で荷物を持つ

2倍大きな力なら長さも2倍に

作用線

大きさ

F

作用点

図1-13 人がキャリーバッグを引く力

※8　ベクトルに対して，部屋の温度，ものの値段のように向きをもたず大きさのみで表せる量をスカラーとよぶ．

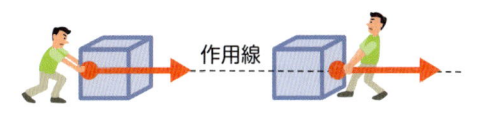

図1-14　押しても引いても右に移動

り，力の大きさのみを表すときには記号$|\vec{F}|$やFと表記する．

1.2.2 合力

　1つの物体に同時にはたらく複数の力は，**合力**とよばれる1つの力にまとめることができる．複数の力によるはたらきは合力1つのはたらきと同じである．2つの力$\vec{F_1}$と$\vec{F_2}$の合力は，$\vec{F_1}$，$\vec{F_2}$をベクトル合成すれば求まる．
　まず，ベクトルの合成のしかたを学ぼう．

❶ベクトルの和

　図1-15の2つのベクトル$\vec{a}$と$\vec{b}$の和を$\vec{a}+\vec{b}$と書き，$\vec{a}+\vec{b}$は$\vec{a}$と$\vec{b}$を2辺とする平行四辺形の対角線となる（平行四辺形の法則，図1-16）．ベクトルは平行移動[9]しても変わらないという性質があるので，$\vec{b}$の始点（矢印の元）を$\vec{a}$の終点（矢印の先）に重なるように平行移動した後，$\vec{a}$の始点から$\vec{b}$の終点に向かう矢印を引き，それが$\vec{a}+\vec{b}$となると考えてもよい．

❷ベクトルの差

　$\vec{b}$と向きだけが反対のベクトルを$-\vec{b}$と書く（図1-17）．$\vec{a}$と$\vec{b}$の差$\vec{a}-\vec{b}$は，$\vec{a}+(-\vec{b})$と考えて平行四辺形の法則を適用する．平行移動してみると，$\vec{b}$の終点から$\vec{a}$の終点へ向かうベクトル（赤破線）ともいえる．

❸ベクトルの実数倍

　$\vec{a}$の矢印の長さを$\vec{a}$の大きさといい，aや$|\vec{a}|$と表記する．$k\vec{a}$（kは正の実数）は$\vec{a}$と同じ向きで大きさがk倍のベクトルである．したがって，$2\vec{a}-\vec{b}$は$\vec{b}$の終点から，$\vec{a}$の長さを2倍にしたベクトルの終点へ向かうベクトルとなる（図1-18）．

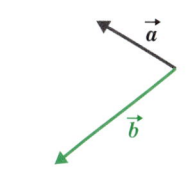

図1-15　2つのベクトル

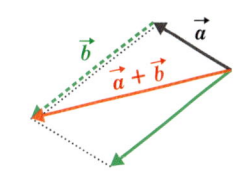

図1-16　ベクトルの和

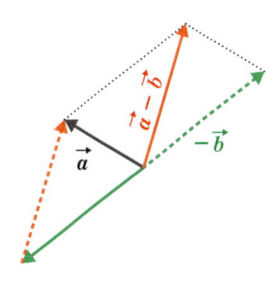

図1-17　ベクトルの差

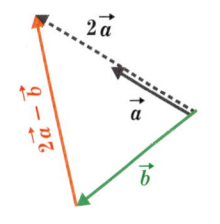

図1-18　ベクトルの実数倍

※9　平面上で，図形の各点を一定の向きに一定の距離だけ動かすこと．

さて，2つの力 $\vec{F_1}$ と $\vec{F_2}$ の合力 $\vec{F}$ はベクトルの和の記法を用いて，

$$\vec{F} = \vec{F_1} + \vec{F_2} \qquad \cdots\cdots (1.8)$$

のように書く．図1-19Aのように $\vec{F_1}$，$\vec{F_2}$ のそれぞれをおのおのの作用線上で移動し，矢印の始点を一致させて平行四辺形をつくる．その平行四辺形の対角線が合力である．また，綱引きの例のように2力の作用線が一致していて逆向きの場合は図1-19Cのようになる．図1-19Bは力の向きが同じ場合である．

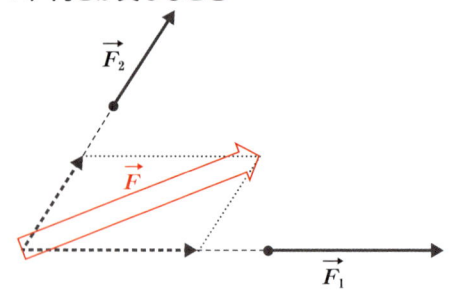
A) 向きが異なるとき

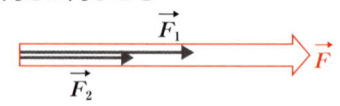
B) 向きが同じとき

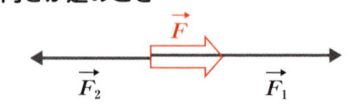
C) 向きが逆のとき

図1-19 合力 $\vec{F} = \vec{F_1} + \vec{F_2}$

1.2.3 分力

　重い荷物を2人で持つことがある．これは合力の場合とは逆で，1人で持つときに必要な力 $\vec{F}$ を2人で分けるということである（図1-20）．分けた力それぞれを**分力**という．1つの力の分け方は無数にある．図1-21は子どもの分担する力の大きさを一定にして向きだけを $\vec{F_1}$，$\vec{F_2}$，$\vec{F_3}$ に変えた場合に，大人の負担する力がそれぞれ $\vec{F_4}$，$\vec{F_5}$，$\vec{F_6}$ のように変わることを表している．

　図1-21で $|\vec{F_6}| > |\vec{F}|$ に気づいたであろうか．このとき図1-20の大人は自分1人で持つ場合より大きな力が必要になるのである．

　次に，ベクトルの分解の特別な場合として，1つのベクトルを互いに垂直な2つのベクトルに分解する場合について学ぼう．

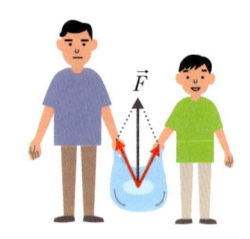
図1-20 力の分担

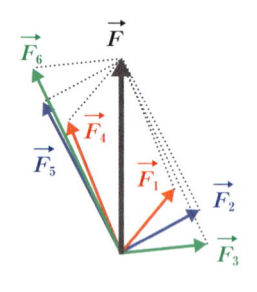
図1-21 分力

❶ベクトルの分解と成分

　図1-22Aに示すようにベクトル $\vec{d}$ を x 軸に平行なベクトルと y 軸に平行なベクトルに分解すると，$\vec{d}$ を対角線とした長方形の2辺 $\vec{d_x}$，$\vec{d_y}$ となる．これは $\vec{d_x} + \vec{d_y} = \vec{d}$ と書くこともできる．$\vec{d_x}$，$\vec{d_y}$ の大きさは図1-22Bのように，$\vec{d}$ と $\vec{d_x}$ のなす角度を θ とすれば，$\vec{d}$ の大きさ d を用いて，それぞれ $d_x = d\cos\theta$，

$d_y = d \sin\theta$ と表せる．これを $\vec{d} = (d_x,\ d_y) = (d\cos\theta,\ d\sin\theta)$ と書き，$\vec{d}$ の x 成分，y 成分という．実数倍したベクトル $k\vec{d}$（k は正の実数）は各成分を k 倍して，$k\vec{d} = k(d_x,\ d_y) = (kd\cos\theta,\ kd\sin\theta)$ となる．

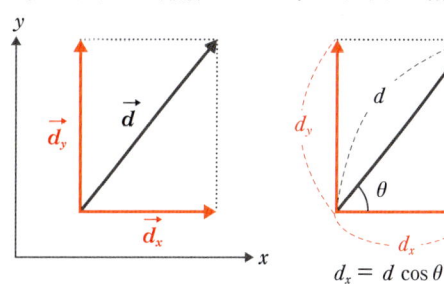

A) ベクトルの分解　　　B) ベクトルの成分

$d_x = d \cos\theta$
$d_y = d \sin\theta$

図1-22　ベクトルの分解と成分

1.2.4 ┃ 力のつり合い

複数の力がはたらいていても合力が $\vec{0}$ のとき，力はつり合っているという[※10]．このときは力がはたらかないのと同じで，静止した物体は移動しない．

図1-23 のように2つの力 $\vec{F_1}$，$\vec{F_2}$ がつり合っている場合，

$$\vec{F_1} + \vec{F_2} = \vec{0} \qquad \cdots\cdots (1.9)$$

と書く．この関係は $\vec{F_2} = -\vec{F_1}$ とも書け，力 $\vec{F_2}$ は $\vec{F_1}$ と同じ大きさ（$|\vec{F_2}| = |\vec{F_1}|$）で向きが反対であることを意味する．

3つの力 $\vec{F_1}$，$\vec{F_2}$，$\vec{F_3}$ がつり合うときは $\vec{F_1} + \vec{F_2} + \vec{F_3} = \vec{0}$ であり，どれか2つの合力と残りの1つの力がつり合っている．例えば図1-24 のように $\vec{F_1}$，$\vec{F_2}$ の合力 $\vec{F_{12}}$ と残りの力 $\vec{F_3}$ がつり合っている．このとき $\vec{F_3} = -\vec{F_{12}}$ である．

力のつり合いについて次の例で学習しよう．

＊　＊　＊　＊　＊

例1　水平な机の上に置かれた質量 m の本が動かない場合は，垂直抗力 $\vec{N}$ と重力 $\vec{W}$ がつり合っている（図1-25）．

$$\vec{N} + \vec{W} = \vec{0}$$
$$\therefore\quad \vec{N} = -\vec{W},\ |\vec{N}| = |\vec{W}| = mg$$

よって垂直抗力は鉛直方向上向きで大きさ mg であることがわかる．

$$\vec{F_1} + \vec{F_2} = \vec{0}$$

図1-23　2力のつり合い
$\vec{F_1}$ と $\vec{F_2}$ は同一作用線上で同じ大きさ，逆向き．このとき綱は動かない．

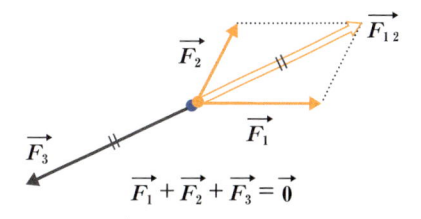

$$\vec{F_1} + \vec{F_2} + \vec{F_3} = \vec{0}$$

図1-24　3力のつり合い
$\vec{F_1}$，$\vec{F_2}$ の合力 $\vec{F_{12}}$ と $\vec{F_3}$ はつり合っている．

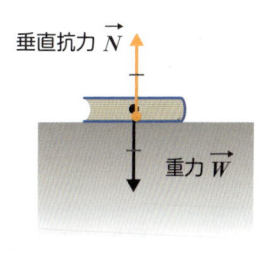

垂直抗力 $\vec{N}$

重力 $\vec{W}$

図1-25　2力のつり合い

※10　$\vec{0}$ を零ベクトルという．始点と終点が一致するベクトル，大きさが 0 で向きはない．

例2 水平で粗い面上の本を引いても移動しない場合は，4つの力（重力，垂直抗力，静止摩擦力，引く力）がつり合っている（**図1-26**）．引く力 $\vec{F}$ を水平方向の分力 $\vec{F_x}$ と鉛直方向の分力 $\vec{F_y}$ に分け，水平方向と鉛直方向のつり合いを考えると，

水平方向：$\vec{R} + \vec{F_x} = \vec{0}$

鉛直方向：$\vec{W} + \vec{N} + \vec{F_y} = \vec{0}$

である．ゆえに，

水平方向：

$\vec{R} = -\vec{F_x}$ が成り立ち，大きさが等しく，

$|\vec{R}| = |\vec{F_x}| = F\cos\theta$ となる．

鉛直方向：

$\vec{N} + \vec{F_y} = -\vec{W}$ が成り立ち，大きさが等しく，

$|\vec{N}| + |\vec{F_y}| = |\vec{W}|$ より $N + F\sin\theta = mg$ となる．

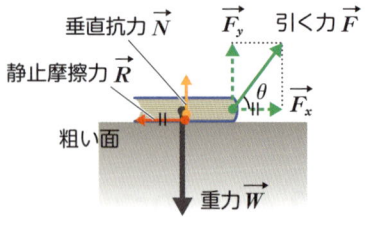

図1-26　4力のつり合い

**要点まとめ**

・**力はベクトル（大きさと向きを併せもつ）**

向きは矢印で示し，大きさは矢印の長さに比例させる．

$\vec{F}$ のように表記し，その大きさは記号 $|\vec{F}|$，F で表す．

・**合力と分力（平行四辺形の法則，図1-27）**

$\vec{F_1} + \vec{F_2} \rightleftharpoons \vec{F}$

（2つの力を1つにまとめる→**合力**）

（**分力**←1つの力を2つに分ける）

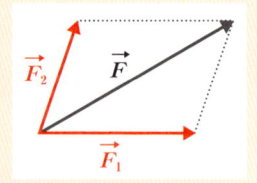

図1-27　ベクトルの合成と分解

・**力のつり合い（2力の場合，図1-28）**

合力が $\vec{0}$ のとき，力はつり合っているという．

合力 $\vec{F_1} + \vec{F_2} = \vec{0}$，　∴ $\vec{F_2} = -\vec{F_1}$

図1-28　2つの力は同じ大きさで反対向き

確認問題　**問** 図1-25および図1-26で $F = 10$ N，$\theta = 60°$ の場合を考える．

本の質量が1.5 kgのとき，本が面から受ける垂直抗力の大きさはそれぞれ何 ［N］か．重力加速度の大きさを $g = 9.8$ m/s² とする．（→1.2.4）

解答 15 N, 6.0 N

1.3 力のモーメント

考えてみよう 電車の中で両足を閉じて立つのと開いて立つのとどちらが倒れにくいか，それはなぜだろう？
もっと倒れにくい姿勢もあるだろうか？

1.3.1 力のモーメント

図1-13や図1-14のように力は物体を移動させるが，物体を回転させるはたらきもある．図1-29に示す水道レバーの回転を考えよう．力を加える位置は一般にレバーの先端であるが，そこより回転軸に近いところを押すとより大きな力が必要になる．レバーの回転は加えた力の大きさだけでなく，押す位置にも関係するのである．

力が物体を回転させるはたらきを**力のモーメント**という．図1-30Aは図1-29のレバーの回転面を上から見た図である．指の加えた力 $\vec{F}$ がレバーに与えるモーメント N の大きさは $N = rF$ と書ける．r は回転の中心 O と力の作用点 P との距離，F は力 $\vec{F}$ の大きさである．図1-30Bのように一般に力の向きがレバーに対して斜めの場合も含めて，力のモーメント N は（1.10）式のように定義される．

$$N = rF \sin\theta \qquad \cdots\cdots (1.10)$$

単位は [N・m] である．図1-30Aは $\theta = 90°$ の場合である．

加えた力をレバー方向とそれと垂直な方向に分けて考えると，回転作用の大きさがなぜ（1.10）式で表せるかを理解できる．力 $\vec{F}$ のレバー方向の分力は左向きでレバーを回転させるはたらきをしない．レバーに垂直な分力だけがレバーを回転させる効果をもつ．$N = r \times F \sin\theta$ とみて，$F \sin\theta$ が垂直分力の大きさである．

（1.10）式は $N = r \sin\theta \times F$ と書いても同じである．図1-30Cに示したように $r \sin\theta$ は回転の

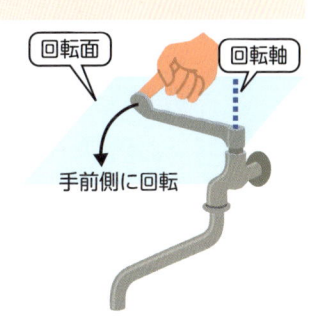

図1-29 水道のレバー
水量調節はレバーの回転で行う．

A) 力のモーメント

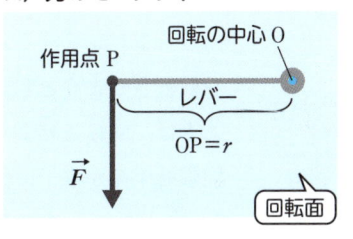

B) 斜めの力のモーメント

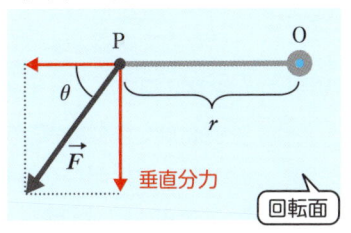

赤矢印は力 $\vec{F}$ の分力を表す．
垂直分力の大きさは $F \sin\theta$

C) 斜めの力のモーメント

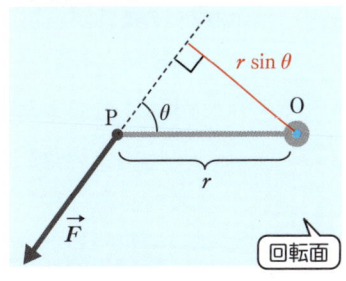

$r \sin\theta$ は回転の中心と力の作用線との距離

図1-30 力のモーメント

中心Oと力の作用線との距離である．力のモーメントは（力の大きさ）×（回転の中心と力の作用線との距離）と考えてもよい．力のはたらきは作用線上を移動しても変わらなかったことを思い出そう．

ところで回転には右回転（時計回り）と左回転（反時計回り）がある．図1-30で力を加える向きを反対にすればレバーの回転の向きも逆になる．そこで大きさに向きを含めて表すときは，一方の回転に＋，逆回転に－符号を用いて，＋10 N・m，－20 N・mのようにする（紙面に向かって左回転を正とすることが多い）．2つ以上の力のモーメントがはたらいているとき，符号を含めて計算した合計を力のモーメントの和という．

1.3.2 ▍ 物体の静止条件

図1-31は軽い棒の両端にそれぞれ物体を取りつけ，その間の点Oにつけた糸でつるし，棒を水平に保っている玩具である．点Oの位置が悪いと棒は右に傾いたり左に傾いたり固定点Oを中心に回転してしまう．力 $\vec{T_1}$ によるモーメントはOを中心に棒を右回転させようとし，力 $\vec{T_2}$ によるモーメントは左回転させようとする．どちらにも回転せず棒が水平に保たれていれば，この2つの力のモーメントの和は0である．つまり，$-r_1 T_1 + r_2 T_2 = 0$ を満たす位置が点Oなのである．

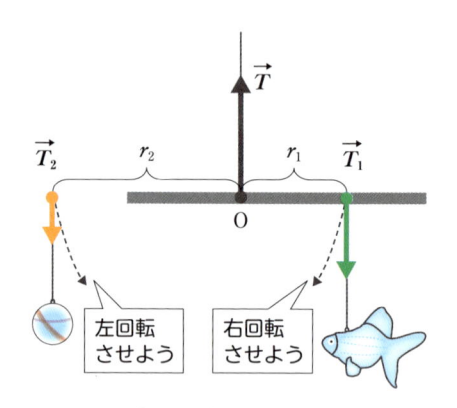

図1-31　水平を保っている玩具

$-r_1 T_1 + r_2 T_2 = 0$ なら棒はどちらにも回転せずバランスする．

図1-31の $\vec{T}$（黒矢印）は玩具全体をつるす糸の張力である．$\vec{T}$ の作用点は回転の中心Oなので力 $\vec{T}$ のモーメントは0である．物体の回転には関係しないが，この力が上向きにはたらくので，下向きの力 $\vec{T_1}$，$\vec{T_2}$ によって物体が下に移動することはない．つまり，$\vec{T_1} + \vec{T_2} + \vec{T} = \vec{0}$ であり，すべて鉛直方向の力であるから左右につるした物体の質量を m_2, m_1 として $|\vec{T}| = |\vec{T_1}| + |\vec{T_2}| = m_1 g + m_2 g$ が成り立つ．

物体が静止するというのは回転も移動もしない状態であるから，物体の静止には次の2つの条件が成り立つ必要がある．

・移動しない条件　⇔　合力（力のベクトル和）$= \vec{0}$
・回転しない条件　⇔　力のモーメントの和 $= 0$

図1-31をパーツとして複雑にしたものがモビール飾りである（図1-32）．

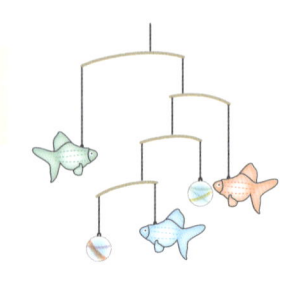

図1-32　モビール飾り

1.3.3 ▎重心

　どんな複雑な形の物体でも無数の微小部分に分けることができ，重力は各部分それぞれに作用している．それらの合力の作用点を**重心**とよぶ．物体の全質量が重心に集中し重力はそこに作用すると考えてよい（図1-33）．重心を支えれば物体は静止する．

図1-33　重心とは

　質量m_1，m_2の2つの小球を軽い棒でつないだ物体（図1-34）の重心はどこだろう？　重心Gを支えれば物体は静止するのだから，点Gを回転の中心としてそれぞれの球に作用する重力のモーメントの和は0である．したがって，$-r_1F_1 + r_2F_2 = 0$．$F_1 = m_1g$，$F_2 = m_2g$だから$r_1m_1g = r_2m_2g$より$r_1 : r_2 = m_2 : m_1$が成り立つ．これより重心Gは2球の中心間の距離を質量の比とは逆になる割合に分ける点であることがわかる．図1-31のモビールパーツでは全体をつるす糸の取付位置Oが重心である．

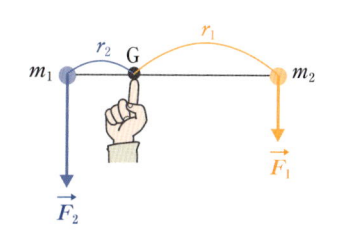

図1-34　重心Gに関する力の
　　　　　モーメントのつり合い
$-r_1F_1 + r_2F_2 = 0$となる．

　一様な太さの棒なら中央を，皿のような薄い円板なら中心を支えれば指1本でバランスを取って支えられる（図1-35A，B）．そこが重心である．一様な球やドーナツ環の重心はその中心である（図1-35C，D）．

1.3.4 ▎物体の安定・不安定

　重心の位置が物体の形状によって変わるように，人体の重心も姿勢によって変わる．立位姿勢での一般的な成人の重心位置はおへその下あたりにある[11]．私たちはそこを作用点とする鉛直下向きの重力と，床からの垂直抗力を足に受けて立っている．しか

A) 一様な棒の重心　B) 一様な円板の重心　C) 一様な球の重心　D) 一様なドーナツ環の重心

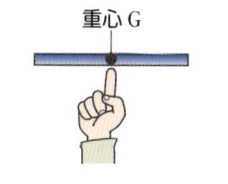   

図1-35　物体の重心の位置

※11　一般的な成人の直立位姿勢での重心位置は，骨盤内で仙骨の少し前，頭頂から身長の42〜46％にあるといわれる．

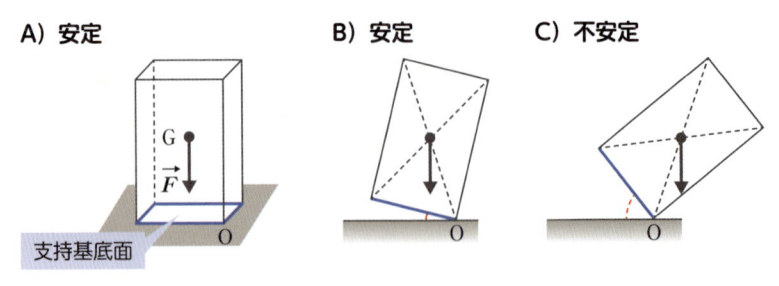

A) 安定　　　**B) 安定**　　　**C) 不安定**

図1-36　重心位置と安定

Gが重心，$\vec{F}$ は重力を表す．AおよびBでは重心が支持基底面の上方にある．Cでは支持基底面の上方を外れる．

図1-37　安定の条件が成り立つわけ

B') 安定．重力の分力（緑矢印）が傾きを戻す力のモーメントとなる．C') 不安定．重力の分力（緑矢印）が傾きを大きくする力のモーメントとなる．

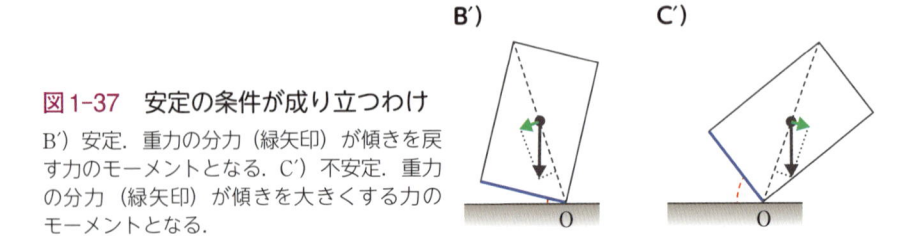

B')　　　**C')**

し，横から押されると転倒してしまうこともある．直立姿勢のまま体が傾いていくとき，傾きがどの程度までなら転倒せずに済むのだろう．転倒しない範囲を安定，転倒してしまう状態を不安定としたとき，その境は何によって決まるのだろう．直立姿勢の人体を直方体の箱に見立て，図1-36を参考に安定と不安定について考えよう．

　直方体の重心Gは中心（対角線の交点）にあり，物体を支える面を**支持基底面**とよぶ（図1-36A）．青線で囲まれた面が支持基底面を表し，黒矢印が重力である．図1-36B，Cはこの直方体を正面から見た図である．青線がAの支持基底面を表す．Bでは左側面を押され少々傾けられているが，その力がなくなればAの状態に戻り転倒はしない．ゆえに安定であるといえる．Cはさらに大きく傾けられ，別の支えがないと転倒する不安定な状態である．重心と支持基底面の位置関係に注目しよう．Bは重心が支持基底面の上方にあり，Cでは上方を外れていることがわかる．実は「重心が支持基底面の上方にあること」が安定の条件なのである．

　なぜ重心が支持基底面の上方にあると安定なのか．Oを中心とする重力のモーメントを考えよう．図1-37B' では重力は物体に左回転の力のモーメントを与え図1-36Aの状態に戻すはたらきをするが，図1-37C' では逆に物体に右回転の力のモーメントを与え転倒させるはたらきとなることがわかる．なお，物体にはたらく垂直抗力は回転の中心Oに作用し力のモーメントは0である．

　支持基底面を広げたり，重心位置を低くすると安定な角度の領域を増やすことができる．図1-38は高さが半分の直方体で重心位置が低くなっている．図1-36Cと同じ角度まで傾けても安定であることがわかる．日常生活で両足を左右に開いたり杖を使っ

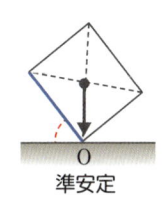

図 1-38　重心の高さと安定

重心位置が低いと図 1-36C と同じ傾きまで安定な
状態となる.

図 1-39　支持基底面

赤線内部が支持基底面で
ある.

て支持基底面（図 1-39）を広げたり，低い姿勢にして重心を下げることは，転倒しに
くくする工夫なのである.

- **力のモーメント：物体を回転させるはたらき**

  大きさ　$N = rF \sin\theta$ 〔力の大きさ F〔N〕，回転の中心と力の作用点との距離
  　　　　r〔m〕，回転の中心から力の作用点への方向と力のなす角度 θ（$0 \leq$
  　　　　$\theta \leq 180°$）〕

  向き　　左回転（反時計回り，＋符号）か，右回転（時計回り，－符号）

- **物体の静止条件**

  移動しない条件　⇔　合力（力のベクトル和）$= \vec{0}$

  回転しない条件　⇔　力のモーメントの和 $= 0$

確認問題 ▶ **問** 図 1-30B または C において $r = 20$ cm，$F = 30$ N，$\theta = 60°$ のとき，レバーに加わ
る力のモーメントの大きさを求めよ. また，θ を何度にすると最も大きな回転作
用を与えることができるか.（→ 1.3.1）

解答 5.2 N・m，$\theta = 90°$ にするとき

1.4 作用・反作用

考えてみよう　キャスター付きの椅子に座り壁を蹴ると，自分が後ろに下がってしまう. 同じ力で蹴ったとき，
下がり方を大きくしたり小さくしたりできるだろうか？

1.4.1　作用反作用の法則

　スケート靴をはき氷の上に A と B の 2 人が静止している. 図 1-40A のように，A が
B を押すと，B はその力の向きに動き出す. 同時に，A も B とは逆向きに動き始める

（図1-40B）．これは物体Aが物体Bを押せば，物体B
は物体Aを同時に押し返すからである．

　このように，力は2つの物体の間で必ず対になって
同時にはたらく．力の一方を**作用**，もう一方を**反作用**
とよび，この2力の作用線は一致し同じ大きさで逆向
きである．これを**作用反作用の法則**という．

　キャスター付きの椅子に座り壁を蹴ると後ろに下が
るのは，蹴った力と作用・反作用の関係にある力で自
分も押されるからである．押される力は押した力と常
に同じ大きさだから，同じ力で蹴る場合下がり方は必
ず同じになる．

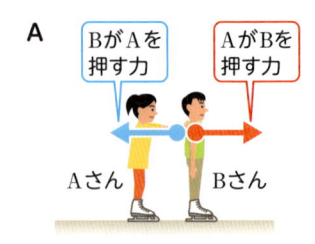

A　BがAを押す力　AがBを押す力
Aさん　Bさん

B

それぞれ受けた力の
向きに同時に動く

図1-40　作用と反作用
力は2つの物体間で必ず対に
なって同時にはたらく．

1.4.2 ┃ 力のつり合いと作用・反作用

　作用・反作用の2力の関係とつり合いにある2力の関
係は混同されがちである．力のつり合いは，<u>同一</u>の物
体にはたらく2力について，大きさが等しく逆向きの
ときにその作用が打ち消し合うということであるが，
作用反作用の法則が述べている2つの力はそれぞれ<u>別々</u>
の物体にはたらき，2つの物体が互いに及ぼし合う力
の関係を表しているのである．

　図1-41のように水平な机の上に置いたりんごには地
球からの重力 $\vec{W}$ と面からの垂直抗力 $\vec{N}$ がはたらいてい

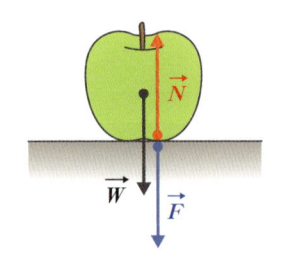

図1-41　力のつり合いと
作用・反作用

る．この2つの力はつり合いの関係にある．一方，りんごは机の面を力 $\vec{F}$ で押してい
る．この力は，垂直抗力 $\vec{N}$ と作用・反作用の関係にある．垂直抗力は机の面がりんご
を押す力なのである．りんごにはたらく重力と作用・反作用の関係にある力はりんご
が地球を引く力であり，地球にはたらいている．

要点まとめ

・**作用反作用の法則**
　力は2つの物体の間で必ず対になって同時にはたらき，2力の作用線は一致し
　同じ大きさで逆向きである．

確認問題 **問** サッカーボールを蹴った瞬間にボールが受けた力の反作用は，何が何から受ける力か？ また，その力の大きさはどれくらいか？ （→ 1.4.1，1.4.2）

解答 人がボールから受ける力で，蹴った力と同じ大きさ

コラム　綱引きの姿勢

綱引き（図1-42）で勝利するためになるべく大きな力で綱を引きたい．そのためにはどんな姿勢が効果的だろうか．図1-43のように，地面についた足を踏ん張って綱を左向きに引っ張っている人体を一様な棒に見立て，足から重心までの長さを l とし，腕の付け根までを $\frac{3}{2}l$ と仮定して考えよう．人体には重心に重力，足底に垂直抗力と静止摩擦力，綱を持つ位置に綱を引く力の反作用 $\vec{F'}$ がはたらいている．$\vec{F'}$ は綱を引く力と作用・反作用の関係にあるので同じ大きさである．

人がこの状態で一瞬静止しているのであれば静止条件が成り立つ．したがって，

・合力 $= \vec{0}$　より $F' = f,\ N = W$

・力のモーメントの和 $= 0$ を O 点に関して立てて，

$$W \times l \cos\theta - F' \times \frac{3}{2}l \sin\theta = 0, \quad \therefore F' = \frac{2\,mg}{3\tan\theta}$$

ここで人の質量を m，重力加速度の大きさを g として $W = mg$ を使った．綱を引く力の大きさ $F = F'$ だから F は角 θ が小さいほど大きくなる．したがって綱引きではなるべく低い姿勢で綱を引くと効果的である．といって小さな角度にしすぎると，$F' = f$ より静止摩擦力 f が大きくなり，f の値が最大摩擦力を超えると足が滑ってしまう．滑らない程度の低い姿勢が綱引きには効果的なのである．

図1-42　綱引き

写真提供：iStock.com/BluIz60

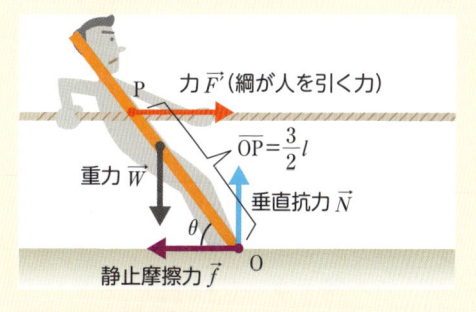

図1-43　綱を引く人にはたらく力

章末問題

以下の問題において重力加速度の大きさを g と表し，必要なら $g = 9.8\ \mathrm{m/s^2}$ を用いよ．

1 右図はある水路の断面である．質量 m の台形の石材が水路のふたに使われている．この石材は左右両側の壁面からそれぞれ同じ大きさ N の垂直抗力を受け，その合力で支えられている．

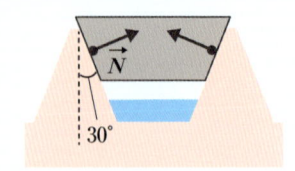

①左右の壁面から受ける垂直抗力の合力 $\vec{F}$ を作図せよ．（→1.2.2）

②石材の側面が鉛直線となす角度を $\theta = 30°$ とし，①で作図した合力の大きさ F を N で表せ．（→1.2.3）

③②で求めた合力と重力がつり合っていることから N を求めよ．（→1.2.4）

2 水平な粗い面に置かれた物体にひもをくくりつけ，他端を右図のように水平面から $30°$ 斜め上方に力 $\vec{F}$ を加えているが，物体は静止したままであった．

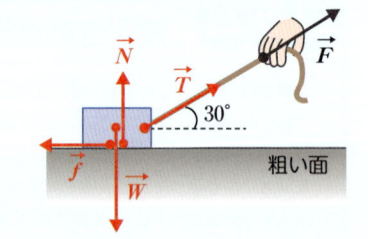

①物体に作用する力は図の赤矢印の 4 つである．おのおのの力の名称を答えよ．（→1.1.2）

②合力が $\vec{0}$ であることから，面に平行な方向と垂直な方向それぞれについて成り立つ式を示せ．$\vec{T}$ については水平・垂直方向の分力に分解して考えること．（→1.2.3，1.2.4）

3 **2** において加える力 $\vec{F}$ を水平右向きにした．$\vec{T}$ も水平右向きで $T = F$ となる．物体の質量を $10\ \mathrm{kg}$，面と物体の間の静止摩擦係数を 0.40，動摩擦係数を 0.20 とする．

①加える力 $\vec{F}$ を大きくしていくと，あるところで動き出した．その瞬間の力 $\vec{F_0}$ の大きさ F_0 はいくつか．（→1.1.2）

②物体を面上で移動させている間，物体にはたらく動摩擦力の大きさ f' と向きを答えよ．（→1.1.2）

4 右図のようにばねに結びつけた直径 $2r = 2.0$ cm の鉄球を水中に静止させた. 鉄・水の密度はそれぞれ $\rho_{鉄} = 8.0$ g/cm³, $\rho_{水} = 1.0$ g/cm³ である.

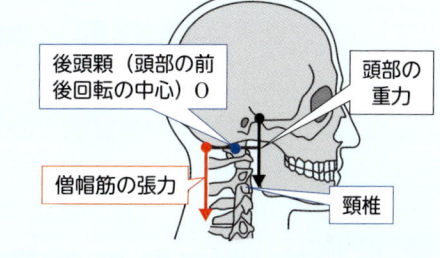

①鉄球に作用する浮力 $\vec{B}$ の大きさと向きを答えよ. （→1.1.3）

②ばねの弾性力 $\vec{F}$ の大きさと向きを答えよ. （→1.2.4）

③ばねののびは $x = 2.0$ cm であった. このばねのばね定数 k はいくつか. （→1.1.2）

5 右図は水平を向いた人の頭部にはたらく重力と筋力をモデル化して示している.

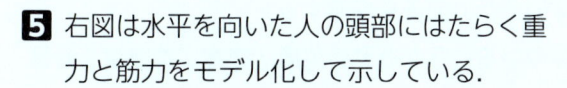

後頭顆（頭部の前後回転の中心）O
頭部の重力
僧帽筋の張力
頸椎

①頭部の質量を $m = 5$ kg, O から重力の作用線までの距離を $r_1 = 3$ cm として, 重力のモーメントを求めよ. （→1.3.1）

②僧帽筋の張力は鉛直下向きにはたらき, O から作用点までの距離を $r_2 = 2$ cm とすると, 頭部を支えるために必要な張力の大きさは重力の大きさの何倍か. （→1.3.2）

③O にはたらく上向きの力（抗力）の大きさ R は重力の何倍か. （→1.3.2）

6 密度 ρ の液体を入れた大きな容器（まとめて物体aとし, 全質量を M とする）を右図 A のように台秤に載せた. 台秤は物体a から受ける力の値を表示する.

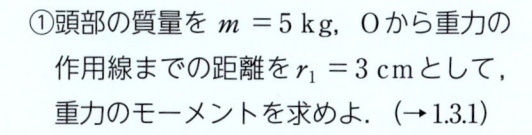

A

B

①台秤が表示する値はいくつか. （→1.4.2）

次に, 右図 B のように軽くて細い糸につるした質量 m, 体積 V の物体bを容器の水中に浸した.

②物体bにはたらく3つの力を挙げよ. （→1.1.2, 1.1.3）

③物体aにはたらく3つの力を挙げよ. （→1.4.1）

④台秤が表示する値はいくつか. （→1.4.2）

解答 ➡

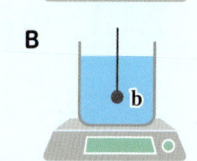

2 運動と力

この章の目標

- 物体の運動は時刻の関数としての位置で表せることを理解する.
- 直線運動における位置・速度・加速度の関係を理解する.
- 物体にはたらく力と物体の運動の関係を理解する.
- 運動の法則を用いて物体のいろいろな運動の位置・速度・加速度を計算することができる.

2.1 直線運動の位置と速度

考えてみよう　Aさんは家の前を東西方向にまっすぐにのびる道を歩いている. 歩き始めて1分経過したとき, Aさんはどこにいるだろうか? どんな情報があればわかるだろうか?

　歩くAさんの右足と左足では同じ時刻でも位置が違うが, そこまでは考えない. 移動を考える場合, 物体の大きさは考慮せず全質量が重心一点に集中しているととらえて構わない. 歩行は人の重心の移動である. まずは最も基本的な直線上を移動する運動を考えよう.

2.1.1 位置と変位

　人の歩く典型的な**速さ**（speed）は1.3 m/sといわれている. これは, その速さでまっすぐに進めば1秒あたり1.3 m移動できることを意味している. Aさんが家を出て速さ1.3 m/sで1分間進めば, 移動距離は1.3 m/s×（1分×60秒/分）= 78 mである. 家に巻尺の0の目盛を当て東西にのびる直線道路に沿って測ると, Aさんは78 mの目盛のところにいるだろう. しかし, 東か西かがわからないと位置はわからない. そこで, 移動距離に符号をつけて + 78 mなら東側にいるし, − 78 mなら西側を表すことにする. 巻尺には正の目盛しかないが, 西側に当てた巻尺の目盛は負値を示すと考えるのである. こうすると2本の巻尺は, 家を原点0とし東を正, 西を負の向きとする数直線に置き換えることができる. それをx軸とし, まっすぐな道を歩くAさんの位置を正負の値をもつx座標で表そう（図2-1）. Aさんの位置は時刻によるので, 時刻

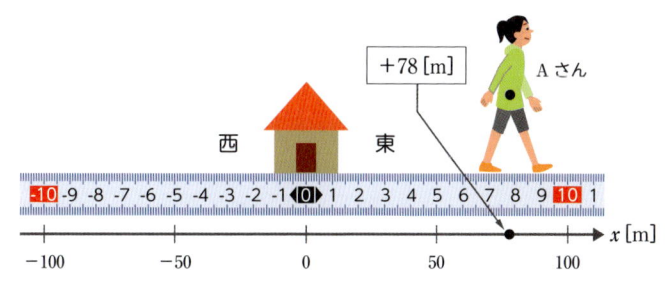

図2-1 直線運動の位置を表す

を表す変数 t（time）を用いて，時刻の関数として $x(t)$ のように書く[※1]．時刻と位置のSI単位はそれぞれ［s］（秒）と［m］（メートル）である．

　時刻の経過に伴う位置の変化量（後の位置と初めの位置の差）を**変位**といい，Δx と表す[※2]．変位のSI単位も［m］である．Aさんの移動距離は 78 m であるが，変位は東に歩いたなら $\Delta x = 78 - 0 = 78$ m，西なら $\Delta x = -78 - 0 = -78$ m となる．移動距離は正の量であり，変位の絶対値 $|\Delta x|$ である．時刻の変化量つまり経過時間を Δt と書けば，変位は，

$$\Delta x = x(t + \Delta t) - x(t) \qquad \cdots\cdots (2.1)$$

となる．物体が x 軸正の向きに移動すれば $\Delta x > 0$，負の向きに移動すれば $\Delta x < 0$ となる．一般に変位はベクトルであり，ベクトルの大きさが移動距離に当たり，向きは直線運動の場合，移動距離につく正・負の符号で表される（＋符号はふつう明示しない）（図2-2）．

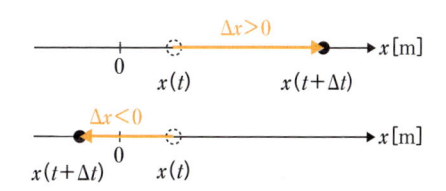

図2-2 直線運動の変位（橙矢印）

2.1.2 ┃ 速度

　変位を Δx とすると移動距離は $|\Delta x|$ であるから，速さ（speed）は $\dfrac{|\Delta x|}{\Delta t}$ で与えられる正の値である．一方，$\dfrac{\Delta x}{\Delta t}$ は Δx の正負に一致する符号をもつ値であり，**速度**（velocity）という．変数 v を用いて，

$$v = \frac{\Delta x}{\Delta t} \qquad \cdots\cdots (2.2)$$

と表す．

　ここからは速さと速度を区別しよう．速度はベクトルであり，直線運動では速さに

※1　時刻 t の関数 x であれば数学では $x = f(t)$ と表す．物理学では習慣的に $x = x(t)$ と表現することが多い．
※2　Δ はデルタと読みギリシャ文字の大文字の1つ．物理学では次に書く文字変数（例えば座標 x）とセットにして Δx を1つの変数として用い，文字変数 x の変化量を表現する．$\Delta \times x$ の意味ではないことに注意．

符号をつけて向きを表す．図2-3のようにAさんは速さ1.3 m/sで，速度が$v = \dfrac{78}{1 \times 60}$ $= +1.3$ m/sならx軸正の向きに進み，$v = \dfrac{-78}{1 \times 60} = -1.3$ m/sならx軸負の向きに進む．速さも速度もSI単位は［m/s］（メートル毎秒）である．

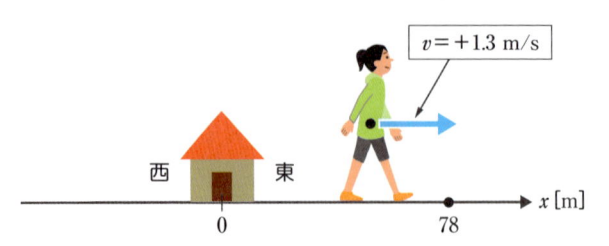

図2-3 速度はベクトル

2.1.3 等速度運動の速度のグラフ

図2-3のようにAさんは時刻0 sに家を出て1.3 m/sの一定の速度で歩いた．速度が一定の運動を**等速度運動**または速さと向きが一定なので**等速直線運動**[3]という．Aさんの速度vを時刻tの関数として，t軸とv軸のグラフ（v–tグラフ）に表すと，一定値1.3 m/sの直線になる．1分間のAさんの変位$1.3 \times 60 = 78$ mはこのグラフの赤色の長方形の面積に当たる（図2-4）．

一般に変位はv–tグラフの長方形の面積になる．一定の速度をv_0と書けば，v–tグラフの直線は

$$v(t) = v_0 \qquad\qquad \cdots\cdots (2.3)$$

である．(2.2) 式より$\Delta x = v_0 \Delta t$であり，$v_0 \times \Delta t$は図2-5の赤色の長方形の面積である．

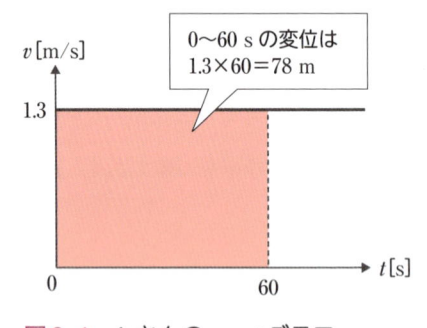

図2-4 Aさんのv–tグラフ

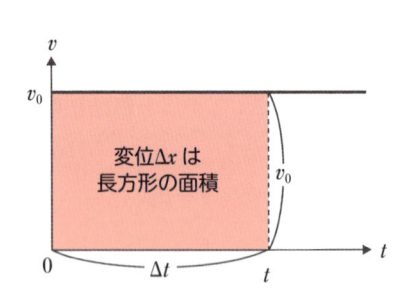

図2-5 等速度運動のv–tグラフ

※3 速度が一定，つまり速さが一定で向きも変わらないので直線運動となる．

2.1.4 等速度運動の位置のグラフ

Aさんは図2-3のように時刻0sに座標0の家を出発した．$t = 0$のときの位置を**初期位置**という．位置は初期位置＋変位となるから，等速度運動する物体の時刻tのときの位置$x(t)$は変位$\Delta x = v_0 \times \Delta t$，初期位置を$x_0$として，

$$x(t) = x_0 + \Delta x = x_0 + v_0 t \qquad \cdots\cdots (2.4)$$

と表せる．（2.4）式で$x_0 = 0$ m，$v_0 = 1.3$ m/sとして，Aさんの1分後の位置$x(60\ \mathrm{s}) = 0 + (+1.3) \times 60 = 78$ mとなる．

（2.4）式はt軸とx軸のグラフ（$x - t$グラフ）に描くと，切片x_0，傾きv_0の直線となる（図2-6）．等速度運動の$x - t$グラフの直線の切片が初期位置を表し，傾きが速度を表すのである．

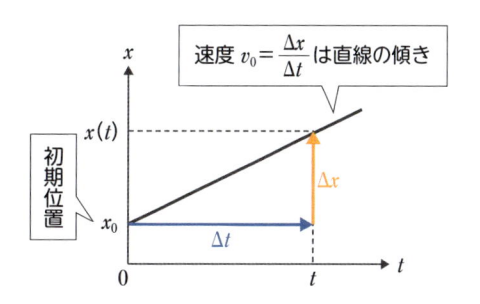

速度 $v_0 = \dfrac{\Delta x}{\Delta t}$ は直線の傾き

図2-6 等速度運動の$x - t$グラフ

 **要点まとめ**

- **直線運動する物体の位置・速度**

  位置 $x(t) = \Delta x + x_0$，x_0 は初期位置（時刻 $t = 0$ のときの位置）

  変位 Δx（値の正負で進んだ向きを表す），移動距離 $|\Delta x|$（正の値）

  速度 $v = \dfrac{\Delta x}{\Delta t}$（値の正負で速度の向きを表す），速さ $|v| = \dfrac{|\Delta x|}{\Delta t}$（正の値）

- **等速度運動する物体の位置・速度**

  速度 $v(t) = v_0$（$x - t$グラフの直線の傾き）

  位置 $x(t) = x_0 + v_0 t$

確認問題 ▶ **問** Aさんの運動について以下の問いに答えなさい．

① 家を出てから1分後までのAさんの$x - t$グラフを描きなさい．

② 20 s後から30 s間のAさんの変位は何mか．

解答 ①下図 ②39 m

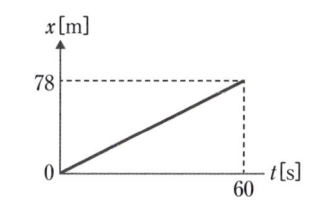

考えてみよう　Aさんはまっすぐな道を歩く途中，前方にいるBさんを見つけ，かけ寄っていき20秒後に立ち話を始めた（図2-7）．Bさんまでの距離はどれくらいあったのだろうか？ どんな情報があればわかるだろうか？

図2-7　Bさんに向かってダッシュ！

2.2.1 | 加速度

Aさんが走り出した瞬間を $t = 0$ sとしよう．次の瞬間から速度は徐々に増していくだろう．一様に増加していく場合，Aさんの $v-t$ グラフは図2-8のようになる．$t = 0$ sのときの速度を**初速度**といい v_0 で表す．$t = 0$ sのときAさんの速度は1.3 m/sであったから，$v_0 = 1.3$ m/sである．グラフの直線の傾き $\dfrac{\Delta v}{\Delta t}$ を**加速度**（acceleration）という．

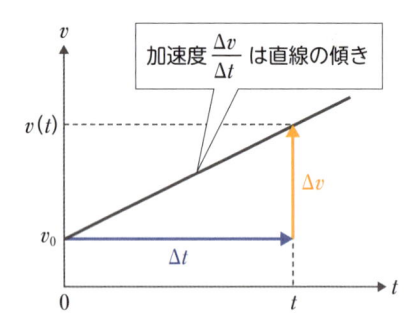

図2-8　走り出したAさんの $v-t$ グラフ

経過時間に対する変位が速度だが，加速度は経過時間に対する速度の変化量である．本項の説明は2.1.2とほぼ同じ論理であって，位置を速度に，速度を加速度に置き換えればよい．すなわち，時間 Δt の間に速度が $v(t)$ から $v(t + \Delta t)$ に Δv だけ変化したとき，加速度 a は，

$$a = \frac{\Delta v}{\Delta t} = \frac{v(t + \Delta t) - v(t)}{\Delta t} \qquad \cdots\cdots (2.5)$$

である．速度が Δx と一致する符号をもつ値であるのと同様に，加速度も Δv と一致する正負の符号をもつ値である．x 軸正の向きに進む直線運動では，速さが増加すれば正の値，速さが減少すれば負の値となる．加速度0が等速度運動である．一般に加速度もベクトルであり，直線運動では符号で向きが表される．

加速度のSI単位は $\left[\dfrac{\mathrm{m/s}}{\mathrm{s}}\right] = [\mathrm{m/s^2}]$（メートル毎秒毎秒）である.

2.2.2 等加速度運動の速度のグラフ

　Aさんが走り出した運動のように加速度が一定の運動を**等加速度運動**という．一定の加速度の値を a_0 と書けば[4]，(2.5) 式より $\Delta v = a_0 \times \Delta t$ であるので，走り出してから $t\,[\mathrm{s}]$ 間の速度の変化量 $\Delta v = a_0 t$ である．したがって，初速度を v_0 として時刻 t での速度は，

$$v(t) = v_0 + a_0 t \qquad \cdots\cdots (2.6)$$

となる．これが図2-8の直線の式である．つまり，$v - t$ グラフの切片が初速度，直線の傾きが加速度の値となる．Aさんは x 軸正の向きに速度を増していくので，直線の傾きは正の値となっている．

　その後，ある瞬間 t' からAさんは減速していきBさんのところで止まるだろう．減速中のAさんの $v - t$ グラフの直線は図2-9のように右下がりとなり，直線の傾きすなわち加速度は負の値となる．

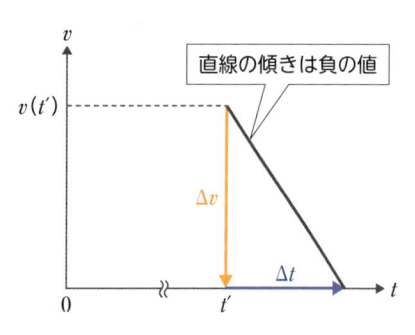

図2-9　減速中のAさんの $v - t$ グラフ

2.2.3 等加速度運動の位置のグラフ

　AさんがBさんを見つけたとき，Bさんまでの距離はどれくらいあったのだろう．等速度運動では $v - t$ グラフの面積が変位に相当した．走り出したAさんの $v - t$ グラフは図2-8のようであったが，次のように考えてみよう．

　時刻の経過とともに速度は変化するが，ある時刻からごく短時間 Δt の間だけなら速度の変化はごく小さくほぼ一定とみなせる．その場合，Δt の間の微小な変位は等速度運動と同じく速度×経過時間であり，図2-10の赤色の細長い長方形の面積に等しい．同じように，時刻 $0\,\mathrm{s}$ から t の間の変位は図2-11の $v - t$ グラフの赤色部分の面積に等しくなる[5]．

　したがって，時刻 $0\,\mathrm{s} \sim t$ までの変位は $v_0 t + \dfrac{1}{2} a_0 t^2$ なので，初期位置を $x(0) = x_0$ とすれば，位置は

※4　$a_0 = 0\ \mathrm{m/s^2}$ の運動が等速度運動である．

※5　時刻 $0\,\mathrm{s}$ から t の間の変位は，図2-10のようにこの間を短い時間間隔で区切り，それぞれの区間のたくさんの長方形の面積を合計した量にほぼ等しい．そこで Δt をどんどん短くすれば，合計部分の階段状になっている上部と $v - t$ グラフの間の隙間はどんどん小さくなり，$\Delta t \to 0$ の極限では図2-11のように $v - t$ グラフの赤色の面積に一致する．

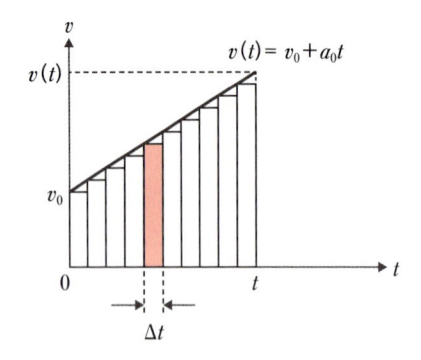

図2-10　等加速度運動 $(a_0 > 0)$ の $v-t$ グラフと時間 Δt の間の面積と変位

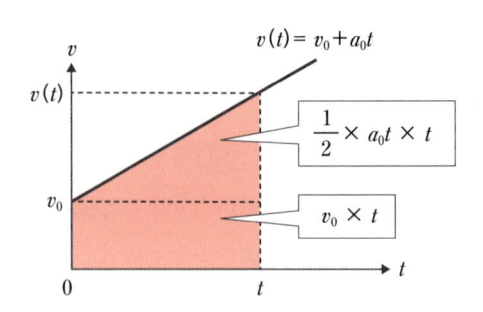

図2-11　等加速度運動の $v-t$ グラフの面積と変位

$$x(t) = x_0 + v_0 t + \frac{1}{2} a_0 t^2 \qquad \cdots\cdots (2.7)$$

と表せる．$x(t)$ は t の2次関数であるから，(2.7) 式を $x-t$ グラフに描くとグラフの形は放物線になる（→ 2.2.4 ❸）．

最後に，Bさんに向かって走り出した瞬間を $t=0\,\mathrm{s}$ とし，立ち話を始めるまでのAさんの $v-t$ グラフを確認しよう．$1.3\,\mathrm{m/s}$ の一定の速さで歩いていたAさんは，Bさんを見かけ走り出した．速度 $5.0\,\mathrm{m/s}$ まで等加速度運動し，その速度を $5.0\,\mathrm{s}$ の間維持した後，一定の加速度で減速して $3.0\,\mathrm{s}$ 後にBさんに会った．Aさんの $v-t$ グラフは図2-12 のようになる．

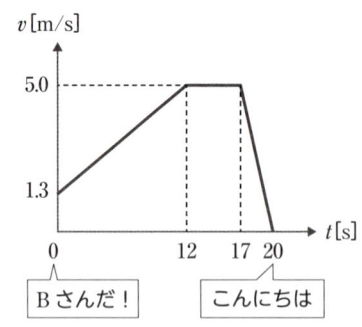

図2-12　Aさんの $v-t$ グラフ

2.2.4 ▎等速度運動と等加速度運動のグラフ

本節の最後に，等速度運動と等加速度運動の加速度・速度・位置のグラフを比較しながらまとめておこう（図2-13～15）．

❶ $a-t$ グラフ

A）等速度運動

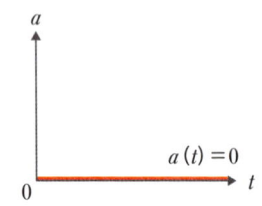

B）等加速度運動

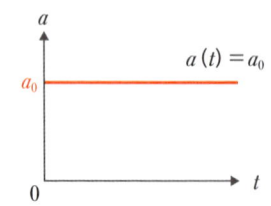

図2-13　$a-t$ グラフ

❷ $v - t$ グラフ

A) 等速度運動

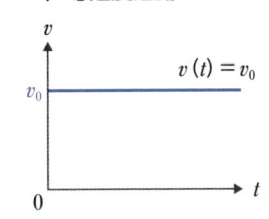

B) 等加速度運動

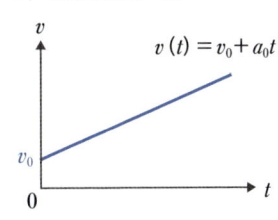

図 2-14　$v - t$ グラフ

$v - t$ グラフの直線の傾きは加速度 $a(t)$ に対応する．傾きの正負が加速度の向きに当たる．また，位置 $x(t)$ は $v - t$ グラフの下の面積（変位）と初期位置の和となる．

❸ $x - t$ グラフ

A) 等速度運動

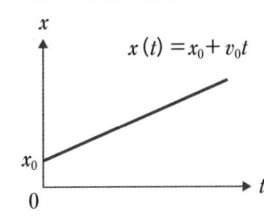

B) 等加速度運動

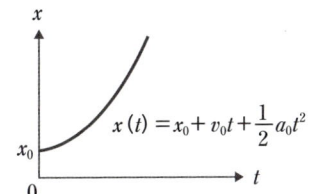

図 2-15　$x - t$ グラフ

要点まとめ

- 直線運動の加速度

  加速度 $a = \dfrac{\Delta v}{\Delta t}$（値の正負で加速度の向きを表す）

- 等加速度運動する物体の加速度・速度・位置

  加速度　$a(t) = a_0$　（$a_0 = 0$ は等速度運動）

  速度　　$v(t) = v_0 + a_0 t$

  位置　　$x(t) = x_0 + v_0 t + \dfrac{1}{2} a_0 t^2$

- 等速度運動および等加速度運動の $v - t$ グラフと加速度・位置の関係

  ・$v - t$ グラフの直線の傾きは加速度 $a(t)$ に対応する．傾きの正負が加速度の向き．

  ・$v - t$ グラフの下の面積が変位 Δx であり，初期位置 x_0 との和が位置 $x(t)$ となる．

確認問題　問 Aさんの $v - t$ グラフ（図2-12）を見て，以下の値を答えなさい．

① 0〜12 s の間の加速度

② 0〜12 s の間の変位

③ 17〜20 s の間の加速度

④ Aさんが走り出した瞬間のBさんまでの距離

解答　① 0.31 m/s²　② 38 m　③ − 1.7 m/s²　④ 70 m

2.3 運動と力

考えてみよう　合力がゼロであれば物体は移動しないのだろうか？

2.3.1 力は物体に加速度を生じさせる

図2-16のように，台車を押すと動き出し，押し続けると速さが増し，力の加え方しだいで進路も変わる．どの場合にも，力が作用することで速度が変化している．速度の変化が加速度である．力は物体に加速度を生じさせるのである．

静止していた台車は加えた力と同じ向きに動き出し，大きな力を加えるほど短時間で速くなる．一方，同じ力で押しても積んだ荷物の質量が大きいとなかなか速くならない．

力を加えたとき物体に生じる加速度の大きさaは力の大きさFに比例し質量mに反比例する．これを**運動の法則**という．この関係を式で表すと$a = \dfrac{F}{m}$となる．このとき1 kgの物体に1 m/s^{2}の加速度を生じさせる力の大きさが1 N（ニュートン）である．物体に生じる加速度と力の向きは同じなので，加速度を$\vec{a}$，力を$\vec{F}$として向きを含めたベクトルの式で書くと，

$$m\vec{a} = \vec{F} \qquad\qquad \cdots\cdots (2.8)$$

と表すことができる．これを**運動方程式**という．

図2-16　力と運動

（吹き出し）押して動かす
（吹き出し）押し続けてスピードアップ
（吹き出し）力の加え方で進路も変わる

2.3.2 合力がゼロならば物体は移動しない？

運動の法則によると，加える力がゼロの場合は物体の加速度も0である．止まっている物体に力を加えなければいつまでも止まっている．速度は変化せず0のままである．

一方，等速度運動も加速度は0であった．カーリングを思い浮かべよう．氷の上を滑るストーンはなかなか減速せず長い距離滑っていく（図2-17）．もし動摩擦力や

図2-17　氷上のストーン
写真提供：digi009 / PIXTA

空気の抵抗力が全くなければ，減速することなくいつまでも氷の上を等速度運動する
であろう．

　合力がゼロである場合には静止している物体は静止を続け，動いている物体は等速
度運動を続ける．これを**慣性の法則**という．

- **運動の法則**
  物体に力がはたらくと力の向きに加速度を生じる．加速度の大きさは力の大
  きさに比例し，物体の質量に反比例する．
  運動方程式：$m\vec{a} = \vec{F}$ （質量 m[kg]，加速度 $\vec{a}$[m/s^2]，力 $\vec{F}$[N]）
- **慣性の法則**
  物体にはたらく力の合力がゼロのとき，物体は静止を続けるか，または等速
  度運動を続ける．

確認問題 **問** 水平でなめらかな床の上の質量10 kgの荷物に水平方向の力を加えながら移動さ
せている．次の問いに答えなさい．

①荷物に生じる加速度の大きさが2.0 m/s^{2}のとき，加えている力の大きさを求めよ．

②加える力の大きさが40 Nのとき，荷物に生じる加速度の大きさを求めよ．また，同じ40 N
の力を加えたとき生じる加速度が半分である場合，荷物の質量はどれだけか．

解答 ①20 N　②4.0 m/s^2, 20 kg

2.4 運動を調べる① 重力による運動

考えてみよう ボールを同じ速さで投げるとき，30°，45°，60°……の
どの角度で投げると最も遠くまで到達するだろうか？

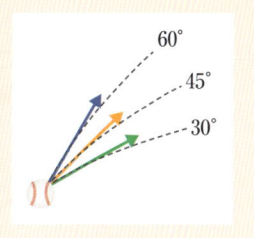

　物体にはたらく力が明らかであれば，2.3で学んだ運動方程式を用いて物体に生じる
加速度がわかる．加速度がわかれば2.1および2.2で学んだ関係から速度や位置を知る
ことができる．1章で学んだ身の周りにはたらく力を念頭におきながら，物体のいろ
いろな運動を明らかにしていこう．そのためには一般に次の①〜⑤の手順を踏んでい
くとよい．

①座標軸（向き，原点）を決める．

②初めの位置（初期位置）やそのときの速度（初速度）など，他にわかっていることがあれば図に描き入れる．

③注目した物体に作用する力をすべて見つけ，図に描き入れる．

④運動方程式を立てる．

⑤運動方程式から加速度を決め，速度と位置を求める．

以降の各項の中に示す番号①〜⑤はこの手順の番号に一致している．

2.4.1 ▌自由落下運動

図2-18A のような運動で，枝から静かに離れた後のりんごの加速度・速度・位置が時刻の経過とともにどうなっていくかを明らかにしよう．

①地面を $y = 0$ として鉛直上向きを正とする y 軸をとる．枝から離れた瞬間を時刻の原点 $t = 0$ とすると，時刻 t のりんごの位置は y 座標 $y(t)$ で表せる（図2-18B）．

②枝の高さを h とすれば，初期位置 $y_0 = h$ と表せる．また，「静かに枝から離れた」とはその瞬間のりんごの速度が0であるとするので，初速度 $v_0 = 0$ と書ける．初速度0の落下運動を**自由落下運動**という（図2-18C）．

③落下中のりんごに作用する力は重力のみである．りんごの質量を m，重力加速度の大きさを g とし，重力の向きが y 軸負の向きであることを考慮すると，重力は $-mg$ と表せる（図2-18D）．

④運動方程式は $ma(t) = -mg$ となる．

⑤④より $a(t) = -g$ で一定となり，等加速度運動となることがわかる（図2-19A）．(2.6) 式，(2.7) 式で $a_0 = -g$，$v_0 = 0$，$y_0 = h$ とおいて，

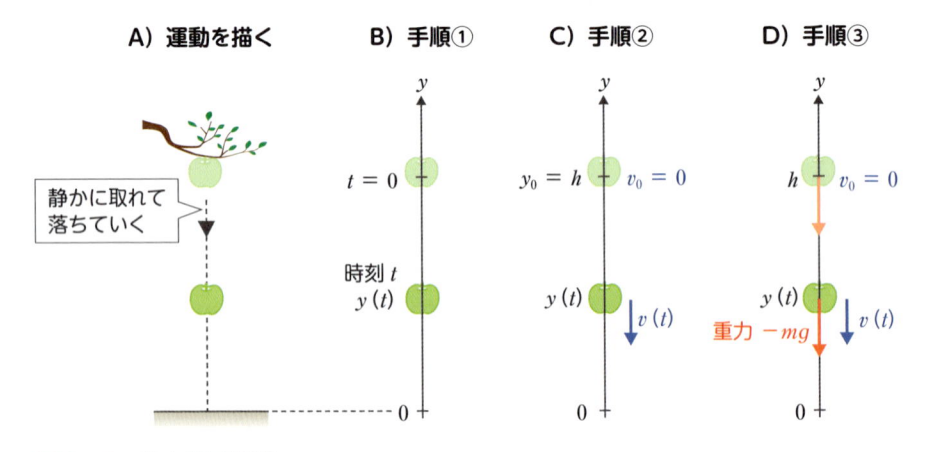

図2-18　自由落下運動

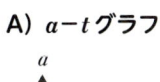 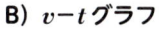

A) a–tグラフ　　**B) v–tグラフ**　　**C) x–tグラフ**

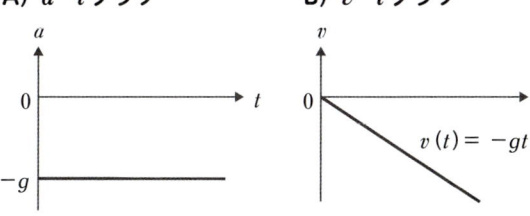 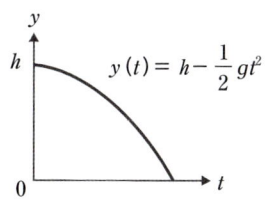

$$y(t) = h - \frac{1}{2}gt^2$$

$$v(t) = -gt$$

図2-19　自由落下運動のグラフ

$$\text{速度}\, v(t) = -gt \qquad \cdots\cdots (2.9)$$

$$\text{位置}\, y(t) = h - \frac{1}{2}gt^2 \qquad \cdots\cdots (2.10)$$

と表せる.

　v–tグラフは図2-19Bのようになり，りんごが下向きに速さを増しながら落下することを示している．図2-19Cがx–tグラフである．等加速度運動なのでグラフの形は放物線となっている．

2.4.2 ▌**鉛直投げ上げ運動**

　真上に投げ上げたりんご（質量m）が手から離れた後の運動に注目しよう（図2-20A）.

①鉛直上向きをy軸正の向きとし，手から離れた瞬間を時刻の原点$t = 0$，その位置を原点$y = 0$とする.

②初期位置$y_0 = 0$，初速度v_0（y軸正の向きだから$+v_0$）とおける.

③りんごに作用する力は重力だけで，$-mg$と表せる（以上，図2-20B）.

④運動方程式は$ma(t) = -mg$となる.

⑤④より加速度$a(t) = -g$の等加速度直線

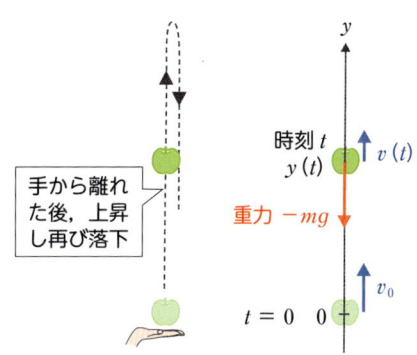

A) 運動を描く　　**B) 手順①②③**

手から離れた後，上昇し再び落下

時刻t
$y(t)$　$v(t)$

重力 $-mg$

$t = 0$　0　v_0

図2-20　鉛直投げ上げ運動

運動となることがわかる（図2-21A）.（2.6）式，（2.7）式で$a_0 = -g$，初速度v_0，$y_0 = 0$とおいて，

$$\text{速度}\, v(t) = v_0 - gt \qquad \cdots\cdots (2.11)$$

$$\text{位置}\, y(t) = v_0 t - \frac{1}{2}gt^2 \qquad \cdots\cdots (2.12)$$

と表せる.

　図2-21Bのv–tグラフと図2-21Cのy–tグラフから，りんごは減速しながら上昇

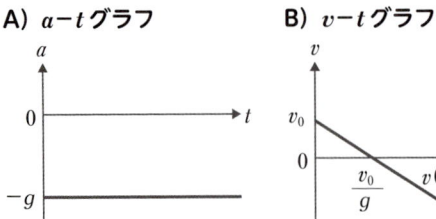

A) $a-t$ グラフ

B) $v-t$ グラフ

C) $x-t$ グラフ

図2-21 鉛直投げ上げ運動のグラフ

し，やがて速さは0になることが読み取れる．りんごが最高点に達する時刻は$v(t) = 0$より$t = \dfrac{v_0}{g}$と求まり，その位置は$y\left(\dfrac{v_0}{g}\right) = \dfrac{1}{2}\dfrac{v_0{}^2}{g}$である．次の瞬間からりんごは下向きに速さを増しながら落下していく．りんごが再び手元に戻ってくるのは$y(t) = 0$として求まる時刻$t = 0,\ \dfrac{2v_0}{g}$のうち後者である（0は手から離れた瞬間）．$y(t)$は時刻tの2次関数になっているので，同一のy座標をとる時刻は2回ある．これは上昇中と下降中で2度同じ高さになることに相当している．その2つの時刻での速度を（2.11）式より求めると，符号のみ異なる値が得られる．これは速度の向きの違いを反映しているのである．

2.4.3 ▍斜方投射運動

水平面と角度θをなす斜め上方（この角を仰角という）に速さv_0で投げ上げたボールの運動を考える．ボールは前方に飛びながら上昇し，やがて下降する．そこで，**図 2-22A**のように手から離れた瞬間を時刻$t = 0$とし，その位置を原点とするxy直交座標軸を用いれば，時刻tのボールの位置は座標$(x(t), y(t))$で表せる．これをベクトル$\vec{r}$のx成分，y成分とみて位置ベクトルとよぶ．つまり，

A) 位置ベクトル

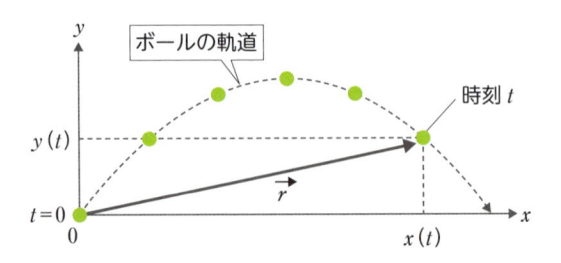

B) 真上および正面から見る

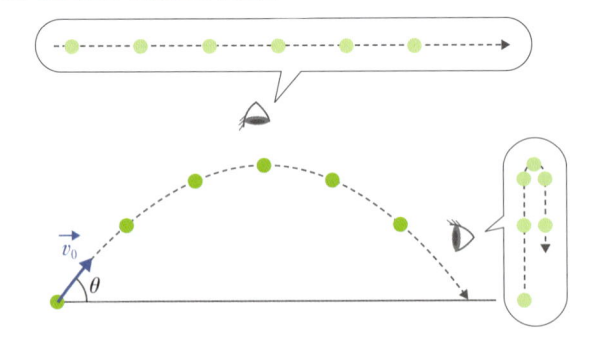

図2-22 斜方投射運動

$$\vec{r} = (x(t), y(t)) \qquad \cdots\cdots \text{(2.13)}$$

である.

　ボールの軌道は放物線とよばれる曲線[※6]で, 2.1で学んだ直線運動ではない. しかし, 視点を変えてみよう. 図2-22Bのように真上から観察すると等速直線運動に見え, 正面から見ると鉛直投げ上げ運動に見える. すると, x方向には (2.4) 式, y方向には (2.12) 式を利用できる. 初期位置$x_0 = 0$, $y_0 = 0$とわかるが, (2.4) 式のv_0および (2.12) 式のv_0に相当する値は何か? ボールは仰角θの向きに速さv_0で投げ上げられた. これは図2-22Bに青矢印で描いたベクトル$\vec{v_0}$に当たる. この初速度$\vec{v_0}$をv_0とθとを使ってx成分, y成分に分解すると $+ v_0 \cos\theta$, $+ v_0 \sin\theta$ （＋は書かなくともよい）となる. つまり, x方向の等速直線運動の速度〔(2.4) 式のv_0〕は$v_0 \cos\theta$, y方向の投げ上げ運動の初速度〔(2.12) 式のv_0〕は$v_0 \sin\theta$であると考えればよい. したがって,

$$\vec{r} = (x(t), y(t)) = \left(v_0 \cos\theta \times t,\ v_0 \sin\theta \times t - \frac{1}{2}gt^2\right) \qquad \cdots\cdots \text{(2.14)}$$

同様に (2.3) 式, (2.11) 式から,

$$\vec{v} = (v_x(t), v_y(t)) = (v_0 \cos\theta,\ v_0 \sin\theta - gt) \qquad \cdots\cdots \text{(2.15)}$$

と表せる. ただし, 速度のx成分を$v_x(t)$, y成分を$v_y(t)$ と書いた. 速度ベクトルは物体の軌道の時刻tにおける接線方向を向く.

　加速度のx成分は0, y成分は$- g$であるから, 加速度ベクトルも同様に,

$$\vec{a} = (a_x(t), a_y(t)) = (0, - g) \qquad \cdots\cdots \text{(2.16)}$$

と表せる. 各位置におけるボールの速度と加速度の様子を図2-23に示す. 直線運動では速度や加速度の向きを符号+, －で表せたが, 2次元の運動ではそれらがベクトルであることが明確にわかるだろう.

　最後に放物運動の運動方程式〔(2.8) 式〕をベクトルの成分で表すと,

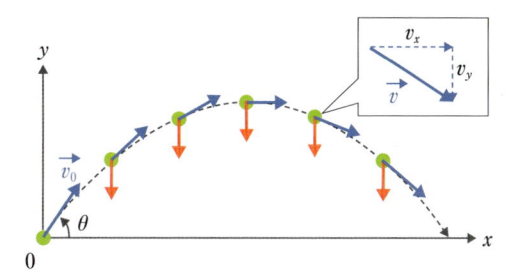

図2-23　斜方投射運動の速度 $\vec{v}$ （→）, 加速度 $\vec{a}$ （→）

$$m\vec{a} = m(a_x(t), a_y(t)) = (0, - mg) \qquad \cdots\cdots \text{(2.17)}$$

となる. 右辺はベクトル成分表示で表した重力である. 放物運動する物体にはたらく

[※6]　この曲線は位置ベクトルの成分$x = v_0 \cos\theta \times t$, $y = v_0 \sin\theta \times t - \frac{1}{2}gt^2$の2式から変数$t$を消去して得られる式$y = \tan\theta \times x - \frac{g}{2(v_0 \cos\theta)^2}x^2$で与えられ, xの2次関数となっていることがわかる. 2次関数が放物線とよばれるゆえんである.

力は下向きの重力のみなのである．

　ここで，本節の冒頭の問題を考えよう．投げたボールが着地する時刻は，位置ベクトルの y 成分を0とおき $t = \dfrac{2v_0}{g}\sin\theta$ と求まる．この時刻における位置の x 座標が到達距離で，$v_0\cos\theta \times \dfrac{2v_0}{g}\sin\theta = \dfrac{v_0{}^2}{g}\sin 2\theta$ と表せる．これが最大になるのは，$\sin 2\theta = 1$ より $\theta = 45°$ とわかる．つまり，同じ初速で投げる場合，仰角45°にするのが最も遠方に届くのである．

2.4.4 抵抗力がはたらく場合の自由落下運動

　1.1.2では気体や液体が及ぼす浮力について学んだが，液体や気体はその中を運動する物体に対してはさらに抵抗力を及ぼす．これは液体や気体が物体の表面にまとわりつきその運動を妨げる効果を1つにまとめた力である．したがってこの力は物体の運動を妨げる向きにはたらく．2.4.1では重力のみ作用する落下を考えたが，ここでは空気抵抗力も考慮してみよう．抵抗力は速さ $|v(t)|$ に比例するものとし，比例定数 k（>0）を用いてその大きさを $k|v(t)|$ と書く．

　2.4.1と同じ座標軸を考え，条件も同様にしよう．

③ 図2-18Dに抵抗力を加える（図2-24A）．抵抗力は雨滴の運動を妨げる向き，つまり y 軸正の向きにはたらくので $k|v(t)|$ と表せる．

④ 運動方程式は $ma(t) = k|v(t)| - mg$．$|v(t)|$ が時刻で変わるので，加速度も時刻の関数となり $a(t)$ と表す．

⑤ 加速度は $a(t) = \dfrac{k|v(t)|}{m} - g$．この加速度は2.4.1の場合と異なり一定ではない．落下の瞬間は速度0なので加速度 $-g$ で下向きに急加速され，速さが増すとともに小さくなっていく．これは抵抗力 $k|v|$ が速さとともに大きくなっていくからである．やがて抵抗力の大きさは重力と同じになるだろう（図2-24B）．すると雨滴にはたらく合力は0，加速度も0となり，その後は一定の速さで落下していく．この速度を終端速度 v_∞[*7] という．$a(t) = \dfrac{k|v_\infty|}{m} - g = 0$ より

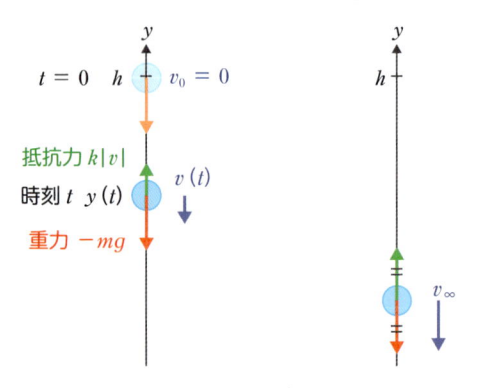

A) 抵抗力もはたらく　　B) やがて抵抗力は重力とつり合う

図2-24　抵抗力と重力がはたらく自由落下運動

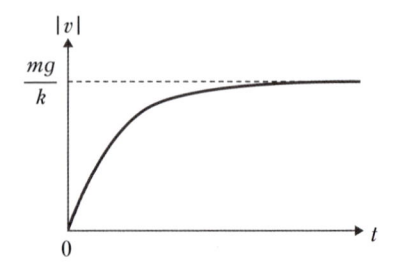

図2-25　空気抵抗力と重力がはたらく自由落下の $|v| - t$ グラフ

$|v_\infty| = \dfrac{mg}{k}$であり，終端速度の大きさは質量に比例することがわかる（図2-25）．

要点まとめ

・自由落下運動（y軸の原点を初期位置として初速$v_0 = 0$で下方に落下）

　運動方程式 $ma(t) = -mg$（物体の質量m[kg]，重力加速度$g = 9.8$[m/s²]）

　加速度 $a(t) = -g$

　速度 $v(t) = -gt$

　位置 $y(t) = -\dfrac{1}{2}gt^2$

・鉛直投げ上げ運動（y軸の原点を初期位置として初速v_0で上方に投射）

　運動方程式 $ma(t) = -mg$

　加速度 $a(t) = -g$

　速度 $v(t) = v_0 - gt$

　位置 $y(t) = v_0 t - \dfrac{1}{2}gt^2$

・斜方投射運動（xy軸の原点を初期位置として水平面から角度θ上方に初速v_0で投射）

　x方向への速さ$v_0 \cos\theta$の等速直線運動と，y方向への初速$v_0 \sin\theta$の鉛直投げ上げ運動の組み合わせ

　運動方程式 $m\vec{a} = (0, -mg)$

　加速度 $\vec{a} = (0, -g)$：鉛直方向下向き

　速度 $\vec{v} = (v_x(t), v_y(t)) = (v_0 \cos\theta, v_0 \sin\theta - gt)$：軌道の接線方向

　位置 $\vec{r} = (x(t), y(t)) = (v_0 t \cos\theta, v_0 t \sin\theta - \dfrac{1}{2}gt^2)$

・抵抗力のはたらく落下運動（速さに比例する抵抗力$k|v|$が上向きにはたらく）

　終端速度 $|v_\infty| = \dfrac{mg}{k}$

確認問題 **問** 東京ドームの天井の最高部の高さはおよそ60 mである．最高部の天井に向けてボールを鉛直に投げ上げるとき，天井に届くには初速はいくら以上必要か．重力加速度の大きさを$g = 9.8$ m/s²とする．

解答 ボールは鉛直投げ上げ運動をする．時刻$t = 0$に初速v_0で投げ上げるとする．最高点ではボールの速度は0なので，速度$v(t) = v_0 - gt = 0$とおけば$t = \dfrac{v_0}{g}$．このときボールが最高点に達する．その時刻のボールの位置は$y\left(\dfrac{v_0}{g}\right) = v_0\left(\dfrac{v_0}{g}\right) - \dfrac{1}{2}g\left(\dfrac{v_0}{g}\right)^2 = \dfrac{1}{2}\dfrac{v_0^2}{g}$と表せるので，$\dfrac{1}{2}\dfrac{v_0^2}{g} = 60$ mとおいて$v_0 = \sqrt{2 \times 60 \times 9.8} \simeq 34$ m/s.

......

※7 ∞は無限大を表すのに用いられる記号．ここでは速さの変数vの添え字として，時間が無限に経過したときの速さを表している．

2.5 運動を調べる② 等速円運動

考えてみよう　等速円運動（円周上を一定の速さで回る運動）する物体に力ははたらいていないのだろうか？ また，物体の速度や加速度はどのようになっているのだろう？

　身の周りには一定の時間間隔で同じ動きをくり返す周期的な運動がある．一定の時間間隔を**周期**とよぶ．本節では，1点を中心とした回転運動のうち，メリーゴーラウンドや観覧車，太陽の周りを回る地球など，円周上を一定の速さで動く**等速円運動**について学ぶ．

2.5.1 向心力

　図2-26のように自分を中心軸として手に持ったバケツをぐるぐる回すとき，手を離せばバケツは飛んでいってしまう．バケツを回し続けるには手でバケツを自分の方へ引っ張っていなければならない．物体の回転運動を持続させるには力を加える必要がある．その力は手が引く力のように常に回転の中心を向くため，**向心力**とよばれる．この例では手がバケツを引く力が向心力である．

図2-26　バケツを回す

2.5.2 回転角—弧度法

　物体が点Oを中心とした半径rの円周上を，一定の速さvで進む**等速円運動**を考える．円周が$2\pi r$，速さがvなので1回転に要する時間は$\dfrac{2\pi r}{v}$となる．これが周期である．

　物体の位置は，円周上の1点Aを基準として，線分OAと，中心Oと物体とを結ぶ線分がなす角度で表せる．これを**回転角**とよぶ（**図2-27**）．

　回転角は円弧の長さに対応させて決める．これを弧度法といい，円弧の長さが半径rと等しくなる角度を1 rad（単位記号 [rad]，ラジアン）とする（**図2-28**）．円弧の長さがθrであれば回転角はθ [rad] である．半円の円周の長さはπrだからその角度はπ [rad] となる．一方，半円の回転角は$180°$だからπ [rad] $= 180°$の関係がある．

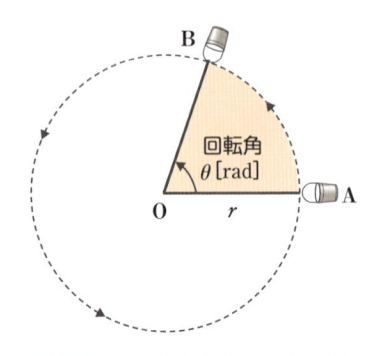

図2-27　等速円運動の回転角

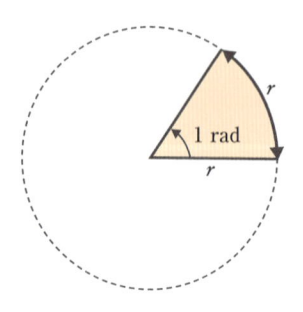

図2-28　弧度法

2.5.3 ┃ 角速度と速度

　等速円運動の周期を $T[\mathrm{s}]$ とすると1周の回転角は $2\pi[\mathrm{rad}]$ なので，$\dfrac{2\pi}{T}[\mathrm{rad/s}]$ は物体が1s間に回転する角度を表す．これを**角速度**とよび ω（オメガ，ギリシャ文字）と表せば，

$$\omega = \frac{2\pi}{T}[\mathrm{rad/s}] \qquad \cdots\cdots (2.18)$$

である．時間 $t[\mathrm{s}]$ の間に物体は $\omega t[\mathrm{rad}]$ だけ回転するので，回転角 θ は，

$$\theta = \omega t[\mathrm{rad}] \qquad \cdots\cdots (2.19)$$

となる．

　一方，等速円運動の速さを v とすると1s間に移動する円弧の長さは v だから，1s間の回転角度（つまり角速度）は $\dfrac{v}{r}[\mathrm{rad}]$ となる．ゆえに，$\omega = \dfrac{v}{r}$ であり，$v = r\omega$ が成り立つ．

　2.4.3の斜方投射運動で物体の速度は軌道の接線方向を向くと述べたが，一般に速度ベクトルは運動の軌道の接線となる．つまり，円運動する物体の速度は各位置で円の接線方向で（図2-29），大きさ（速さ）は，

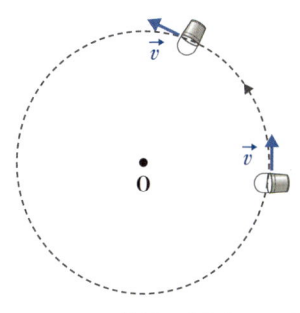

図2-29　等速円運動の速度

$$|\vec{v}| = v = r\omega \qquad \cdots\cdots (2.20)$$

となる．

2.5.4 ┃ 向心加速度と向心力

　等速円運動では速度ベクトルの大きさ，つまり速さは一定だが向きは接線方向で常に変化する．ゆえに加速度は0ではない．

　経過時間 Δt の間の物体の速度ベクトルの変化 $\Delta\vec{v}$ より，加速度は $\vec{a} = \dfrac{\Delta\vec{v}}{\Delta t}$ と求まる．図2-30A は等速円運動（半径 r，角速度 ω）の点P付近の拡大図である．物体は時刻 t に速度 $\overrightarrow{v_\mathrm{P}}$（点P）であり，ごく短時間 Δt の間に角度 θ だけ回転し，時刻 $t+\Delta t$ に速度 $\overrightarrow{v_\mathrm{P'}}$（点P′）になる．この間の速度変化 $\Delta\vec{v} = \overrightarrow{v_\mathrm{P'}} - \overrightarrow{v_\mathrm{P}}$（図2-30B）である．$|\Delta\vec{v}| = $ 弦QQ′ を求めるために，まず扇形PQQ′に注目しよう．弧QQ′ $= v\theta$（$|\overrightarrow{v_\mathrm{P'}}| = |\overrightarrow{v_\mathrm{P}}| = v$）であるが，$\Delta t$ がごく短かいので弦QQ′ $\fallingdotseq$ 弧QQ′ $= v\theta$ とおける．よって，加速度の大きさは $|\vec{a}| = \dfrac{\text{弧QQ′の長さ}}{\Delta t} = \dfrac{v\theta}{\Delta t}$．さらに $v = r\omega$，$\theta = \omega\Delta t$ を用いて，

$$|\vec{a}| = a = r\omega^2 = \frac{v^2}{r} \qquad \cdots\cdots (2.21)$$

となる．$\vec{a}$ の向きは図2-30B ではわかりにくいが円の中心Oに向く．2.5.1で回転運動

A）速度は軌道の接線方向

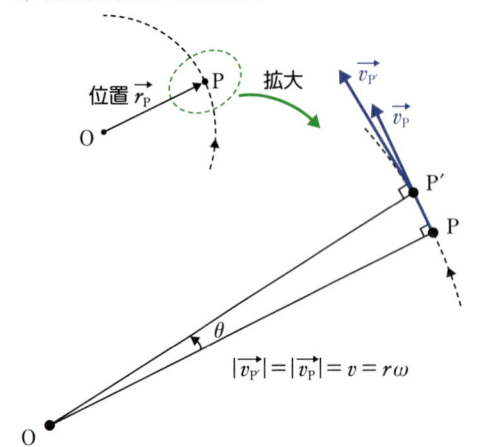

B）速度の変化率が加速度

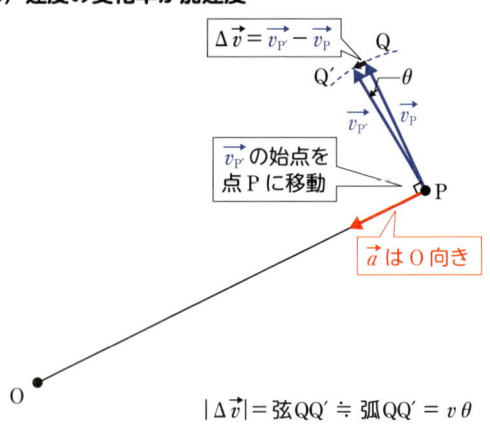

$|\Delta\vec{v}| = $ 弦QQ' $\fallingdotseq$ 弧QQ' $= v\theta$

図2-30　等速円運動の加速度

する物体には向心力がはたらいていると述べた．運動の法則によると，力は物体に力と同じ向きの加速度を生じさせる．つまり，等速円運動する物体の加速度は向心力と同じく円の中心に向くのである．この加速度を**向心加速度**とよぶ．運動方程式より（2.21）式を用いて向心力の大きさFは次のように表せる．

$$|\vec{F}| = F = ma = mr\omega^2 = m\frac{v^2}{r} \quad \cdots\cdots (2.22)$$

向心力の大きさは角速度の2乗あるいは速さの2乗に比例する．等速円運動する物体にはたらく力と速度・加速度を図2-31に示す．

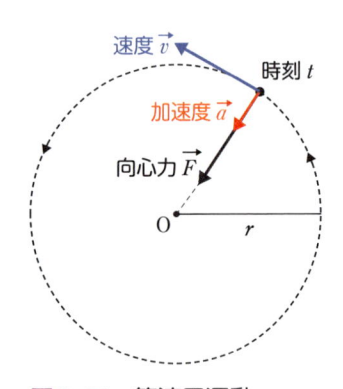

図2-31　等速円運動

 要点まとめ

・等速円運動（半径 r[m]，周期 T[s]）

角速度　ω[rad/s] $= \dfrac{2\pi}{T}$

回転角　θ[rad] $= \omega t$

速　度　$\vec{v}$：大きさ（速さ）　$v = r\omega$　　　　向き　円の接線方向進む向き

加速度　$\vec{a}$：大きさ　$a = r\omega^2 = \dfrac{v^2}{r}$　　向き　円の中心向き

向心力　$\vec{F}$：大きさ　$F = mr\omega^2 = m\dfrac{v^2}{r}$　向き　円の中心向き

確認問題 **問** 地球はおよそ半径6400 kmの球で，1日に1回転している．

①1回転は360°であるが，これは何radか．

②地球の角速度は何 rad/s といえるか.

③赤道上にいる人の速さと向心加速度の大きさを求めよ.

解答 ①$2\pi$ rad ②$7.3 \times 10^{-5}$ rad/s ③$4.6 \times 10^2$ m/s, 3.4×10^{-2} m/s²

2.6 運動を調べる③ 単振動

考えてみよう 振り子のおもりは周期的な運動をする. 周期的な力がはたらいているのだろうか? また, おもりの速度や加速度はどのように変化しているのだろう?

2.6.1 ▌復元力

なめらかで水平な台上で, 一端を固定したばねの他端におもちゃの車をつけ, ばねを伸ばして静かに離すと, 車はばねが自然長になる位置を中心として左右に周期的に振動する. 振動する物体には常に振動の中心に引き戻そうとする力がはたらいており, これを**復元力**という. 図2-32 では車にはたらくばねの弾性力 (→1.1.2) が復元力である.

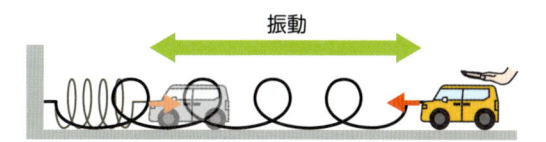

図2-32 復元力

2.6.2 ▌弾性力による振動

図2-33 の車の振動運動において1回の振動にかかる時間を**周期**, 振動の中心から振動の一端までの長さを**振幅**という. 図2-33Aのように振動の中心をO, ばねが最も伸びた状態をP, 縮んだ状態をQとすれば, (線分OPの長さ) = (OQの長さ) が振幅である. 2.4 の最初に述べた手順を踏まえ, この振動運動を調べよう.

A) 弾性力による車の振動

自然長のばね (伸び縮みなし)

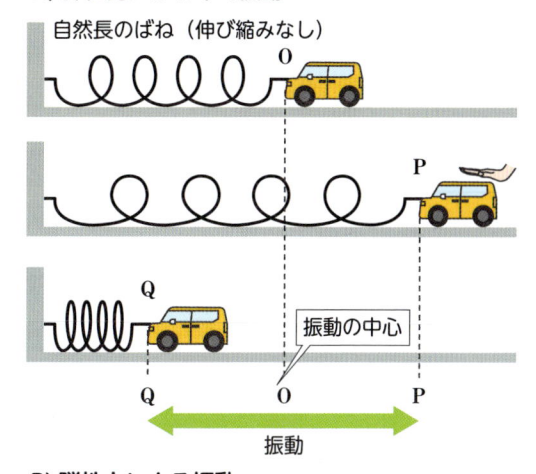

振動の中心

振動

B) 弾性力による振動

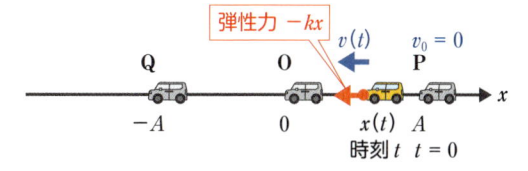

弾性力 $-kx$

$v(t)$　$v_0 = 0$

Q　O　P

$-A$　0　$x(t)$　A

時刻 t　$t = 0$

図2-33 弾性力による振動

①点Oを原点0として振動の方向にx軸をとれば，車の位置は座標$x(t)$で表せる（図2-33B）．

②手を離した瞬間を時刻$t = 0$とし，位置Pのx座標をA（> 0）とすると初期位置$x_0 = A$，初速度$v_0 = 0$．車は原点を中心として$-A \leqq x(t) \leqq A$の間で振動する．Aが振幅である．

③x方向の運動にかかわる力はばねの弾性力のみで，ばね定数kを用いて$F = -kx(t)$と書ける[8]．

④運動方程式は車の質量をmとして，$ma(t) = -kx(t)$．

⑤④より，

$$a(t) = -\frac{k}{m}x(t) \qquad \cdots\cdots (2.23)$$

となる．車の位置xは時刻tとともに変わるためこの加速度は一定ではなく変化するので，2.4.4と同様でこれまでの方法で$x(t)$を求めることはできない．そこで，2.6.3に示すように同じ周期運動である等速円運動を使って$x(t)$を求めよう．

2.6.3 ▌ 単振動と等速円運動

図2-34Aのように，紙面内で等速円運動する車を下方から見ると，直線上の往復運動に見える．この運動を**単振動**という．単振動は等速円運動の正射影なのである．図2-33Bの車の単振動の中心Oは図2-34Aの等速円運動の中心O′に，点P，Qはそれぞれ円周上の点P′，Q′に，振幅Aは半径に，周期は円運動の周期に一致する．単振動の位置・速度・加速度も同様に考えることができ，それぞれ等速円運動の位置・速度・加速度の正射影となる．図2-34を使って図2-33の単振動の時刻tでの位置・速度・加速度を求めよう．

❶単振動の位置

図2-34Bに示したように，円運動の角速度をω[rad/s]として，時刻tに車は回転角θ[rad]$= \omega t$の位置にある．この位置をx軸に射影すると，円運動の半径A[m]を用いて，単振動する車の位置$x(t)$は

$$x(t)\,[\text{m}] = A\,\cos\theta = A\,\cos\omega t \qquad \cdots\cdots (2.24)$$

となる．ただし，車が点Pから振動を始めたことに対応して（2.24）式は$x(0) = A$を前提としている[9]．

---

[8] （1.3）式では方向を考えず大きさのみを表したのでマイナス（−）がつかない．ここではxは座標であり正，0，負の値をとる．$x > 0$のとき弾性力は負の値となり，原点に向く．

[9] 単振動の位置は一般に$x(t)\,[\text{m}] = A\,\cos\theta = A\,\cos(\omega t + \theta_0)$と書かれ，$\theta_0$を初期位相という．$\theta_0$は$x(0)$の値から決めることができる．この例では$\theta_0 = 0$である．

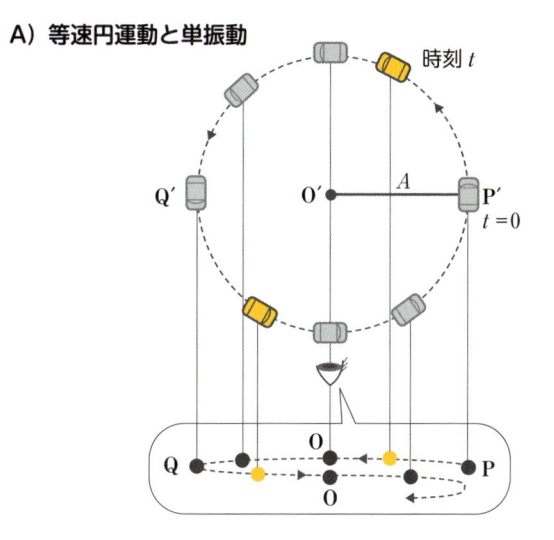

A）等速円運動と単振動

時刻 t

$t = 0$

B）位置

時刻 t

$\theta = \omega t$

$t = 0$

$-A$ ... 0 ... $x(t)$ ... A

C）速度

$\vec{v}(t)$

$\theta = \omega t$

$v(t)$

D）加速度

$\vec{a}(t)$

$\theta = \omega t$

$a(t)$

図 2-34 等速円運動と単振動の位置・速度・加速度の関係

❷単振動の速度

円運動における速度 $\vec{v}(t)$[10] は図 2-34C の青色の太い矢印である。x軸への射影はこのベクトルの x 成分となる。したがって単振動の速度 $v(t)$ は、

$$v(t)\,[\mathrm{m/s}] = -v\sin\theta = -A\omega\sin\omega t \qquad \cdots\cdots\ (2.25)$$

となる。x 成分が x 軸負の向きなので負号がつくことに気をつけよう。

❸単振動の加速度

円運動の加速度 $\vec{a}(t)$[10] は図 2-34D の赤色の太い矢印である。x軸への射影はこのベクトルの x 成分である。したがって単振動の加速度 $a(t)$ は、

$$a(t)\,[\mathrm{m/s^2}] = -a\cos\theta = -A\omega^2\cos\omega t = -\omega^2 x(t) \qquad \cdots\cdots\ (2.26)$$

となる。速度と同様、負号がつく。

---

[10] 速度ベクトルが時刻 t で変化することを明示するため $\vec{v}(t)$ と表している。加速度ベクトルについても同様な表現をすることがある。

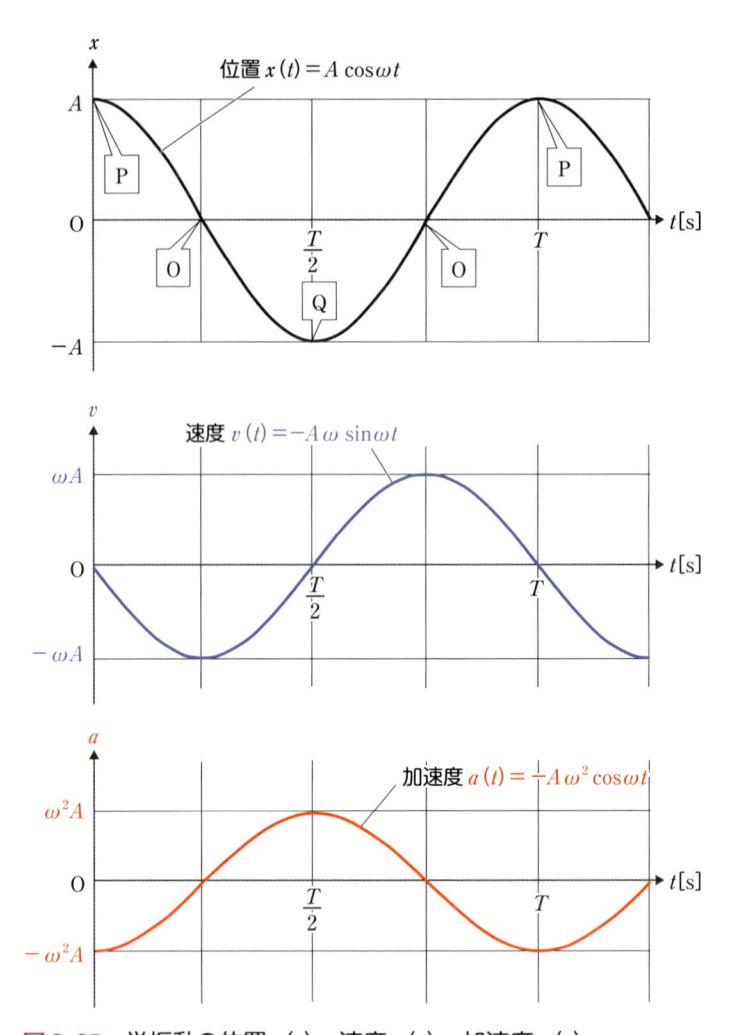

図2-35　単振動の位置 $x(t)$，速度 $v(t)$，加速度 $a(t)$
$x-t$ グラフの □ 中の文字は図2-32の位置を示す文字に一致する.

　単振動では円運動の半径 A を振幅，回転角 $\theta = \omega t\,[\mathrm{rad}]$ を**位相**，角速度 $\omega\,[\mathrm{rad/s}]$ を**角振動数**とよぶ．単振動の周期は円運動の周期と同様に $T = \dfrac{2\pi}{\omega}$ で求められる．また，1 s 間の振動の回数を**振動数（frequency）**という．1 振動にかかる時間が $T\,[\mathrm{s}]$ だから，振動数 $f = \dfrac{1}{T}$ である．振動数の SI 単位にはヘルツ[11]（記号 Hz）を用いる．1 秒間に 1 回振動するときの振動数が $1\,\mathrm{Hz} = 1\,\mathrm{s}^{-1}$ である．

　図2-35は横軸を時刻として単振動の位置・速度・加速度を表したグラフである．$0 \sim T\,[\mathrm{s}]$ の 1 振動の間で速さが最も速くなるのは $v(t)$ の絶対値を考えて $t = \dfrac{T}{4},\ \dfrac{3T}{4}\,[\mathrm{s}]$ のときで，車は振動の中心 O（原点）に位置する．そこを左から右に通過するとき速度は

※ 11　Heinrich Rudolf Hertz（1857-1894，ドイツの物理学者）にちなむ．1888 年，空間を伝播する電磁波の存在を実証した．

正の値，右から左に通過するとき負の値となっている．加速度の大きさは $t = 0, \dfrac{T}{2}$, $T[\mathrm{s}]$ のとき最大で，このとき車はそれぞれ振動の端P，端Q，端Pに位置する．

❹ 単振動の運動方程式

(2.26) 式から加速度の値の正負は座標の正負と逆になり，常に振動の中心に向く．運動方程式 $m\vec{a}(t) = \vec{F}$ より物体にはたらく力も加速度と同じ向きなので，常に振動の中心に向く復元力であることがわかる．単振動する物体にはたらく復元力は一般に $F = -Kx(t)$ と書くことができ，運動方程式は，

$$ma(t) = -Kx(t) \qquad \cdots\cdots (2.27)$$

となる．よって，$a(t) = -\dfrac{K}{m}x(t)$．(2.26) 式と比較すれば角振動数は，

$$\omega = \sqrt{\frac{K}{m}} \qquad \cdots\cdots (2.28)$$

となることがわかる．

図2-33 の車の場合，復元力はばねの弾性力であるから $K = k$ とおき，(2.28) 式を用いて振動の角振動数 ω が決まる．

2.6.4 単振り子

軽い糸の一端を固定し他端に小球をつるし，1つの鉛直面内でなめらかに振れるようにした振り子を**単振り子**という（図2-36）．

質量 m の小球には糸の張力 $\vec{F}$ と重力 $\vec{W}$ が作用するが，張力は重力の糸方向の分力とつり合う．円弧の接線方向の重力の分力が小球を円弧に沿って運動させる．この分力の大きさ F_s は，糸（長さ l）が鉛直方向となす角度（振れ角[12]という）を $\theta(t)[\mathrm{rad}]$ として，$W_s = mg\sin\theta$ である．

この運動を円運動の一部とみて，図2-36 下部に示す x 軸に正射影すると，小球の位置 $x(t) = l\sin\theta$，x 軸方向にはたらく力は $x(t) > 0$ で負の向き，$x(t) < 0$ で正の向きであることを考慮して $W_x = -W_s\cos\theta$ と表すことができる．

ここで振れ角 $\theta \fallingdotseq 0$ の場合を考えると，

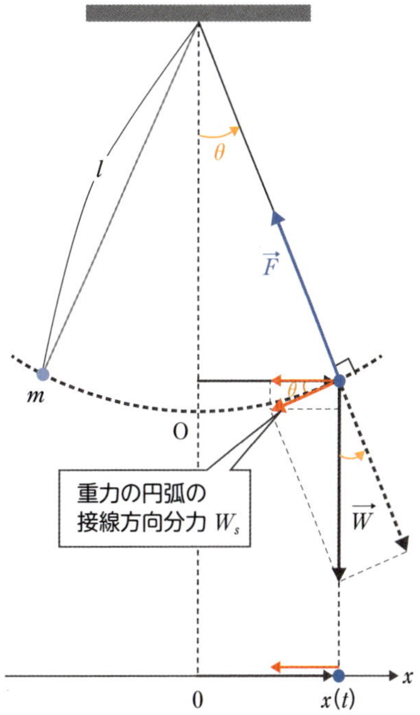

重力の円弧の接線方向分力 W_s

図2-36　単振り子にはたらく力

※12　小球が点Oの右にあるとき $\theta > 0$，左にあるとき $\theta < 0$ とする．

$\cos\theta \fallingdotseq 1$ より $W_x \fallingdotseq -W_s = -mg\sin\theta$ とおける[13]. さらに $x(t) = l\sin\theta$ より $W_x = -mg\dfrac{x(t)}{l}$ となる. この力は $K = \dfrac{mg}{l}$ とおいた復元力であり, 小球は O を中心に単振動することがわかる. その角振動数 ω は (2.28) 式より,

$$\omega\,[\mathrm{rad/s}] = \sqrt{\dfrac{g}{l}} \qquad\qquad \cdots\cdots (2.29)$$

であり, その周期は,

$$T\,[\mathrm{s}] = \dfrac{2\pi}{\omega} = 2\pi\sqrt{\dfrac{l}{g}} \qquad\qquad \cdots\cdots (2.30)$$

である. 振れ角が十分に小さい単振り子の小球は単振動となり, その周期は振れ角や小球の質量に無関係で糸の長さだけによって決まる. これを振り子の**等時性**という.

- 単振動 (振幅 $A\,[\mathrm{m}]$, 周期 $T\,[\mathrm{s}]$) の振動数・角振動数・位相

  振動数　$f\,[\mathrm{Hz}] = \dfrac{1}{T}$　　　角振動数　$\omega\,[\mathrm{rad/s}] = \dfrac{2\pi}{T}$　　　位相　$\omega t\,[\mathrm{rad}]$

- 単振動する物体の位置・速度・加速度 (等速円運動の正射影となる)

  $x = 0$ を振動の中心とし $x(0) = A$ の場合

  位置　　$x(t)\,[\mathrm{m}] = A\cos\omega t$

  速度　　$v(t)\,[\mathrm{m/s}] = -A\omega\sin\omega t$

  加速度　$a(t)\,[\mathrm{m/s^2}] = -\omega^2 x(t)$

- 単振動の運動方程式

  $ma(t) = -Kx(t)$: 物体の質量 $m\,[\mathrm{kg}]$, 振動の中心からの変位 $x(t)\,[\mathrm{m}]$,

  　　　　　　　　　復元力 $Kx(t)\,[\mathrm{N}]$, 比例定数 K

  ばねの弾性力 (ばね定数 k) による単振動の場合　$K = k,\ \omega = \sqrt{\dfrac{k}{m}}$

  振幅の十分小さい単振り子 (糸の長さ l) の場合　$K = \dfrac{g}{l},\ \omega = \sqrt{\dfrac{g}{l}}$

確認問題 ▶ **問** 図 2-33 のばね (ばね定数 $10\ \mathrm{N/m}$) につけられた車 (質量 $0.1\ \mathrm{kg}$) の単振動について次の問いに答えよ.

① 周期を求めよ.

② 車の速さが最も速くなる位置と最も遅くなる位置を答えよ.

③ 加速度の大きさが最も大きくなる位置と最も小さくなる位置を答えよ.

解答 ①0.63 s　②振動の中心, 両端　③両端, 振動の中心

---

[13]　点 O 近傍の運動では円弧はほぼ直線になり, W_s は x 軸方向にはたらくと考えてもよい.

コラム　近代科学の父　ガリレオ・ガリレイ

　振れ幅の小さな単振り子の周期は糸の長さだけによって決まり，振れ幅や小球の質量に無関係である．これを振り子の等時性という．このことに初めて気づいたのは16世紀の科学者ガリレオ・ガリレイ（図2-37）であるといわれている．

　彼は1564年イタリアのピサに生まれ，18歳のときにはピサ大学に入学し医学を学んでいた．1583年のある夕方，彼は授業の一環で大聖堂での礼拝に参加した．大聖堂の中では薄暗く明かりを灯されたばかりの吊りランプがいくつも揺れていた（図2-38）．その様子を何気なく眺めていたガリレイには，大きく揺れるランプと小さく揺れるランプとで，往復に要する時間は変わらないように感じられた．秒を刻む時計などない時代，彼は自分の手首の脈を取り，時間を測ってみた．すると，やはり脈の数はどちらもほぼ

同じであった．振り子の等時性の発見である．

　ガリレイはその後，大学の数学教授を務めながら物理学者・天文学者・哲学者としてその研究領域を広げていった．アリストテレスの時代から信じられてきた「重い物体は軽い物体より速く落下する」という観念に疑問をもち，物体の自由落下の距離が時間の2乗に比例することを見出し，さらにその事実から落下速度が時間に比例することを明らかにした．自作した望遠鏡で木星の4つの衛星，土星の環，太陽黒点などを発見するとともに観測の結果から地動説を支持したことは有名である．

　ガリレイは「自然は数学の言葉で書かれている」と語り，実験事実を定量的に分析し，考察を重ね，法則として定式化していく科学的手法を確立した．その功績は大きく，近代科学の父と称されている．

図2-37　ガリレオ・ガリレイ

図2-38　揺れる吊りランプ

http://yukipetrella.blog130.fc2.com/blog-entry-696.htmlより引用.

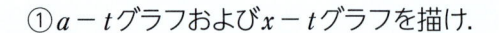

1 初め止まっていた車が一定の加速度で加速したところ，3秒後に速さ6 m/s になった．このとき，加速度の大きさと3秒間に進んだ距離を求めなさい．（→2.2）

2 初期位置$x_0 = 2$ mからx軸上を運動するある物体は，右図のような$v-t$グラフをもつ．（→2.2）

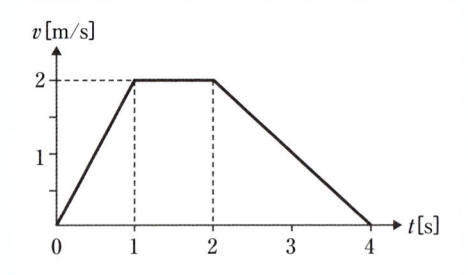

①$a-t$グラフおよび$x-t$グラフを描け．

②$t = 1$ sおよび4 sのときの位置を求めよ．

3 水平な床の上に質量10 kgの物体が置かれている．この物体に水平方向の力を加えて移動する．ただし，物体と床の間の静止摩擦係数は0.30，動摩擦係数は0.15である．

①物体を動かし始めるのに必要な最小の力の大きさを求めよ．（→1.1.2, 1.2.4）

②①と同じ大きさの力で物体を水平に引き続けるとき，物体に生じる加速度の大きさを求めよ．（→2.3.1）

③物体を等速度で動かし続けるのに必要な力の大きさを求めよ．

4 2.4.3の斜方投射運動において，仰角$\theta = 0$，速さv_0で投げられたボールの運動を考える（この運動を水平投射という）．投げた瞬間を$t = 0$として，時刻tにおけるボールの位置・速度・加速度を求めよ．ただし重力加速度の大きさをgとする．（→2.4.3）

5 半径20 mの水平な円形トラックを等速で走り25 sで一周する人（体の重さ490 N）がいる．

①この人の角速度はいくらか．（→2.5.3）

②この人の速さを求めよ．（→2.5.3）

③向心力の大きさを答えよ．また，向心力の役目をしている力の名称は何か．（→1.1.2, 2.5.4）

6 図のようにばね（ばね定数 k）につるされた物体（質量 m）の単振動について答えよ.

①つり合いの位置にあるとき（図のA）のばねの伸びはいくらか. （→1.1.2, 1.2.4）

つり合いの位置を原点0として鉛直下向きに x 軸をとる. 座標 A まで物体を下方に引き下げ, 静かに手を離して振動させた.

②物体が座標 x にあるとき（図のB）, 物体にはたらく合力はいくらか. （→1.1.2, 1.2.4）

③振動の周期を求めよ. （→2.6.2, 2.6.3）

④最も速くなったときの物体の位置および速さを求めよ. （→2.6.3）

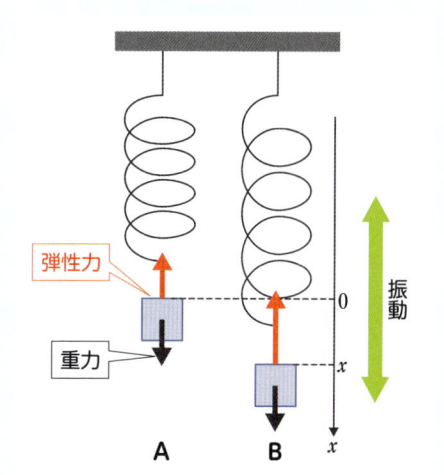

7 ガリレイは教会の大聖堂で揺れる吊りランプの周期を自身の脈拍を利用して測定し, 振り子の等時性を発見したといわれている. 吊りランプは長さが 5.0 m の単振り子とみなせるとし, 彼の脈拍が82回／分であったとする. ガリレイの測定したランプの周期は脈拍何回分になるか. （→2.6.4）

解答➡

3 エネルギーと運動量

この章の目標

- 物理学における仕事を理解する.
- 力学的エネルギーを理解する.
- 力学的エネルギー保存則を理解する.
- 運動量保存則を理解する.

3.1 仕事

考えてみよう てこを使うと重いものを小さな力で動かせてよいというが, 逆に大きくなるものはないか?

日常生活では, やらなければならないことや職業などで「仕事」という言葉を使う. 物理学でも「仕事」という言葉を使うが, その場合の「仕事」とはどういうものか見ていこう.

3.1.1 仕事

❶仕事とは

物理学では力が物体を動かしたとき, 「力が仕事をした」という. 例えば, 図3-1 のように一定の大きさの力 F で物体を押して力の方向に距離 r 動かしたとすると, 力 F が物体にした仕事 W は

$$W = Fr \qquad\qquad \cdots\cdots (3.1)$$

で定義される. 力を加えても, 物体が動かなければ仕事をしたことにならない. 単位

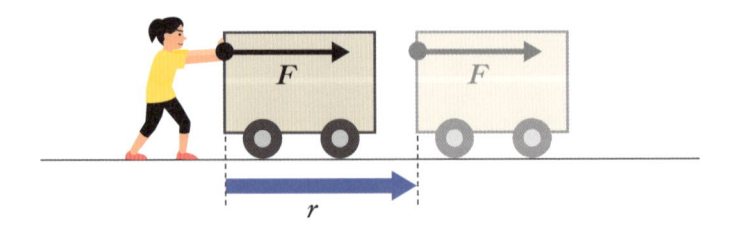

図3-1 力の方向に物体が移動する場合

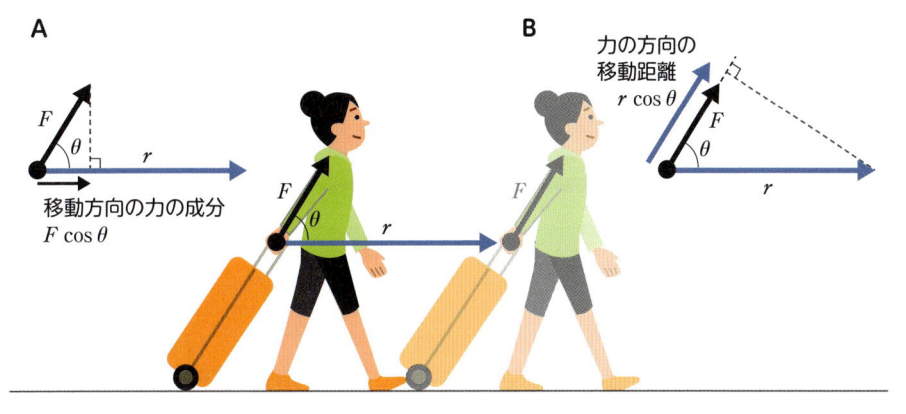

図3-2　力と移動距離との間の角度がθの場合

は［N・m］＝［J］（ジュール）[※1]である．すなわち，$F = 1\,\text{N}$，$r = 1\,\text{m}$とすると，$W = 1\,\text{N} \cdot 1\,\text{m} = 1\,\text{J}$となる．

❷力の方向と物体の移動方向が斜めになる場合の仕事

図3-2のようにキャリーバッグを引いて歩くとき，腕が引く力とキャリーバッグの移動方向は同じではない．その間の角度をθとすると，力Fが移動する物体にした仕事Wは，図3-2Aに示すようにキャリーバッグが移動した方向の力の成分$F\cos\theta$に移動距離rをかけたものとなる．すなわち，

$$W = F\cos\theta \times r \qquad \cdots\cdots (3.2a)$$

となる．あるいは，図3-2Bに示すように，力の大きさFと力の方向に沿った移動距離$r\cos\theta$を用いて，

$$W = F \times r\cos\theta \qquad \cdots\cdots (3.2b)$$

となる．このように2通りの見方ができるが，結局，仕事Wは同じ式で表される．

$$W = Fr\cos\theta \qquad \cdots\cdots (3.2)^{※2}$$

(3.2) 式は仕事を求めるうえで，力の方向と移動方向が任意の場合の一般式である．

❸力の方向と物体が移動した方向が逆の場合の仕事

図3-3のように，動いている荷車に対して逆向きで一定の大きさの力Fで押し続けたところ荷車は静止，あるいは減速した．力を加え続けた距離をrとすると，力Fのした仕事は荷車の移動方向とは逆，すなわち，(3.2) 式において$\theta = 180°$の場合となるので，

$$W = Fr\cos180° = -Fr \qquad \cdots\cdots (3.3)$$

※1　19世紀に熱やエネルギーの研究で活躍したイギリス人物理学者James Prescott Joule（1818-1889）にちなむ．詳しくは4章参照．

※2　力や移動距離（変位の大きさ）をベクトル量として考えると，仕事は正確には力ベクトルと変位ベクトルとの内積で定義される．すなわち，$W = \vec{F} \cdot \vec{r} = |\vec{F}||\vec{r}|\cos\theta$（ただし，$\theta$は$\vec{F}$と$\vec{r}$とのなす角）である．この定義式から (3.2a) 式，(3.2b) 式のいずれも定義どおりであることがわかる．

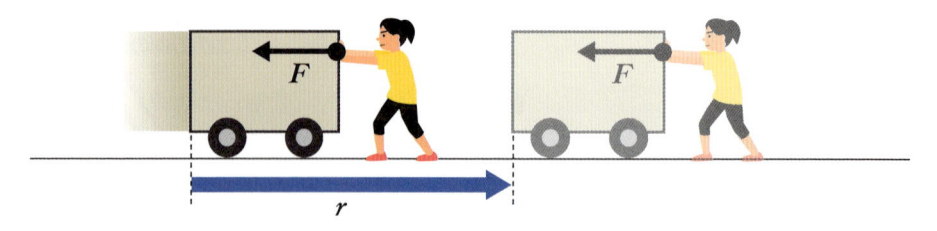

図3-3　力の方向と物体が移動した方向が逆の場合

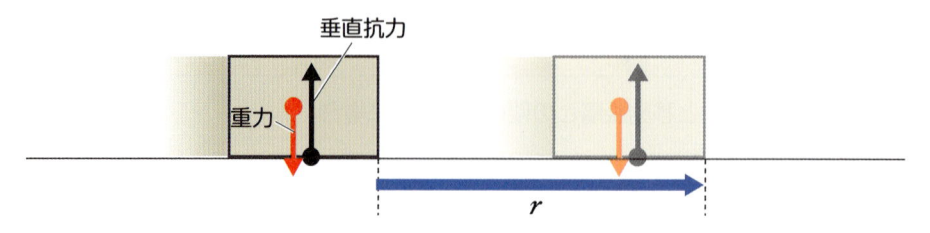

図3-4　力の方向と物体の移動方向が直交する場合

となる．このように，物体の移動方向と逆向きの力を加えて，物体が静止したり減速したりした場合，力がする仕事は負となる．

❹力の方向と物体の移動方向が直交する場合の仕事

図3-4のように水平な床面を移動する物体にかかる重力や垂直抗力は仕事をしない．なぜなら，（3.2）式において $\theta = 90°$ の場合に相当するためである．

$$W = Fr \cos 90° = 0 \qquad\qquad \cdots\cdots (3.4)$$

このように，力の方向と移動方向が直交する場合の仕事は0になる．

3.1.2 ▎仕事の原理

てこを使うと重いものを小さな力で動かせてよいというが，逆に大きくなるものはないか．ここで，図3-5のようなてこを考えよう．質量 m の物体を高さ h だけ持ち上げる．支点Oと作用点Aの間の距離を a，支点Oと力点Bの間の距離をその2倍の $2a$ とする．

次に1章の"力のモーメントのつり合い"を思い出そう．重力加速度を g とすると，A点にかかる力のモーメント $r_1F_1 = amg$ である．一方，力点Bにかける力の大きさを F とすると，A点とつり合うB点の力のモーメントは，$r_2F_2 = 2aF$ であるから

$$r_1F_1 = r_2F_2$$
$$amg = 2aF$$
$$\therefore F = \frac{mg}{2}$$

よって，B点での力の大きさはA点の物体にかかる重力の半分でよい．

では，物体にかかる重力の半分よりわずかに力を大きくして，物体を動かそう．た

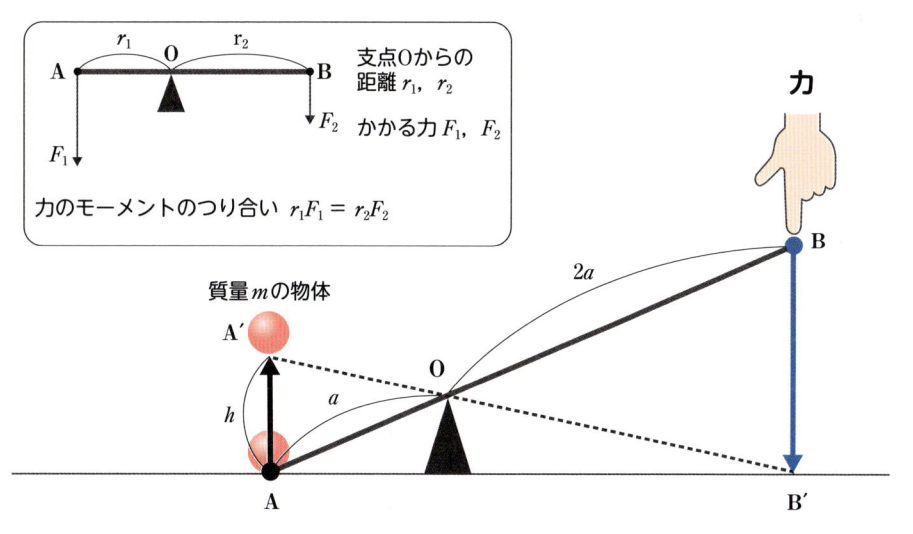

図3-5 力のモーメントと仕事の原理（てこ）

だし，図3-5の△AOA′と△BOB′は相似なので，BB′ = 2hとなり，物体を距離h持ち上げるためには力を2倍の距離加え続けなければならない．このように，てこを使えば力は小さくてよいが，その代わり動かす距離は大きくなる．このときの仕事を$W_{てこ}$とすると

$$W_{てこ} = 力 \times 移動距離 = \frac{mg}{2} \times 2h = mgh$$

である．一方，てこなどの道具を使わずにhだけ持ち上げる場合は，同様に物体にかかる重力よりわずかに大きな力を加える必要があるが，力を加え続ける距離はhである．このときの仕事をWとすると

$$W = 力 \times 移動距離 = mg \times h = mgh$$

となる．このように道具を使っても使わなくても仕事が変わらないことを**仕事の原理**という．

3.1.3 仕事率

　同じ仕事でも短時間で済む場合と長時間かかる場合がある．<u>仕事率は単位時間あたりの仕事として定義される</u>．すなわち，仕事率Pは，仕事をW，かかった時間をtとすると，

$$P = \frac{W}{t} \qquad\qquad \cdots\cdots (3.5)$$

で表すことができる．単位は［J/s］＝［W］（ワット）[3]である．すなわち，$W = 1\,J$，$t = 1\,s$とすると，$W = 1\,J／1\,s = 1\,J/s = 1\,W$となる[4]．

※3　蒸気機関の発展に貢献したイギリス人発明家James Watt（1736-1819）にちなむ．

※4　電子レンジなどの電気製品でよく［W］（ワット）という単位を見かける．これは消費電力の単位であり，電力も仕事率として定義されている．詳しくは8.3.2参照．

確認問題　**問**　図3-2のようにキャリーバッグを運ぶとき，

①腕と水平な床との間の角度を60°とすると，10 Nの力で120 m移動した場合の仕事を求めよ．

②①の仕事をするのに1分かかったとする．そのときの仕事率を求めよ．

解答　①600 J　②10 W

3.2 エネルギー

考えてみよう　以下の物体はどんな種類のエネルギーをもっているのだろうか？
①高いところで静止しているジェットコースター
②時速60 kmで動いている自動車
③縮んだばね

3.2.1 エネルギーとは

　日常使われる「エネルギー」という言葉は「今日もエネルギッシュに働いているね」のように「活力」や「精力」を表したり，「エネルギー満タン！」のように石油などの「エネルギー資源」を表したりしている．

　一方，物理学における「エネルギー」は前節の「仕事」と関連する概念である．物体が他の物体に対して「仕事をする能力」をもつとき，その物体はエネルギーをもつという．エネルギーはそのエネルギーで物体がすることができる仕事で表されるので，エネルギーの単位も仕事と同じ「J」（ジュール）である．

　エネルギーにはさまざまな形態（種類）があることは4章で詳しく説明するが，ここでは力と運動にかかわるエネルギーについて考えてみよう．

3.2.2 運動エネルギー

❶仕事と運動エネルギー

　動いている物体は仕事をすることができる．この仕事は物体がもっていたエネルギーである．例えば，前節の図3-3のように右向きに動いている荷車を逆向きの力をかけて静止させる場合において，図3-6に示すように物理量を書き直す．すなわち，人が

図3-6 力の方向と物体が移動した方向が逆の場合（その2）

$-F$の一定の力で質量m，速さvの荷車を押し続けたところ，rだけ進んだところで荷車が静止したとする．ここで，右向きを正とする．荷車の加速度をaとすると，運動方程式は$ma = -F$となる．図3-7は人が荷車を押し始めた時刻を0としたときの時刻と荷車の速さの関係を表すグラフである．時刻0で速さvだった荷車が時刻tで速さ0になる．加速度aは

$$a = -\frac{v}{t}$$

である．よって，

$$a = -\frac{F}{m} = -\frac{v}{t}$$

Fについて解くと，

$$F = m\frac{v}{t}$$

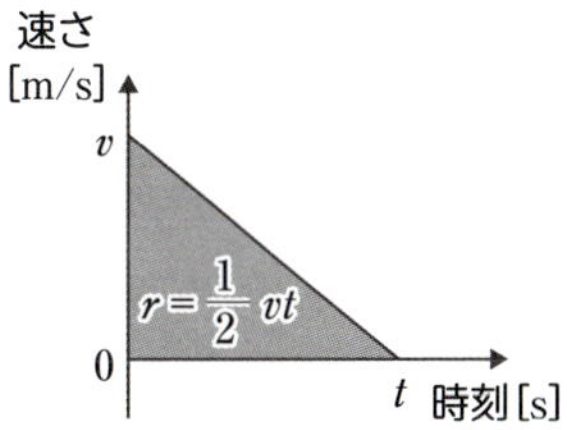

図3-7 等加速度運動をする
荷車の進む距離

となる．

また，時刻0からtまでに等加速度運動をする物体が進む距離rは，図のグレーの三角形の部分である（→2.2.3）から，

$$r = \frac{1}{2}vt$$

となる．運動する物体が$-F$の力を受けるということは，反作用として相手にFの力を与えることになるから，荷車が人にした仕事Wは

$$W = F \times r = m\frac{v}{t} \times \frac{1}{2}vt = \frac{1}{2}mv^2$$

となる．すなわち，荷車は$\frac{1}{2}mv^2$の仕事をする能力をもっていたことになる．よって，速さvで動いていた質量mの物体は$\frac{1}{2}mv^2$のエネルギーをもつ．

このように運動する物体がもっているエネルギーを運動エネルギー（kinetic energy）といい，K〔J〕で表すと

$$K = \frac{1}{2}mv^2 \qquad\qquad \cdots\cdots (3.6)$$

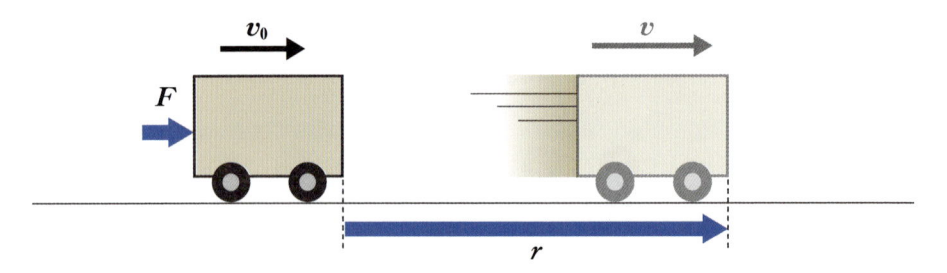

図3-8　仕事をされた物体

となる．運動エネルギーは速度の向きに関係なく，物体の質量と速さで表される量である．

❷運動エネルギーの変化

次に図3-8のように走っている荷車に仕事をした場合を考えよう．質量mの荷車が速さv_0で走っている．そこへ力Fを距離rだけ荷車の走る方向に加え続けたら，荷車の速さがvになった．ここで，荷車のt秒後の加速度をaとする．2章の等加速度運動の（2.6）式，（2.7）式に当てはめると

$$\begin{cases} v = v_0 + at \\ r = v_0 t + \dfrac{1}{2} at^2 \end{cases}$$

これらの式からtを消去すると，

$$v^2 - v_0^2 = 2ar \qquad \cdots\cdots (3.7)$$

となる．運動方程式　$ma = F$　から

$$\therefore a = \frac{F}{m}$$

となり，（3.7）式から

$$v^2 - v_0{}^2 = 2\frac{F}{m} r$$

両辺に$\dfrac{m}{2}$をかけると

$$\therefore W = Fr = \frac{1}{2} mv^2 - \frac{1}{2} mv_0{}^2 \qquad \cdots\cdots (3.8)$$

上式は，物体にされた仕事は運動エネルギーの変化に等しいことを示している．

3.2.3 ▎位置エネルギー

❶重力による位置エネルギー

ダムに蓄えられた水は落下してタービンを回す仕事をする．このように高いところにある物体は仕事をすることができるので，エネルギーをもっている．例えば，図3-9

のように点Pにある質量mの物体を基準面（基準となる水平面）上の点Oまで距離hだけ落下させる．重力加速度をgとすると，重力mgは物体に対して

$$W = mg \times h$$

の仕事をする．前項によると，物体にされた仕事は運動エネルギーの変化に等しいから，物体のもつ運動エネルギーはmghだけ増加することになる．このとき，物体は他の物体にこれだけの仕事をすることができるので，点Pではあらかじめmghのエネルギーをもっていたことになる．これを**重力による位置エネルギー（potential energy）**といい，U［J］で表すと

$$U = mgh \qquad\qquad \cdots\cdots (3.9)$$

となる．

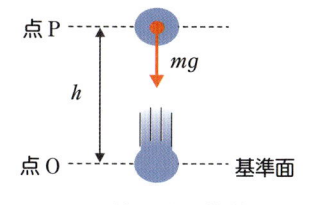

図3-9　落下する物体

❷位置エネルギーの基準

（3.9）式より，重力による位置エネルギーは基準面からの高さに比例している．基準面は任意であるが，通常は地面とする．図3-10は地面を基準面とするときの質量mの荷物の位置エネルギーの変化を表している．図3-10Aは荷物が地面に置いてある場合で，位置エネルギー$U_0 = mg \times 0 = 0$である．Bは荷物をhだけ持ち上げた場合で，位置エネルギー$U_1 = mgh$となる．Cは荷物をh'だけ持ち上げた場合で，位置エネルギー$U_2 = mgh'$となる．$h < h'$なら，$U_1 < U_2$である．また，Bの荷物の位置を基準とすると，Aの荷物の位置エネルギーは$U_0 = mg \times (-h) = -mgh$となり，Cの荷物の位置エネルギー$U_2 = mg(h' - h)$というように位置エネルギーの値が変わる．一方，基準面からの高さが同じであれば位置エネルギーも同じである．このように，位置エネルギーには基準が必要である．

❸位置エネルギーの変化

図3-10BからCに荷物を持ち上げるためには仕事$W = mg(h' - h)$の仕事をする必要がある．これは位置エネルギーの差に等しい．よって，物体にされた仕事は位置エネルギーの差に等しい．

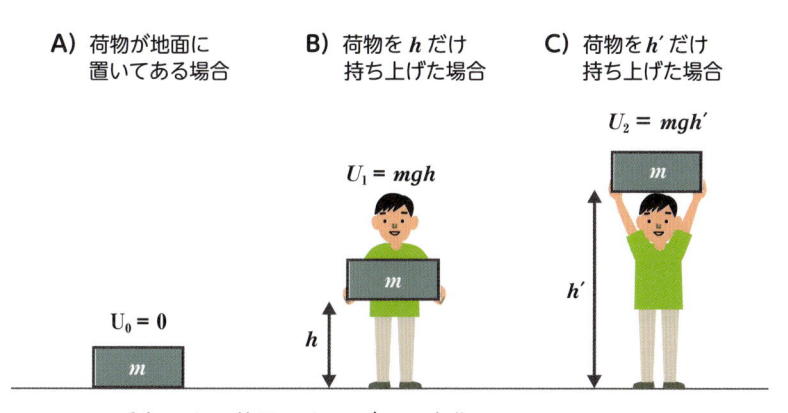

A) 荷物が地面に置いてある場合　**B)** 荷物をhだけ持ち上げた場合　**C)** 荷物をh'だけ持ち上げた場合

$U_2 = mgh'$

$U_1 = mgh$

$U_0 = 0$

図3-10　重力による位置エネルギーの変化

❹ばねの弾性力による位置エネルギー

図3-11のように伸び縮みしているばねに結びつけられている物体は，ばねから弾性力を受けるので，重力と同様にその力を使って他の物体に仕事をすることができる．したがって，ばねに結びつけられている物体は位置エネルギーをもっているといえる．これを**弾性力による位置エネルギー**という．また，このエネルギーは変形したばねがもつと考え，**弾性エネルギー**ともよばれる．

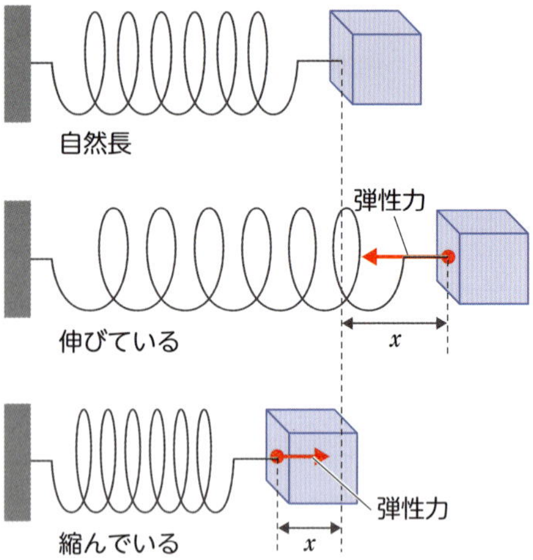

伸ばしたばね（または縮んだばね）が自然長に戻るときに弾性力が物体にする仕事を求めよう．1.1.2で示したように，ばね定数をk，変形の大きさをxとすると，ばねの弾性力Fは$F = kx$である（フックの法則）．横軸に変形の大きさx，縦軸に弾性力Fを取ると，Fとxの関係は図3-12に示すようなxの一次関数となる．したがって，xの値ごとに力の大きさが変化する．これが力の一定した重力と異なるところである．このような場合，2.2.3と同様に考えてみる．すなわち，xを微小量Δxずつ細かく分けるとその区間の弾性力は一定とみなすことができる．よって，各区間で弾性力がする仕事は図の赤い長方形の面積となり，すべての区間を合わせた仕事Wは青い三角形の面積になる[5]ので，

$$W = \frac{1}{2} kx^2 \qquad\qquad \cdots\cdots (3.10)$$

となる．変形したばねにはこれだけの仕事をする能力があるので，これがばねの弾性力による位置エネルギーである．この場合の位置エネルギーの基準は$x = 0$で，ばねの自然長である．

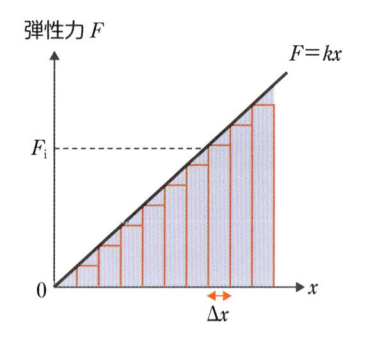

図3-11　ばねと弾性力

自然長

弾性力

伸びている

x

弾性力

縮んでいる

x

弾性力 F

$F = kx$

F_i

0

Δx

x

図3-12　弾性力による位置エネルギー

※5　図3-12の赤い長方形をすべての区間足し合わせると，$W = F_1 \times \Delta x + F_2 \times \Delta x + F_3 \times \Delta x + \cdots F_i \times \Delta x + \cdots$となる．$\Delta x \to 0$の極限では$W$は青色の面積に相当する．それは力を変位で積分することである．一般的には$W = \int_0^x F\,\mathrm{d}x$と表される．したがって，

重力による位置エネルギー　　　$\int_0^h mg\,\mathrm{d}x = mg\,(h - 0) = U_h - U_0$

弾性力による位置エネルギー　　$\int_0^x kx\,\mathrm{d}x = \frac{1}{2}k\,(x^2 - 0) = U_x - U_0$

となる．

要点まとめ

- 運動エネルギー K [J]　$K = \dfrac{1}{2}mv^2$

  （m [kg]：質量，v [m/s]：速さ）

- 重力による位置エネルギー U [J]　$U = mgh$

  （m [kg]：質量，g [m/s^2]：重力加速度，h [m]：基準面からの高さ）

- ばねの弾性力による位置エネルギー U [J]　$U = \dfrac{1}{2}kx^2$

  （k [N/m]：ばね定数，x [m]：ばねの変形の大きさ）

確認問題 **問** 5 N で 50 cm 伸びるばねに物体を取りつけた．このばねを 30 cm 伸ばしたときの弾性力による位置エネルギーを求めよ．

解答 0.45 J

3.3 力学的エネルギー保存則

考えてみよう 高いところから物体を落とすと，低くなるにつれてだんだん位置エネルギーは減っていく．一般にエネルギーは減っていくのだろうか．

3.3.1 力学的エネルギー

　前節で説明した運動エネルギーと位置エネルギーの和を**力学的エネルギー**という．物体が力を受けながら運動するとき，これらのエネルギーがどのように変化していくか考えてみよう．

❶物体が自由落下する場合

　物体の質量 m，重力加速度 g で，高さ h_1 から h_2 へ自由落下するとき，物体の速度が v_1 から v_2 へ変化（図 3-13）したとする．重力のする仕事 W は

$$W = mg(h_1 - h_2)$$

である．一方，(3.8) 式のように，物体にされた仕事は運動エネルギーの変化に等しいから

$$W = \frac{1}{2}mv_2{}^2 - \frac{1}{2}mv_1{}^2$$

であるので，

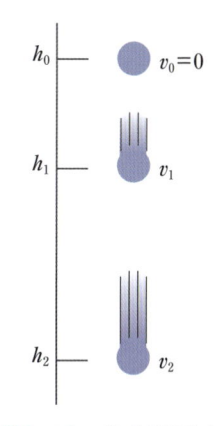

図 3-13 自由落下する物体

$$\frac{1}{2}mv_2{}^2 - \frac{1}{2}mv_1{}^2 = mg(h_1 - h_2)$$

$$\therefore \frac{1}{2}mv_1{}^2 + mgh_1 = \frac{1}{2}mv_2{}^2 + mgh_2 \qquad \cdots\cdots (3.11)$$

となる. これは左辺の高さ h_1 で物体がもっていた力学的エネルギーと右辺の h_2 での力学的エネルギーが等しいことを表している.

したがって, 力学的エネルギーは常に一定である. これを**力学的エネルギー保存則**という. 物理での「保存」とは, 変化の前後で特定の物理量が一定に保たれることを指す.

例題 力学的エネルギーが保存されているか確かめよう. 1.00 kg の本を 1.00 m 持ち上げた後, 手を離したとする. 本の高さとエネルギーの関係を計算して下記の表に記入せよ. 重力加速度 $g = 9.80$ m/s^2 とする.

高さ (m)	運動エネルギー (J)	位置エネルギー (J)	力学的エネルギー (J)
1.00			
0.800			
0.500			
0.300			
0			

解答 高さ 1.00 m のときの本のエネルギー
　　　運動エネルギー $K = 0$ J
　　　位置エネルギー $U = 1.00 \times 9.80 \times 1.00 = 9.80$ J
　　　力学的エネルギー $E = K + U = 9.80$ J
　　高さ 0.800 m のときの本のエネルギー
　　　本の速さは (3.7) 式を使うと, $v^2 = 2ar + v_0{}^2 = 2 \times 9.80 \times 0.200 + 0^2 = 3.92$ だから
　　　運動エネルギー $K = (1/2) \times 1.00 \times 3.92 = 1.96$ J
　　　位置エネルギー $U = 1.00 \times 9.80 \times 0.800 = 7.84$ J
　　　力学的エネルギー $E = K + U = 9.80$ J

同様に高さ 0.500 m 以降の空欄を埋めよう.

高さ (m)	運動エネルギー (J)	位置エネルギー (J)	力学的エネルギー (J)
1.00	0	9.80	9.80
0.800	1.96	7.84	9.80
0.500			
0.300			
0			

❷ばねに結びつけられた物体の場合

物体の質量m，ばね定数k，ばねが自然長よりx_1からx_2へ変形するとき，物体の速度がv_1からv_2へ変化したとする（図3-14）．このとき，ばねの弾性力がする仕事Wは，それぞれの変形での弾性力による位置エネルギーの差

$$W = \frac{1}{2}\,kx_1{}^2 - \frac{1}{2}\,kx_2{}^2$$

である．一方，その仕事Wは運動エネルギーの変化に等しいから

$$W = \frac{1}{2}\,mv_2{}^2 - \frac{1}{2}\,mv_1{}^2$$

であるので，

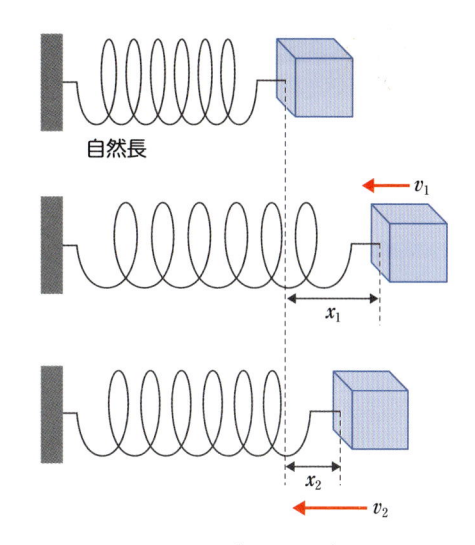

図3-14 変形するばねに結びつけられた物体

$$\frac{1}{2}\,mv_2{}^2 - \frac{1}{2}\,mv_1{}^2 = \frac{1}{2}\,kx_1{}^2 - \frac{1}{2}\,kx_2{}^2$$

$$\therefore \frac{1}{2}\,mv_1{}^2 + \frac{1}{2}\,kx_1{}^2 = \frac{1}{2}\,mv_2{}^2 + \frac{1}{2}\,kx_2{}^2 \qquad \cdots\cdots \text{(3.12)}$$

となる．(3.12) 式は変形の大きさx_1で物体がもっていた力学的エネルギーとx_2での力学的エネルギーが等しいことを表している．よって，ばねに結びつけられた物体の場合も，力学的エネルギーは常に一定で，力学的エネルギー保存則が成り立つ．

3.3.2 ▌力学的エネルギー保存則が成り立たない場合

ここまで見てきたように，高いところから物体を落としたり，ばねを伸ばして放したりすると位置エネルギーが減っていくが，その分，運動エネルギーが増えていくので，力学的エネルギーは一定となる．逆に，速度をもった物体が斜面を上っていくように，位置エネルギーが増えていく場合は，その分，運動エネルギーが減っていくので，やはり力学的エネルギーは一定となる．

しかし，日常ではころがったボールが止まるのを見るし，2.4.4の雨滴の落下運動では雨滴が一定の速さになるのを計算した．重力や弾性力の他に摩擦力や空気抵抗がはたらいていると，物体がもつ力学的エネルギーが摩擦力や抵抗力による仕事などに変換され，最終的に熱エネルギーになって周囲に散逸される．このように，力学的エネルギー保存則が成り立たない場合がある．

- 力学的エネルギー保存則　$E = K + U = $ 一定

　（E〔J〕：力学的エネルギー，　K〔J〕：運動エネルギー，　U〔J〕：位置エネルギー）

- 摩擦や空気抵抗などエネルギーの損失がある場合，力学的エネルギーは保存されない．

確認問題 **問** 遊園地で大人気のジェットコースターに乗ったときのことを考えよう．まずモーターでゆっくりと車体が持ち上げられ，最初の斜面の頂上に連れていかれる．2000 kgの車体が地上から90 m持ち上げられた後，一気に斜面を滑り降りた．地上に達したときの車体の速度はどれくらいになるか．ただし，滑走中の動力はないものとし，摩擦や空気抵抗は無視する．重力加速度$g = 9.8$ m/s^{2}とする．

解答 42 m/s^2

3.4 運動量保存

考えてみよう よく似ている双子のA子さんとB子さんが，ローラースケートをしている．A子さんが滑って，止まっていたB子さんにぶつかったら，A子さんが止まり，B子さんが同じ速さで滑り出した．何か法則があるのだろうか？

3.4.1 運動量

　ローラースケートをしている人とぶつかった場合，ぶつかってきた人の体重が大きいほど，またスピードが速いほどその衝撃は激しいだろう．このように質量や速度を使って物体の運動の勢いや激しさを表す物理量を定義できる．この物理量を**運動量**という．すなわち，質量m，速度$\vec{v}$の物体の運動量$\vec{p}$は

$$\vec{p} = m\vec{v} \qquad \cdots\cdots (3.13)$$

である．運動量は速度と同じ向きのベクトル量であり，単位は〔kg・m/s〕となる．

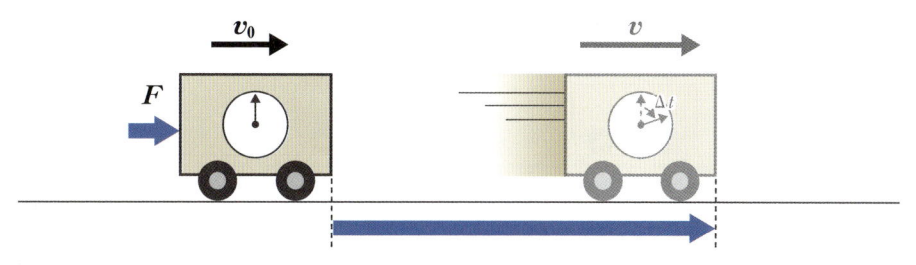

図3-15　一定の力 F を時間 Δt だけ加えられた荷車

3.4.2 ▍運動量と力積

　物体に力を加え続けると速度が変化する．したがって，物体の運動量を変化させるには力をある程度の時間加え続ける必要がある．図3-15のように走っている台車に一定の力 F を時間 Δt だけ加えた場合を考えよう．台車の質量 m，最初の速さが v_0，一定の力 F を加えた後の速さを v とすると，台車の加速度 a は

$$a = \frac{v - v_0}{\Delta t}$$

である．これを運動方程式 $ma = F$ に当てはめてみると，

$$m \frac{v - v_0}{\Delta t} = F$$
$$\therefore mv - mv_0 = F\Delta t \qquad \cdots\cdots (3.14)$$

となり，この式の左辺は運動量の変化を表している．一方，右辺の<u>力 F と時間 Δt の積</u>を<u>**力積**</u>という．

$$(力積) = \vec{F}\Delta t \qquad \cdots\cdots (3.15)$$

　(3.14) 式より，<u>運動量の変化は物体が受けた力積に等しい</u>ことがわかる．この関係は3.2.2で説明した「仕事（力 F ×距離 r）を加えると運動エネルギーが変化すること」に似ている．

　力積は力と同じ向きのベクトル量である．その単位は (3.15) 式より ［N・s］である．また，(3.14) 式より，力積は運動量の単位とも等しい[6]．

　図3-16のように横軸に時間，縦軸に力をとると，力が一定の場合の力積は青色の面積で表される．したがって，力を小さくしてかける時間を長くしても力積は変化しない．よって，運動量の変化も等しくなる．

　速いボールを受け止めるとき衝撃で手が痛くなることがあるが，なるべく痛くならない方法はあ

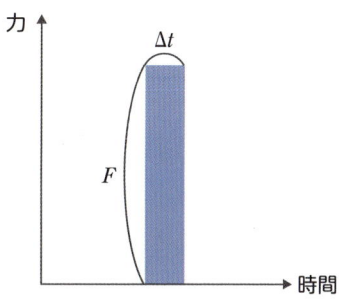

図3-16　力積を面積で表す

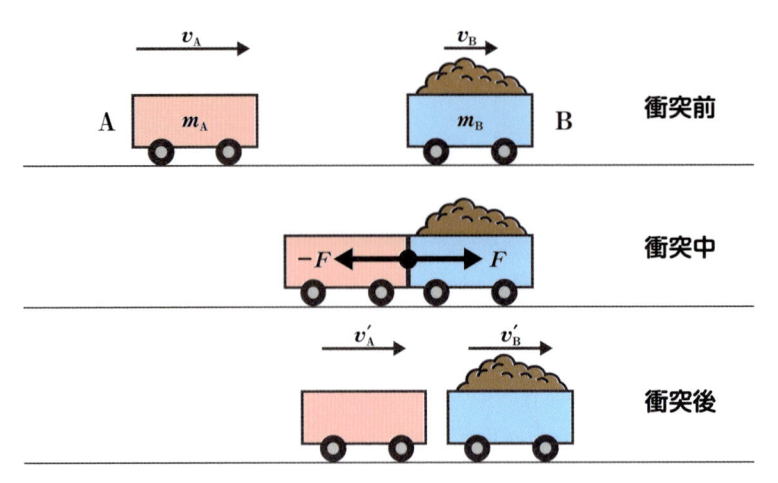

図3-17　物体の衝突

るだろうか．受け止めたときは $v = 0$ だから，（3.14）式に当てはめると $F\Delta t = -mv_0$ となる．衝撃力 F を小さくするには Δt を大きくすればよいから，腕を体の方へ引き寄せながら受け止めることで，時間が長くかかるようにすればよい．

3.4.3 ▍運動量保存則

3.4.1で定義した運動量が衝突の前後で保存されることを示す．図3-17のように同一直線上を移動している物体AとBが衝突する場合を考える．このとき，物体AはBに力 F を Δt 及ぼしたとすると，作用反作用の法則によって物体BはAに反対向きの力 $-F$ を Δt 及ぼす．図のように，質量をそれぞれ m_A，m_B，衝突前の速度を v_A，v_B，衝突後の速度を v'_A，v'_B とする．

まず，物体Aの運動量変化を考える．力積と運動量の関係（3.14）式より，

$$m_A v'_A - m_A v_A = -F \times \Delta t$$

物体Bでは力が逆向きにはたらくから，

$$m_B v'_B - m_B v_B = F \times \Delta t$$

この2式より，

$$m_A v'_A - m_A v_A = -(m_B v'_B - m_B v_B)$$
$$m_A v_A + m_B v_B = m_A v'_A + m_B v'_B \qquad \cdots\cdots (3.16)$$

つまり，（衝突前の運動量の和）＝（衝突後の運動量の和）である．このように他の物体からの力（外力）がはたらいていなければ，全体の運動量は変わらない．これを運動量保存則という．

3.4.4 ▍衝突における保存則

外力がはたらいていない衝突において運動量以外に保存するものはあるだろうか．

3.3.1で学んだ力学的エネルギーはどうだろうか？

実は，力学的エネルギーは特別な場合に保存する．この特別な場合を**弾性衝突**という．すなわち，図3-17の衝突で（3.16）式の他に

$$\frac{1}{2}\,m_A{v_A}^2 + \frac{1}{2}\,m_B{v_B}^2 = \frac{1}{2}\,m_A{v'_A}^2 + \frac{1}{2}\,m_B{v'_B}^2 \qquad \cdots\cdots \text{(3.17)}$$

も成り立つ場合である．

この節の冒頭の 考えてみよう でA子さんとB子さんの衝突が弾性衝突であったとして（3.16）式，（3.17）式に当てはめてみよう．両者の質量を m，A子さんの最初の速度を v_A，B子さんは止まっていたので $v_B = 0$，衝突後のそれぞれの速度を v'_A，v'_B とすると，

（3.16）式の運動量保存則より $\qquad mv_A = mv'_A + mv'_B$

（3.17）式の力学的エネルギー保存則より $\quad \dfrac{1}{2}\,m{v_A}^2 = \dfrac{1}{2}\,m{v'_A}^2 + \dfrac{1}{2}\,m{v'_B}^2$

が成り立つ．これらの式から $v'_B = v_A$，$v'_A = 0$ となり，衝突後，A子さんが止まり，B子さんが衝突前のA子さんと同じ速度で滑り出すことがわかる．

一方，衝突の前後で力学的エネルギー保存則が成り立たない場合がある．その場合を**非弾性衝突**という．図3-17の衝突の後，両者が一緒になって速度 v で運動する場合を考えよう．その場合も外力がはたらいていなければ運動量保存則は成り立ち，

$$m_A v_A + m_B v_B = (m_A + m_B)v$$

$$\therefore v = \frac{m_A v_A + m_B v_B}{m_A + m_B}$$

である．力学的エネルギーを計算すると，衝突前は $\dfrac{1}{2}\,m_A{v_A}^2 + \dfrac{1}{2}\,m_B{v_B}^2$ であり，衝突後は $\dfrac{1}{2}\,(m_A + m_B)v^2$ であるから，$\dfrac{1}{2}\,m_A{v_A}^2 + \dfrac{1}{2}\,m_B{v_B}^2 \geqq \dfrac{1}{2}\,(m_A + m_B)\,v^2$ となり，衝突前より衝突後のエネルギーが小さくなって，力学的エネルギー保存則は成り立たない．弾丸が壁にめり込んだり，床に落としたボールのバウンドがしだいに低くなっていくのも非弾性衝突である．このとき，失われた力学的エネルギーは摩擦熱や物体の変形などに使われている．

- 運動量 $\vec{p}$ [kg・m/s]　$\vec{p} = m\vec{v}$　（m [kg]：質量，$\vec{v}$ [m/s]：速度）
- 力積 $\vec{F}\Delta t$ [N・s]　（$\vec{F}$ [N]：力，Δt [s]：力を加えた時間）
- 運動量の変化は力積に等しい．
- 運動量保存則
  　物体間で及ぼし合う力はあっても外力がはたらいていない場合，それらの物体の全運動量は一定である．
- 弾性衝突では運動量と力学的エネルギーの両方が保存される．
- 非弾性衝突では運動量のみ保存される．

確認問題 **問** 図3-17の物体A，Bの質量をそれぞれ0.1 kg，0.2 kg，衝突前の速度をそれぞれ20 m/s，10 m/sとする．衝突後Aは同じ直線上を10 m/sで進みだした．Bはどうなったか？ ここで，直線右向きを正とする．

解答 正の方向へ15 m/sの速度で進む．

コラム　棒高跳び

棒高跳びで高く跳ぶには，踏み切りを強く蹴るのではなく，助走のスピードをなるべく大きくする必要がある．なぜなら，助走の運動エネルギーを位置エネルギーに変換して高く跳ぶのが棒高跳びだからである．まさに，この章で習った力学的エネルギー保存則を利用している．具体的にいうと助走の運動エネルギーは，踏み切ってポールをついた後，ポールのたわみによる弾性エネルギーに変換され，最終的にバーを越すための位置エネルギーになる．実際に計算してみよう．

選手の質量をm，踏み切り時の速度をv，最高点の高さをh，重力加速度をgとする．力学的エネルギー保存則が成り立つなら，

$$\frac{1}{2}mv^2 = mgh$$

$$\therefore h = \frac{v^2}{2g}$$

ここで，$v = 9.1$ m/s（100 mを11秒で走った場合），$g = 9.8$ m/s^2 とすると，$h = 4.2$ mとなる．選手の踏み切り時の重心の高さを1.0 mとすると，重心の最高点の高さは5.2 mに達する．また，空中での姿勢を制御することによって，0.6 mから1 mくらい越えられるバーの高さを上積みできるという．よって，6 mくらいのバーを越えることができる結果となり，世界記録の値を物理的に説明できる．ちなみに，2024年8月25日現在の男子の世界記録はアルマンド・デュプランティスの6.26 mである．

〈参考文献〉綿引隆文：物理教育，35：186-187，1987

ポールの突き放し
ターン
抱え込み
踏み切り
突っ込み
助走
6 m
5 m
4 m
3 m
2 m
着地マット
ボックス
ポールを差し込んで滑らないように固定する支点

TDK Techno Magazine（https://www.tdk.com/ja/tech-mag/athletic/004）より引用．

1 大きな荷物を台の上に運びたい．AとBの2つの意見が出た．

A「まっすぐ上に引き上げればよい．その方が運ぶ距離が短くていいだろう」

B「摩擦がないスロープを使って運ぶ方がよい．その方が運ぶ力が小さくていいだろう」

さて，どちらの方の仕事が小さくて済むだろうか．（→3.1）

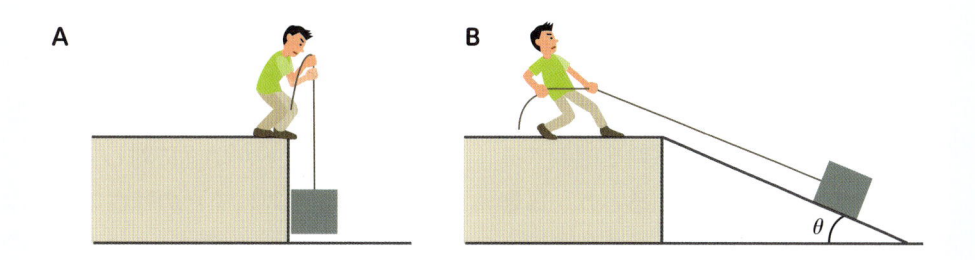

2 傾斜30°で摩擦のある坂道に3.0 kgの荷物を置いたら，荷物が斜面に沿って5.0 mずり落ちた．重力加速度を9.8 m/s²，斜面と荷物の間の動摩擦係数を0.50とする．（→3.1）

①斜面と荷物の間の動摩擦力を求めよ．

②摩擦力が荷物にした仕事の大きさを求めよ．

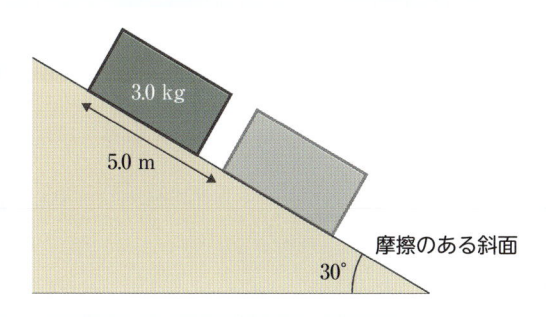

3 質量mのボールを地面の上h_0の高さから真上に向かってv_0の速さで投げ上げた．ボールが地面からhの高さのときの速さvを求めよ．重力加速度の大きさをgとする．（→3.2, 3.3）

4 ばねの上端を固定し，下端に質量 m のおもりを取りつけたところ，自然長からだけ a だけ伸びたところでつり合った．次に自然長の位置までおもりを持ち上げて，急に手を離したところ，おもりはつり合いの位置を中心に上下の振動をした．重力加速度の大きさを g，位置エネルギーの基準をばねの自然長の位置とする．（→ 3.2, 3.3）

①つり合いの位置でのおもりの速さを求めよ．

②ばねは最大どれくらい伸びるか求めよ．

ヒント この場合の力学的エネルギーは位置エネルギー・運動エネルギー・弾性エネルギーの和となる.

5 ロケットを大気圏外へ打ち上げるには大きな速度が必要である．その速度を得るために後方に燃料を噴射する．質量 M のロケットが地面に対して速さ V で等速運動をしているとき，質量 m の燃料を地面に対して v' の速さでロケットの後方に噴射した．この噴射後のロケットの速さ V' を求めよ．また，この結果から V' を大きくするための条件を求めよ．（→ 3.4）

解答 ➡

4 熱と温度

この章の目標

- 物質の三態（固体・液体・気体）と熱や温度とはどのような関係にあるか理解する．
- 気体の圧力・体積・温度の関係を理解する．
- 熱とは何か，温度とは何か，熱と温度はどのような関係にあるかを理解する．
- 熱はエネルギーの一形態であること（熱力学の第一法則）を理解する．
- 熱の移動は不可逆変化であること（熱力学の第二法則）を理解する．

4.1 物質の三態と熱

考えてみよう　よく，「風呂上がりに濡れたままでいると風邪をひく」といわれる．科学的には正しいのだろうか？

4.1.1 固体・液体・気体

❶ 物質の三態：固体・液体・気体

　同じ H_2O 分子からなる物質といっても，常温では液体の水であり，0℃より温度を下げると氷となり，温度を上げていくと蒸発して水蒸気になり100℃で沸騰するのは知っているだろう．図4-1のように，一般に物質には**固体・液体・気体の三態**があり，温度上昇によって固体→液体→気体へと変化する．

❷ 物質の三態と分子運動

　固体は原子や分子同士が互いに結び

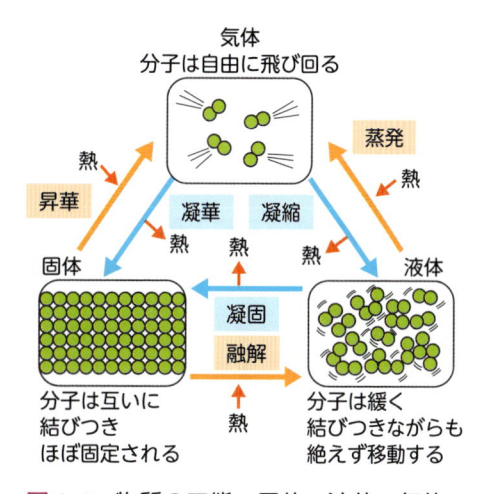

図4-1　物質の三態：固体・液体・気体

つき，ほぼ決まった位置で振動している．液体は原子や分子が緩く引き合っているのでバラバラにはならないが，原子や分子は動き回ることができるので容器の形に合わせて自由に形が変わる．気体は原子や分子一つひとつが自由に飛び回れる状態である．このように原子や分子はそれらの状態に応じた運動をしており，これを**分子運動**という．

4.1.2 ▌**物質の状態変化**

❶物質の三態と温度

　図4-1のように，温度を上げると固体は**融解**して液体へ，さらに**蒸発**して気体へと変化する．温度を下げると，気体は**凝縮**して液体へ，さらに**凝固**して固体へと変化する．氷水が入ったコップを置いておくと，外側に水滴がつくが（**図4-2**），これはガラスを通して水が染み出てきたわけではない．コップの表面で冷やされた空気中の水蒸気が凝縮して水になったのである．

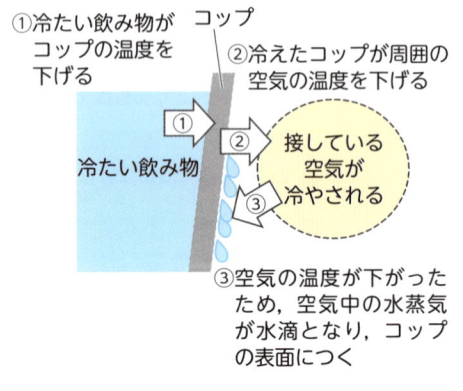

①冷たい飲み物がコップの温度を下げる

②冷えたコップが周囲の空気の温度を下げる

接している空気が冷やされる

冷たい飲み物

③空気の温度が下がったため，空気中の水蒸気が水滴となり，コップの表面につく

図4-2　冷たい飲み物が入ったコップの結露

❷昇華と凝華

　固体から液体を経ずに気体へと変化することを**昇華**，気体から液体を経ずに固体へと変化することを**凝華**という（**図4-1**）．ドライアイスを放っておくと白い煙を出しながら小さくなっていくが（**図4-3**），これは二酸化炭素の固体が昇華しているのである（ただし白い煙は空気中の水蒸気が凍ったものである．二酸化炭素自体は目に見えない）．

図4-3　ドライアイスの昇華
写真提供：marika / PIXTA

4.1.3 ▌**潜熱**

❶物質の三態と熱

　固体から液体，液体から気体に状態が変化するためには，分子同士の結びつきを切るためのエネルギーが必要である．4.3以降で説明するが，このエネルギーは熱という形でやり取りされる．物質が固体から液体へ融解するために必要なエネルギーを**融解熱**，液体から気体へ蒸発するために必要なエネルギーを**蒸発熱**という．逆に気体が液体に，液体が固体に変化するときには熱を発生する．

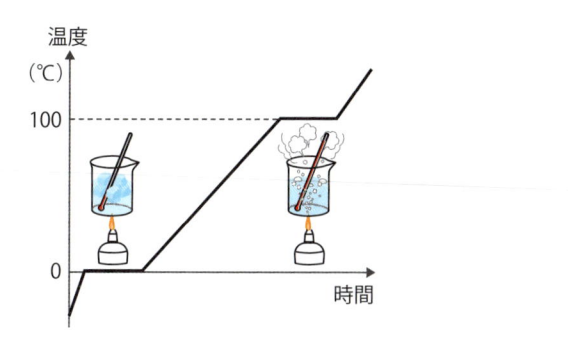

図4-4　水の状態変化

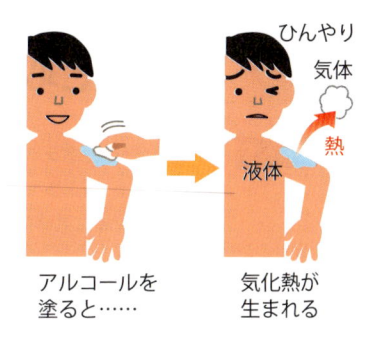

図4-5　日常に現れる潜熱①
アルコールを塗ると潜熱を奪われて冷たく感じる（気化熱が生まれる→蒸発熱を奪う）.

図4-6　日常に現れる潜熱②
風呂上がりに濡れたままでいると風邪をひく.

❷潜熱

　このような固体と液体の間や液体と気体の間の状態変化で物質が吸収したり放出したりする熱を**潜熱**という．図4-4のように，氷が水に変化する間は熱を加え続けても氷が残っている限り温度が0℃のまま一定であり，水が沸騰している間は熱を加え続けても100℃のまま一定である．これは融解や蒸発に潜熱が使われるためである．

❸日常に現れる潜熱

　注射のときなど腕にアルコールを塗られるとひんやりと冷たく感じるのは，アルコールが蒸発するとき皮膚から潜熱（蒸発熱）を奪うからである（図4-5）．「風呂上がりに濡れたままでいると風邪をひく」（図4-6）というのは，体が濡れたままだと潜熱を奪われて体温が下がりすぎるので健康によくないということを昔の人は経験的に知っていたのだろう．

> **要点まとめ**
> ・物質の三態：固体・液体・気体
> ・潜熱：固体・液体・気体間の状態変化で物質が吸収したり放出したりする熱
> 　（固体→液体：融解熱を吸収　　液体→気体：蒸発熱を吸収）

確認問題 **問** 0℃の水まくらと氷まくら，どちらが長持ちするか？

解答 氷が溶けて水になるとき融解熱を奪うので，氷まくらの方が0℃の状態を保つ時間が長く，長持ちする．

4.2 熱膨張と収縮—気体の法則

考えてみよう　「山に登るとポテトチップスの袋が膨らんでいた」「ふたをきつく締めた空のペットボトルを持ってプールに潜るとへこんでしまった」「空のペットボトルを冷凍庫に入れたらへこんだ」これらの現象と気体の法則はどのような関係にあるか？

4.2.1 ボイル・シャルルの法則

❶ 物質の熱膨張・熱収縮

たいていの物質は温度が上がると体積が膨張し，下がると収縮する．これらの現象をそれぞれ**熱膨張・熱収縮**という．物質の熱膨張・熱収縮を，気体を例にとって詳しく考えてみよう．

❷ 気体の分子運動と圧力

気体分子は分子運動をして自由に飛び回り容器いっぱいに広がっている．分子運動する分子が壁にぶつかり壁に及ぼす力積が気体の圧力の源になっている（**図4-7**）．気体を特徴づける物理量は，**体積 V [m³]**，**圧力 p [Pa]**，**温度 T [K（ケルビン）]**[1] である．ここで温度 T は**絶対温度**（− 273.15℃を 0 K とし，温度間隔 1 K = 1℃）である．

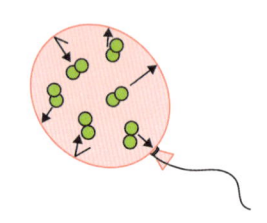

図4-7　圧力が生じる原因
気体の分子が絶えず高速で風船の内側に衝突し，壁面に力積を与えることにより圧力が生じ，風船が膨らむ．

❸ ボイルの法則

気体の分子数と温度が決まっているとき，気体の体積 V は圧力 p に反比例する．この関係は，**ボイルの法則**として知られている．式で表すと，以下のようになる．

$$pV = 一定 \qquad \cdots\cdots (4.1)$$

ボイルの法則の意味は，**図4-8**のように温度一定で圧力を 2 倍，3 倍……に増やしていくと，気体の体積は 1/2, 1/3……に減っていくということである．例えば，山に登ると外気の気圧が 1 気圧より小さくなるので，**図4-9**のようにもともと 1 気圧だったポテトチップスの袋の中の空気の体積が大きくなる．水中では水圧のためペットボトルの中の空気の体積が小さくなり，ペットボトルが潰れる．

❹ シャルルの法則

気体の分子数と圧力が決まっているとき，気体の体積 V は絶対温度 T に比例する．これが**シャルルの法則**であり，以下の式で表される．

$$\frac{V}{T} = 一定 \qquad \cdots\cdots (4.2)$$

※ 1　イギリスの物理学者で熱力学の開拓者の一人，ケルビン卿ウィリアム・トムソン〔Sir William Thomson, Lord Kelvin（1824-1907）〕にちなむ．爵位は絶対温度の単位として，姓はジュール＝トムソン効果やトムソンの原理（後述の熱力学第二法則の1つの表現）として科学史に残っている．

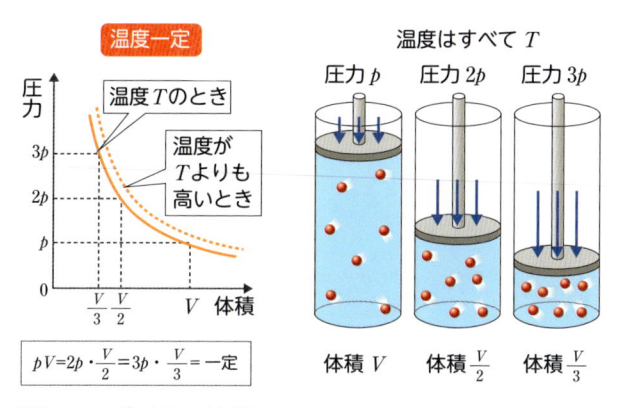

図4-8 ボイルの法則

温度一定で圧力を2倍，3倍……に増やしていくと，気体の体積は1/2，1/3……に減っていく〔ピストンを押す圧力（青の矢印）と容器内の気体の圧力がつり合っている〕．

神奈川県座間市
（標高70 m）

長野県・蝶ヶ岳山頂
（標高2677 m）

図4-9 ボイルの法則の例

高地では外気圧が低いためポテトチップスの袋が膨張する．

一定圧力のもとでは温度が高くなると気体は膨張し体積が増え，反対に温度が下がると気体は収縮する．図4-10のように圧力一定で気体の温度を2倍，3倍……に増やしていくと，気体の体積は2倍，3倍……に増える，というのがシャルルの法則の意味である．例えば，空のペットボトルを冷凍庫に入れると中の空気が冷えて体積が小さくなりへこむ．室温に戻すと膨張して元の体積に戻る．

❺ボイル・シャルルの法則と理想気体の状態方程式

ボイルの法則とシャルルの法則を合わせて**ボイル・シャルルの法則**と称する[2]．ボイル・シャルルの法則に厳密に従う気体を**理想気体**[3]という．n mol（モル）[4]の理想気体に対し，

※2 アイルランド出身の物理学者ロバート・ボイル〔Sir Robert Boyle（1627-1691）〕，フランスの物理学者ジャック・シャルル〔Jacques A. C. Charles（1746-1823）〕がそれぞれ発見した．

※3 理想気体では，分子には大きさがなく，分子間には力がはたらかず分子は完全に自由に飛び回る．

※4 mol（モル）は物質量の単位であり，1 molには$N_A = 6.02214076 \times 10^{23}$の粒子（分子など）が含まれる．$N_A$はアボガドロ定数とよばれる（2019年のSI基本単位改定に伴いN_Aは定義値となった）．

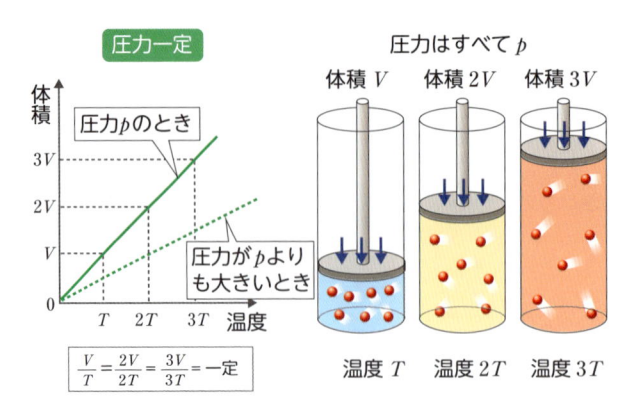

図4-10 シャルルの法則

圧力一定で気体の温度を2倍，3倍……に増やしていくと，気体の体積は2倍，3倍……に増える〔ピストンを押す圧力（青の矢印）と容器内の気体の圧力がつり合っている〕.

$$pV = nRT \qquad \cdots\cdots (4.3)$$

が成り立つ．これを**理想気体の状態方程式**という．比例定数Rは**気体定数**とよばれ，$R = 8.31$ J/(K・mol)〔$= 8.31 \times 10^3$ L・Pa/(K・mol)，後者は化学で使われる数値だが，単位に注意〕である．

4.2.2 液体・固体の熱膨張

❶液体・固体の熱膨張・熱収縮

一般に固体や液体も温度が上昇すると**熱膨張**し，下がれば**熱収縮**する．ジャムのビンのふたが固くて開かないとき，少し温めてやると開けやすくなる．ビンもふたも熱膨張するが，金属はガラスよりも膨張する度合い（熱膨張係数）が大きいため，金属のふたの方がガラスのビンより膨張し，開けやすくなるのである．

 ・ボイル・シャルルの法則（理想気体の状態方程式）：$pV = nRT$
〔圧力p，体積V，モル数n，気体定数$R = 8.31$ J/(K・mol)，温度T〕

確認問題 **問** 容器に封入した理想気体の圧力が5×10^6 Pa，体積0.05 m³，温度27℃であった．この気体の物質量はいくらか．また，気体分子の数はどれだけか．

解答 理想気体の状態方程式より，気体分子の物質量nは，$n = pV/RT = (5 \times 10^6 \times 0.05) / \{8.31 \times (27 + 273)\}$ $= 100.3$ mol．気体分子の数は，$100.3 \times 6.02214076 \times 10^{23} = 6.04 \times 10^{25}$個．

4.3 熱と温度

考えてみよう よく「風邪をひいて熱が高い」というが，科学的に正しくいうならば何といえばよいだろうか？

4.3.1 内部エネルギー

前節まで，**熱**や**温度**と物質の三態や体積・圧力の関係を学んだが，ここまで熱と温度が何であるかをきちんと定義しないで話を進めてきた．では改めて，熱とは，温度とは何だろうか．

❶理想気体の内部エネルギー

理想気体を例にとって考えよう．理想気体の原子や分子は分子運動をして自由に飛び回っている．熱の源は，分子の運動エネルギーの総和である．平均の分子運動は温度が低いと穏やかである．すなわち平均の分子の運動エネルギーは小さい．一方温度が上がると，平均の分子運動は激しくなり，平均の運動エネルギーは大きくなる（図4-11）．

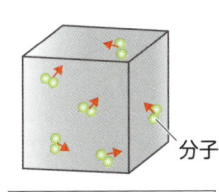 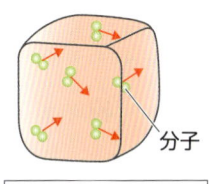

低温：平均の分子の運動エネルギーが小さい

高温：平均の分子の運動エネルギーが大きい

図4-11　理想気体における分子運動
気体の原子や分子は分子運動をして自由に飛び回っている．

理想気体では分子間に力がはたらかないので，分子がもつエネルギーは運動エネルギーのみである．理想気体では，気体分子の運動エネルギーの総和のことを**内部エネルギー**という．理想気体の内部エネルギーは絶対温度に比例する．

❷実在物質の内部エネルギー

実在する物質（気体・液体・固体）では，原子や分子は運動エネルギーと原子・分子間にはたらく力による位置エネルギーをもっている．内部エネルギーはそれらの総和になる．

4.3.2 温度とは—分子運動の激しさ

❶温度とは

熱と温度はどう区別されなければならないか．まず温度について説明しよう．熱と温度の区別を考えるため，4.3.1で述べた分子運動の激しさを考えてみよう．温度とは，物体の「平均の分子運動の激しさ」を表す量である．平均の分子運動が激しいことを高温，穏やかであることを低温というのである．

❷温度の単位

日常で用いる温度の単位は［℃］である．これは水の融点を0℃，沸点を100℃として等分して測る目盛である．一方，－273.15℃を絶対零度0Kとするのが絶対温度［K］である．温度間隔1K＝1℃である．0Kでは気体分子の運動エネルギーもゼロとなる[5].

4.3.3 ▎熱とは─移動する分子運動のエネルギー

❶熱とは

図4-12Aのように，高温物体と低温物体を接触させると，物体間で分子運動のエネルギーがやり取りされる．この移動した分子運動のエネルギーが熱であり，その大きさが**熱量**である．

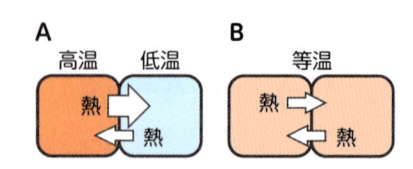

図4-12　熱の移動と温度
物体間で移動する分子運動のエネルギーが熱である．Bの等温の状態では両者の平均の分子運動が等しいため，移動する熱量が互いに等しくつり合った状態である．この状態を熱平衡状態という．

❷熱量の単位

熱量の単位にはエネルギーの単位［J］が用いられる．かつては［cal］（カロリー）が用いられた．1calは1gの水を1℃上げるのに必要な熱量である．

❸熱量の保存則

高温の物体と低温の物体が接すると，熱が移動し，高温の物体は熱を失い低温の物体は熱を得る．このとき，

熱量の保存則：高温の物体Aから低温の物体Bへ熱が移動するとき，物体Aが失った熱量 ＝ 物体Bが得た熱量

が成り立つ．

❹熱平衡状態

十分長い時間が経つと図4-12Bのように両者の平均の分子運動が等しくなる．すなわち等しい温度になる．この状態でも両者間に熱のやり取りがあるが，移動する熱量が互いに等しくつり合った状態である．これを**熱平衡状態**という．

4.3.4 ▎熱の伝わり方

熱は，伝導・対流・放射の3種類の方法で伝わる（図4-13）．

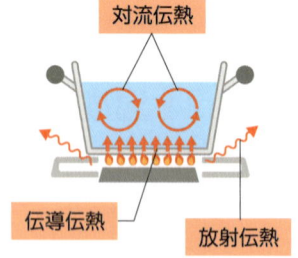

図4-13　熱の伝わり方：伝導・対流・放射

---

[5]　量子力学によると実は厳密にはゼロではないが，この教科書の扱う範囲ではゼロとみなしてよい．

❶伝導

伝導は物体同士が接触し，分子運動が直接伝わることにより熱が伝わることである（例：鍋の底をコンロで温めると鍋全体が熱くなる，カイロを触ると温かい）．伝導による熱の伝わりやすさは，固体＞液体＞気体である．ステンレスボトルは飲み物が入る部分と外側の間に真空の空間をはさんだ二重構造になっている．そのため熱の伝導をきわめて小さくし，中の温度を保つことができる．

❷対流

対流は温められた液体や気体が熱膨張し，周りより密度が小さくなるために上昇することで熱が伝わることである．したがって対流が起きるには重力の存在が不可欠である．

❸放射

放射は物体が**電磁波**（主に赤外線）を放出することで熱が伝わることである．電磁波は真空中でも伝わるので，放射による熱の移動には物質は必要でない．日に当たると暖かいのは，太陽から放出された電磁波が宇宙空間を通って地球に到達するからである．物体はその温度によってさまざまなエネルギーの電磁波を放出する（→11章）．

4.3.5 温度を測る

❶温度計

いろいろな温度計とその原理を挙げてみよう．

・棒温度計：（水銀／アルコールなどの）物体の熱膨張を利用する（図4-14）．

・抵抗温度計（金属，半導体）：金属や半導体の電気抵抗（→8章）の温度変化を利用する．電子体温計（図4-15）などに利用されている．

・サーモグラフィー，放射温度計：物体が放射する電磁波のエネルギーは温度に依存するので，物体から放出される電磁波（主に赤外線）を計測して画像化する（図4-16）．非接触型体温計は皮膚などの表面から放射される赤外線を測定する．

図4-14 寒暖計
細い管に封入された液体が熱膨張・収縮し，液面が上下することで温度がわかる．
写真提供：prapann – stock.adobe.com/jp

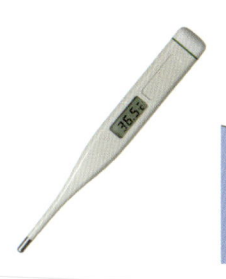

図4-15 電子体温計
写真提供：hanahal – stock.adobe.com/jp

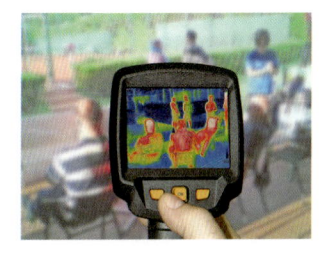

図4-16 サーモグラフィー
写真提供：smuki／PIXTA

本節の内容を理解できた人は，の「風邪をひいて熱が高い」というのは，科学的な言葉を使うなら「風邪をひいて身体の温度が高い（体温が高い）」というべきであることがわかるだろう．

要点まとめ

- 内部エネルギー：分子の運動エネルギーと分子間力による位置エネルギーの総和（理想気体であれば，分子の運動エネルギーの総和）
- 温度：分子運動の激しさを表す量
- 熱：物体間で移動する分子運動のエネルギー

- 熱量の保存則：高温の物体Aから低温の物体Bへ熱が移動するとき，
  　物体Aが失った熱量 ＝ 物体Bが得た熱量
- 熱平衡状態：物体が得る熱量と与える熱量が等しくつり合った状態

- 熱の伝わり方
  　伝導：物体同士が接触し，分子運動が直接伝わることにより熱が伝わる
  　対流：液体や気体が熱膨張し，周りより密度が小さくなるために上昇することで熱が伝わる
  　放射：物体が電磁波（主に赤外線）を放出することで熱が伝わる

確認問題　問 ストーブの熱はどのように伝わって部屋を暖めるだろうか．

解答 ストーブの熱は伝導により空気を暖める．温まった空気が上昇することで，対流によっても熱が伝わる．熱は放射によっても部屋全体に伝わっていく．

4.4 熱力学第一法則

考えてみよう　熱を加えずに物体の温度を上げることはできるだろうか？

4.4.1 仕事と熱

❶ジュールの実験

物体を擦ったりすることにより，分子運動は激しくなる．すなわち熱が発生する．例えば寒いときに手を擦り合わせると摩擦で暖かくなる．これは，力学的仕事から熱を発生することができることを意味している．

ジュール（3章※1参照）は，図4-17のような装置を使って，羽根車を回す仕事 W

と羽根車・隔壁・水などの摩擦によって発生した熱量Q（当時は単位［cal］）の間に比例関係$W = JQ$があり，その比例係数$J = 4.2$ J/calであることを確かめた．比例係数$J = 4.2$ J/calを**熱の仕事当量**という．

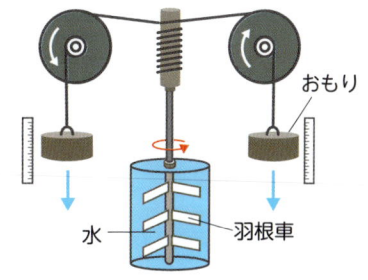

おもりの位置エネルギーを熱に変える

図4-17　ジュールの実験

4.4.2 ▌ **比熱**

❶熱容量と比熱

ある物体の温度を1℃（1 K）上げるのに必要な熱量をその物体の**熱容量**という．物体の熱容量をC［J/K］とすると，ΔT［K］上昇させるのに必要な熱量Q［J］は，

$$Q = C \Delta T \qquad \cdots\cdots (4.4a)$$

と書ける．物質1 gあたりの熱容量を**比熱**[※6]という．物体の比熱をc［J/(g・K)］，質量m［g］とすると，ΔT［K］上昇させるのに必要な熱量Q［J］は，

$$Q = c\, m\, \Delta T \qquad \cdots\cdots (4.4b)$$

と書ける．水の比熱は4.2 J/(g・K)〔$= 4.2 \times 10^3$ J/(kg・K)〕である．例えば10 cm³の水を15℃から20℃に温めるとしよう．10 cm³の水の質量は10 gなので，必要な熱量は，〔4.2 J/(g・K)〕×（10 g）×〔(20 − 15) K〕= 210 Jとなる．

4.4.3 ▌ **エネルギー保存と熱力学第一法則**

❶熱力学第一法則

熱までを含んだエネルギー保存則を，**熱力学第一法則**という．

外部から物体を熱して物体に熱量Qを与え，物体が外部に仕事Wをするとき，エネルギー保存則より物体が得た熱量Qは内部エネルギーの増加ΔUと物体が外部にした仕事Wの和に等しい（図4-18）．式で書くと

$$Q = \Delta U + W \qquad \cdots\cdots (4.5)$$

となる．これが熱力学第一法則の式による表現である．

❷気体における熱力学第一法則

例えば図4-19のように，気体が一定の圧力pで体積ΔVだけ膨張したら，気体がした仕事は$W = p\Delta V$である．膨張して体積が増加するときは外部に対して気体が仕事をするので，(4.5)式のWの値は正である．気体が圧縮され体積が減少するときは外部から仕事をされる（負の仕事をした）ので(4.5)式のWの値は負である．また，放熱した場合はQは負である．

[※6]　物質量あたりの熱容量：モル比熱c［J/(K・mol)］もしばしば使われる．

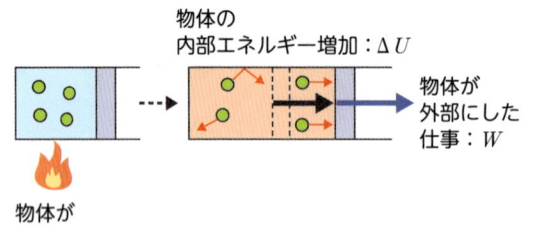
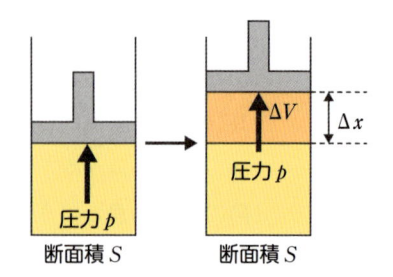

図4-18 熱力学第一法則 $Q = \Delta U + W$

図4-19 気体が一定の圧力pで体積ΔVだけ膨張したとき，気体がした仕事 $W = p\Delta V$

$$W = F\Delta x = pS\Delta x = p\Delta V$$

❸熱力学第一法則の例

熱力学第一法則の例を，以下の例題をもとに見てみよう．

例題1 成人女性が1日に消費するエネルギーは2000 kcal程度であるが[7]，

①このエネルギーで風呂を沸かすことはできるか．

②このエネルギーは2 kgのペットボトルを1 m持ち上げるのに必要な仕事の何回分か．

解答 ①2000 kcalは2000 × 1000 cal × 4.2 J = 8400000 Jに相当する（4.4.1で学んだ）．1 m × 1 m × 2 mの湯船いっぱいの水を20℃から40℃まで温めるとすると，必要な熱量は （1 g） × （100 × 100 × 200 cm³） × ［4.2 J/(g・K)］ × （40 − 20） K = 168000000 Jとなり，これは成人女性が1日に消費するエネルギーの20倍である．よって風呂を沸かすことはできない．

②2 kgの物体を1 m持ち上げるときの仕事は，（2 kg） × （9.8 m/s²） × （1 m） = 19.6 Jである．2000 kcal = 8400000 Jを19.6 Jで割ると8400000 J/19.6 J = 428570回分に相当し，毎秒1回持ち上げたとすると119時間かかる計算となる．

例題2 容器に入った10 cm³の水を2 m/sの速さで振ると，どのくらい温度を上げることができるか．

解答 10 cm³の水の質量は10 g = 10 × 10⁻³ kgである．質量m [kg] の物体にv [m/s] の速さが与えられたときの運動エネルギーは （1/2） mv^2 [J] であるから，運動エネルギーは （1/2） $mv^2 =$ （1/2） × （10 × 10⁻³ kg） × （2 m/s）² = 2 × 10⁻² Jとなる．1回振るごとにこの運動エネルギーが摩擦などによってすべて熱として水に与えられるとしよう．1万回振ると200 Jとなり，4.4.2で計算した，水を5℃温めるのと同程度のエネルギーに相当する．

❹エネルギーは互いに変換できる

力学的エネルギーを熱に変換できることがジュールの発見であった．また，例えば気体に熱を加えて膨張させることで，力学的仕事を生み出すことから，熱を力学的

※7 ［cal］は計量法で，栄養学などにおいて「人若しくは動物が摂取する物の熱量，代謝により消費する熱量」のみに用いる単位であることが定められている．

エネルギーに変換できることもわかるだろう．実は，力学的エネルギー・熱・電気エネルギー・光エネルギー・化学エネルギー・核（原子力）エネルギーなどは互いに変換することができる（→12章）．ただしエネルギー保存則より，全体の量は変化しない．

要点まとめ

- 熱容量：物体の温度を 1 K 上昇させるのに必要な熱量．物体の熱容量を C [J/K] とすると，ΔT [K] 上昇させるのに必要な熱量 Q [J] は，
$$Q = C\Delta T$$

- 比熱：質量 1 g の物質の温度を 1 K 上昇させるのに必要な熱量．物体の比熱を c [J/(g·K)]，質量 m [g] とすると，ΔT [K] 上昇させるのに必要な熱量 Q [J] は，
$$Q = cm\Delta T$$

- 熱力学第一法則：
物体に加えた熱 Q は，温度上昇（内部エネルギーの増加 ΔU）と物体が外部にした仕事 W の和に等しい．

$$\underset{\text{熱量}}{Q} = \underset{\text{内部エネルギーの増加}}{\Delta U} + \underset{\text{外部にした仕事}}{W}$$

確認問題 ▶ 問 20℃の鉄 10 g を 10℃の水 10 g に入れたら t℃で熱平衡状態になった．次の問いに答えよ．ただし鉄の比熱を 0.46 J/(g·K) とする．

①鉄が失った熱量を t を用いて書け．

②水が得た熱量を t を用いて書け．

③鉄が失った熱量と水が得た熱量が等しいことを用いて t を求めよ．

解答 ① $0.46 \times 10 \times (20 - t) = 92 - 4.6t$
② $4.2 \times 10 \times (t - 10) = 42t - 420$
③ $92 - 4.6t = 42t - 420$, これを解いて $t = 11.0$℃

4.5 不可逆変化—熱力学第二法則

考えてみよう クーラーのない暑い部屋にいたとする．冷蔵庫の扉を開けっ放しにすることで，部屋全体を冷やすことはできるだろうか？

4.5.1 熱の移動と熱力学第二法則

❶熱力学第二法則

熱には 3 章で学んだ力学的エネルギーと異なる重要な特徴がある．それは，「熱は自

然には高温側から低温側へしか移動しない」ということである（図4-20）．これを**熱力学第二法則**とよぶ．低温側から高温側への熱の移動は自然には起きない．また，等温になった物体の一方からもう一方に熱が移動し，もう一度高温と低温に戻ることも自然には起きない．外部から何らかの操作をしない限り元に戻すことができない変化を**不可逆変化**という．熱力学第二法則は「熱の移動は不可逆変化である」または，「低温物体から高温物体へ熱を移動させるならば，余分に仕事が必要である」と表現することもできる．

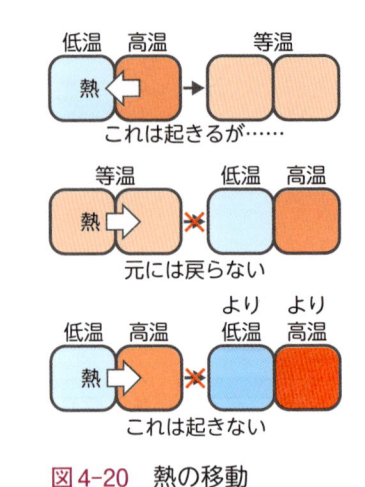

図4-20 熱の移動

❷冷蔵庫やクーラーが取り去る熱量・放出する熱量

冷蔵庫の扉を開けっ放しにすると部屋全体は冷えるだろうか．冷蔵庫は庫内から熱を取り出し庫外に排出しているが，そのためには余分な仕事が必要となる．そしてそれはいずれ熱となって拡散していく．すなわち冷蔵庫は庫内から取り出す熱量以上の熱を発生している．したがって，冷蔵庫の扉を開けっ放しにしておいても部屋を冷やすことはできず，部屋の温度はむしろ上がってしまう（図4-21）．クーラーは部屋の温度を下げるが，熱を部屋の外へ排出するのに余分なエネルギーを消費しているので，都市全体で見ると気温は上がる．大都市のヒートアイランド現象の原因の1つはこれである（図4-22）．

❸熱力学第二法則と仕事

物体に外部から熱を加えたとき，その熱量すべてをピストンを押すなどの仕事に変換できるか考えてみよう．少し難しくいうと，熱力学第一法則の式で $Q = W, \Delta U = 0$

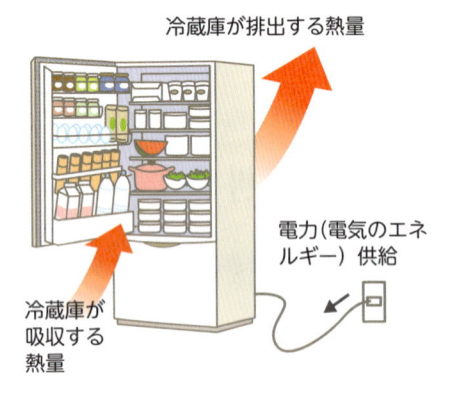

図4-21 冷蔵庫が吸収・放出する熱量
冷蔵庫が吸収する熱量より背面から排出する熱量の方が大きい．

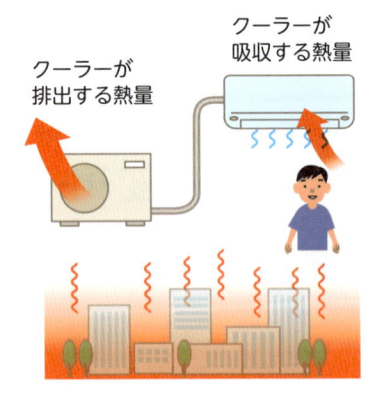

図4-22 クーラーとヒートアイランド現象
クーラーが吸収する熱量より室外機から排出される熱量の方が大きい．

ということが可能かということである．例えば理想気体を熱して熱量を与えたとする．理想気体が得た熱量のすべてをピストンを押す仕事に変換するためには，すべての気体分子が運動の方向を揃えて一斉にピストンを押さなくてはならないが，これは確率的にありえない．したがって「熱量のすべてを仕事に変換することは不可能である」．これは熱力学第二法則の別の表現でもある（トムソンの原理ともいう）．

4.5.2 エントロピー

❶エントロピー

　熱力学第二法則をもう少し詳しく見るために，**エントロピー**という量を導入しよう．エントロピー S の定義は熱量と温度の比 Q/T である（定義から明らかなように，エントロピーの単位は $[J/K]$ である）．

❷エントロピー増大の法則

　温度 T の高温物体Aと温度 T' の低温物体Bを接触させ，物体Aから物体Bに熱量 ΔQ が移動するとき（図4-23），

　　高温物体A（温度 T）のエントロピー変化：
$$\Delta S = -\Delta Q/T \qquad \cdots\cdots (4.6a)$$
　　低温物体B（温度 T'）のエントロピー変化：
$$\Delta S' = \Delta Q/T' \qquad \cdots\cdots (4.6b)$$

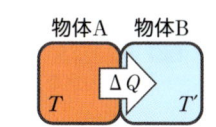

$\Delta S = -\Delta Q/T \quad \Delta S' = \Delta Q/T'$
$|\Delta S| < |\Delta S'|$ より　$\Delta S + \Delta S' > 0$

図4-23　エントロピー増大の法則

となる．ここでAとBの熱容量は十分大きく，ΔQ の移動があっても温度 T, T' はそれぞれ変わらないものとしよう．$T > T'$ なので，$|\Delta S| < |\Delta S'|$ である．トータルでのエントロピー変化は

$$\Delta S + \Delta S' > 0 \qquad\qquad \cdots\cdots (4.7)$$

となり，熱が移動するときは必ずエントロピーは増大する．これはエントロピーを用いた熱力学第二法則の表現であり，「**エントロピー増大の法則**」ともよばれる．

❸熱力学の法則とエネルギー問題

　4.4.3❹で述べたように，エネルギーは互いにさまざまな形に変換することができるが，エネルギー保存則（熱力学第一法則）によりエネルギーの総量は変化しない．ただし，エネルギーは変換をくり返しながら最後には熱に変わって拡散していく．熱力学第二法則により，拡散した熱を集めてエネルギー源として利用しようとしても，排熱を集めるにはそれ以上のエネルギーを必要とする．熱力学第一法則・第二法則を理解することはエネルギー問題を考えるうえで大切である．

要点まとめ 熱力学第二法則（いろいろな表現ができる）
・熱の移動は自然には高温から低温へ向かって起きる（熱の移動は不可逆変化である）
・低温物体から高温物体へ熱を移動（冷却）させるならば，余分に仕事が必要
・熱量のすべてを仕事に変換することはできない
・エントロピーは増大する

確認問題▶ 問 温度 600 K の高温熱源と温度 30 K の容器を接触させ，3600 kJ の熱が高温熱源から容器に供給されたときの全エントロピー変化を求めよ．ただし高温熱源と容器の温度は変わらないものとする．

解答 $\Delta S + \Delta S' = -\Delta Q/T + \Delta Q/T' = -3600/600 + 3600/30 = 114 \text{ kJ/K} = 114 \times 10^3 \text{ J/K}$. この値はゼロより大きく，(4.7) 式が成り立っている．

コラム　浸透圧―エントロピーによる圧力

実は熱力学第二法則は巨大な数の原子・分子の集団運動とかかわっており、エントロピーは、分子の運動や配列の乱雑さ（とりうる状態）を表す指標でもある（図4-24）。水にインクを垂らすと拡散していくが再び自然に集まることはない。このような不可逆変化ではエントロピーは常に増大し、エントロピーが最大になるような状態が実現することが知られている。

水にインクを垂らした直後は、溶質（インクの分子）が溶媒（水）の中のきわめて限られた領域に存在している状態である。すなわちエントロピーが小さい。そして分子がとりうる位置を最大化する、すなわちエントロピーを最大化するように、分子は拡散して濃度を均一にしようとするのである。

図4-25のように水の分子は通すが溶質の分子は通さない膜（半透膜；セロファンなど）で溶液と純水とを仕切っておくと、濃度を均一に（エントロピーを最大に）しようとして水分子が半透膜を通って溶液側へ移動し（これを浸透という）、液面が上がっていく。水分子の溶液側への移動は、液面上昇による圧力と「浸透させようとする圧力」がつり合うまで続く。これを浸透圧という。浸透圧は溶液間に濃度差があるとき、濃度を均一にしようとして生じる圧力、すなわちエントロピーに由来する圧力である。

細胞膜は半透膜としての性質をもち、細胞内の液体と外部の液体の間で電解質などの濃度が異なれば浸透圧が発生する。ナメクジに塩をかけると縮むのは、浸透圧によりナメクジの体内の水分が体外へ浸透するからである。

図4-24　エントロピー：乱雑さの指標

整頓された棚よりも乱雑な棚の方がエントロピーは大きい？！

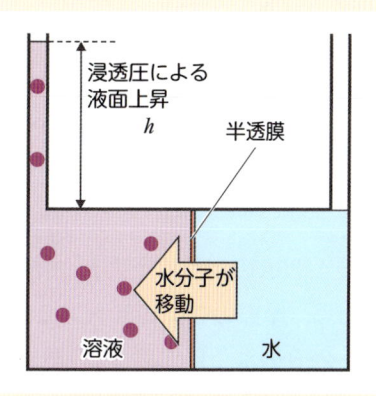

図4-25　浸透圧 $p = \rho g h$

浸透圧 p が液面の高さの差 h による圧力 $\rho g h$（→1.1.3）とつり合う。ρ は溶液の密度、g は重力加速度である。

章末問題

1 防虫剤をタンスに入れておくと小さくなっていつの間にかなくなってしまう. この現象を何というか？（→ 4.1.2）

2 真夏の海岸で，タオルと海水だけで缶ジュースを冷やすにはどうすればよいか？（→ 4.1.3）

3 潜水で 10 m 潜ったとき，肺の全容積（7 L）が空気で満たされていたとする. 水面に帰ってきたとき，肺の中の空気の体積はおよそどれだけ膨張することになるか（水面下 10 m での水圧は 1.1.3 参照）.（→ 4.2）

4 水は 4℃ から 0℃ までは温度を下げると体積が膨張する. もし温度を下げると 4℃ 以下でも体積が収縮するなら，どのようなことが起きるか.（→ 4.2）

5 幅 60 cm，長さ 150 cm のバスタブに深さ 60 cm までお湯をはったが，温度設定を間違えて 60℃ にしてしまった. 40℃ にするには 20℃ の水をあと何 cm 入れればよいか？（→ 4.4.1）

6 $-20℃$ の氷 100 g を融解させて 20℃ の液体の水にするために必要な熱量を①〜④の過程から求めよ. ただし氷の比熱は 2.1 J/(g・K)，液体の水の比熱は 4.2 J/(g・K)，氷の融解熱は 335 J/g とする.（→ 4.4.1）

① $-20℃$ の氷を 0℃ の氷にするのに必要な熱量を求めよ.

② 0℃ の氷を 0℃ の水にするのに必要な融解熱を求めよ.

③ 0℃ の水を 20℃ の水にするのに必要な熱量を求めよ.

④ $-20℃$ の氷を 20℃ の水にするのに必要な全熱量を求めよ.

7 図 4-26A のように圧力 p_0，体積 V_0，温度 T_0 の理想気体 1 mol が入った容器がある. 摩擦のないピストンにおもりを乗せるとピストンはゆっくり下降し，図 4-26B のように温度 T_0 のまま体積が 1/2 になって止まった. これにヒーターで熱を加えると，ピストンはゆっくり上昇し，図 4-26C のように体積が V_0 に戻ったところで停止した. 次の問いに答えよ.

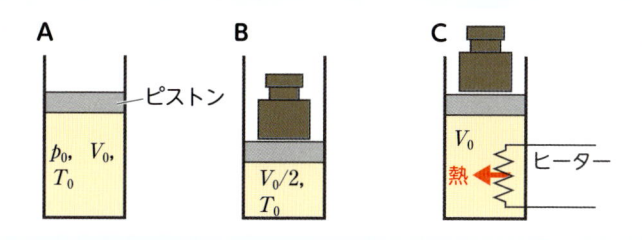

図 4-26　理想気体 1 mol が入った容器

①Bのとき，気体の圧力はどれだけか．（→ 4.2.2）

②Cのとき，気体の圧力と温度はどれだけか．また，内部エネルギーはBからCで何倍になったか．（→ 4.4.2）

> ヒント　BとCではピストンを押す圧力は一定で，気体の圧力とつり合っている．

③BからCまで，気体に加えた熱量と気体の内部エネルギーの増加分はどちらがどれだけ大きいか．（→ 4.4.2）

> ヒント　気体がした仕事はどれだけか．

8 摩擦によって熱が発生することが不可逆変化であることを示せ．（→ 4.5.2）

> ヒント　可逆であるということは，摩擦という仕事によって発生した熱量から，これと同じだけの仕事を発生させることができるということである．

解答 ➡

5 波

この章の目標

- 波とは何か，身の周りにどんな波があるかを知る．
- 波はどのように伝わるか（回折，反射，屈折）を理解する．
- 波を式で表す．
- 波が重なったときの性質（波の独立性，干渉，定在波）を理解する．
- 共鳴現象について理解する．

5.1 波とは何か

考えてみよう　湖を大きな遊覧船が進んでいる．遊覧船が進むと，遊覧船の後方に波ができ，その波は左右に広がっていく（図5-1，図5-2）．

湖には小さなボートもたくさん出ている．ボートの人たちは走るのをやめて，遊覧船に手を振っている．

もし遊覧船の波がボートまで到達したら，ボートはどうなるだろうか．遊覧船の波に運ばれて，離れていってしまうだろうか？　それとも波だけが通り過ぎて，ボートはその場から動かないだろうか？

図5-1　船と波
左）航跡波．写真提供：細川郷治 − stock.adobe.com/jp
右）遊覧船とボート．写真提供：Silvio De Boni − stock.adobe.com/jp

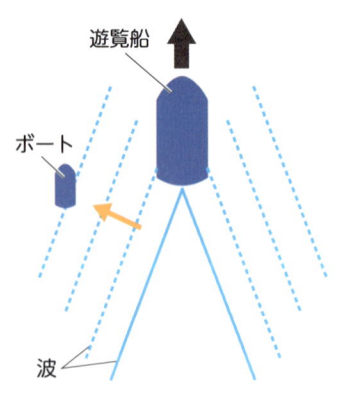

図5-2　遊覧船の波がボートに到達する

5.1.1 ┃ いろいろな波

❶波

　ぴんと張った紐の片端を揺すると，紐の揺れが反対端の方向へ伝わっていく．また伸ばした長いばねの端を押し縮めてから手を離すと，縮んでいた部分は伸び，伸びていた部分が縮み，伸縮をくり返しながら，反対端まで縮んだ状態が伝わっていく（図5-3）.

　このように，物質の一部に位置のずれや振動が生じると，そのずれや振動がすぐ隣のずれや振動を引き起こし，さらに周囲に伝わっていく．この現象を**波**という.

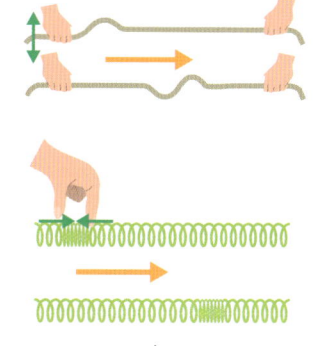

図5-3　波が生じる
上：ぴんと張った紐，下：ばね

❷身の周りにある波

　身の周りにある波を探してみよう．糸電話（図5-4）で声を伝える糸の動き，太鼓を打ったときの皮の動き，楽器の弦の振動，雨粒が水面につくる波紋，湖で遊覧船が立てる波などがある．次に波のつく身近な言

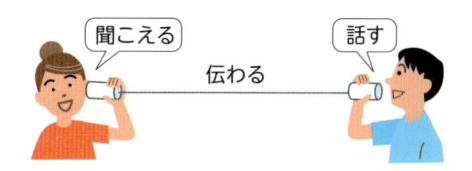

図5-4　糸電話

葉も探してみよう．音波，超音波，携帯電話の電波，電子レンジの電磁波はすべて波であり，光も波である．また物質は波としての性質をもち，これを物質波とよぶ.

　いろいろな波は，波としての共通の性質を示す．5章ではまず，波に共通の性質を学び，6章では音，7章では光，10章では電磁波，11章では物質波について学ぶ.

5.1.2 ┃ 波の波長

❶媒質

　波が伝わる物質を**媒質**とよぶ．図5-3の例では，紐とばねが媒質である．糸電話では糸が，太鼓では皮が，弦楽器では弦が媒質，水面の波では水が媒質である.

❷変位と振幅

　糸電話では，声が糸を伝わっていくが，糸は最初に張られたままの位置にある．波を伝える媒質は，媒質全体としては変わら

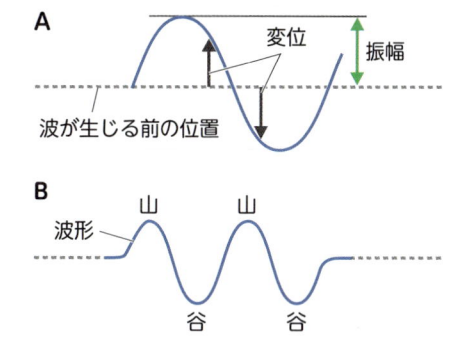

図5-5　波の変位，振幅，波形，山と谷

ず同じ場所にある．波が伝わるとき，媒質の一部が，波が生じる前の位置から少しずれるだけである（図5-5A）．ずれを**変位**，変位の最大値を波の**振幅**とよぶ.

❸媒質は移動しない

　媒質は，その場でずれたり振動したりするが，全体としては場所を移動しないので，

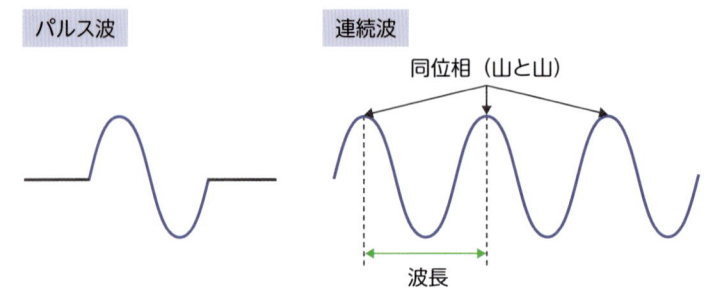

パルス波　　　　　　連続波

同位相（山と山）

波長

図 5-6　パルス波と連続波
連続波では，図中のグレーの矢印は同位相の例（山と山）を示し，緑色の
矢印は波の波長を示す．

何かものを運ぶことはできない．遊覧船によってできた波も，水はその場で振動して
いるだけなので，ボートを運ぶことはできない．したがってボートの位置は変わらない．

❹波形と位相

波が伝わるときの，媒質の変位した位置をつなげた線を**波形**という（図5-5B）．波
形に凸凹があって山や谷の形になっているとき，そのまま波の**山・谷**とよぶ．ひとま
とまりの波形の中で，山や谷など，波形のどの位置かを示す量を，波の**位相**という．

❺波の波長

ひとまとまりの波形だけで孤立した波を**パルス波**，またくり返し生じる波を**連続波**
という．周期 T でくり返される連続波の波形の中で，山と山など，波形の同じ位置を
指して同位相という（図5-6）．同位相の波形の間隔（山と山の距離）を，波の**波長**と
よび，波長の単位はメートルで表す．波長はしばしばギリシャ文字の λ で表される．

5.1.3 ▎**波の速度**

❶波の速度

媒質中を波が伝わっていく方向と速度
を，**波の伝わる方向**と**波の速度 v** とよび，
単位はメートル毎秒［m/s］で表す．波
の速度は，媒質の物質の復元力や動きや
すさなどで決まるので，最初に加えた力
の大きさにはよらず，媒質の性質によっ
て決まる．もし波が物質の境界を越えて
別の媒質に伝われば，波の速度は変わる．

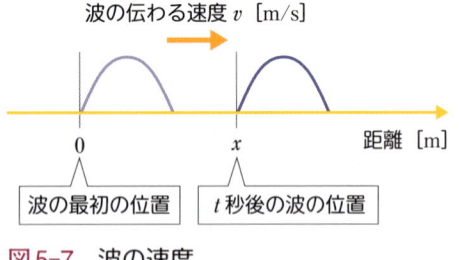

波の伝わる速度 v［m/s］

距離［m］

波の最初の位置　　　t 秒後の波の位置

図 5-7　波の速度

波が t 秒後に距離 x［m］の位置まで伝わっていれば，波の速度は $v = \dfrac{x}{t}$［m/s］で求め
られる．また速度 v［m/s］の波が距離 x［m］に到達するのは，$t = \dfrac{x}{v}$ 秒後である（図5-7）．

$$v（波の速度）= \frac{x（波が伝わった距離）}{t（波が伝わるのにかかった時間）}$$

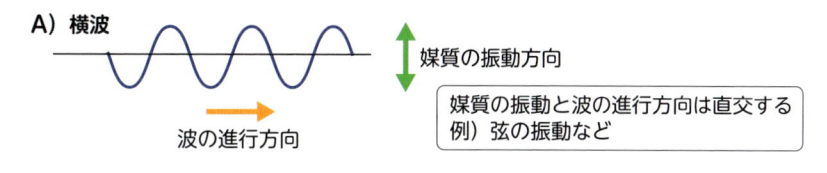

図5-8 横波（A）と縦波（B）

5.1.4 横波と縦波

❶横波

ぴんと張った糸で波が伝わるとき，波は糸に沿って伝わっていくが，糸の変位の方向は，糸に垂直である．このように，波の伝わる方向と変位の方向が垂直な波を**横波**とよぶ（図5-8A）．太鼓の皮など，多くの固体で，波は横波で伝わる．

❷縦波

一方，ばねを押し縮めて手を離し，その状態が伝わっていくときのように，波の伝わる方向と変位の方向とが同じ場合もある．これを**縦波**という（図5-8B）．縦波では，媒質が押し縮められたり伸びたりをくり返しながら伝わっていくので，**疎密波**ともよぶ．縦波の代表的な波は音である．音は，空気中だけではなく，壁や金属，水中でも伝わる．このように縦波は，さまざまな物質で伝わる．

- ・波：ずれや振動が物質中を伝わっていく現象
- ・媒質：波を伝える物質
- ・変位：媒質の各点の，波がなかったときの位置からのずれ
- ・振幅：変位の最大値
- ・波形：媒質の変位した位置をつないだ線
- ・位相：波形の中のどの位置かを示す量
- ・波の波長：同じ位相間の距離
- ・波の速度：波が伝わる速さ．媒質の性質によって決まる．
- ・横波：波の変位と波の伝わる向きが直交
- ・縦波：波の変位と波の伝わる向きが同じ向き．疎密波ともいう．

問 張力をかけた長さ10 mの紐の，端から反対端まで5 ms（ミリ秒）で波が伝わる
とき，波の速度はいくらか．

解答 $10/(5 \times 10^{-3}) = 2000$ m/s

5.2 波の伝わり方

考えてみよう 波は，いつもまっすぐ進むのだろうか．曲がって進むこともあるだろうか？

5.2.1 ホイヘンスの原理

❶波面と波源

　水面に雨粒が落ちてできる円状の波紋を見てみ
よう．二次元，あるいは三次元の波で，波の同じ
位相，例えば波の山をつなげた面を**波面**とよぶ（図
5-9）．波の伝わる向きは常に波面に垂直である．
　波が生じた場所を**波源**とよび，波源から進む波
面の形が平面の波を**平面波**，球または円の波を**球
面波**という．

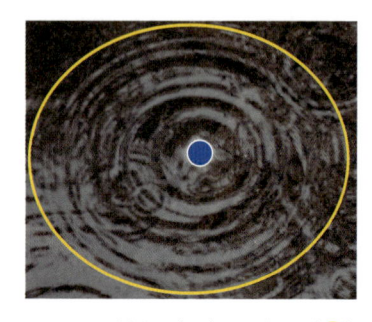

図5-9　波源（●）と波面（○）

❷ホイヘンスの原理

　「波面上の各点が，次の波の波源となり，各波源から進んだ素元波の包絡面が新しい
波面になる」
　これを**ホイヘンス**[※1]**の原理**という．ホイヘンスの原理は波の伝わり方をよく説明す
るのでもう少し詳しく見てみよう（図5-10）．

①波の進み方は，**素元波**とよばれる球面波の広がりで表される．
②波源から素元波が広がる（図5-10A）．
③広がった先の波面上の一点一点から，新たな素元波が広がる（図5-10B）．
④たくさんの素元波の波面のうち，波の伝わる方向の波面をつないだ面（包絡面）
　が新たな波面となる．
⑤その波面の一点一点を波源として，また新たな素元波が広がる（図5-10C）．

※1　クリスティアーン・ホイヘンス（Christiaan Huygens, 1629-1695）：オランダの数学者・物理学者・天文学者．自作の
　　望遠鏡で土星の輪を発見．また振り子時計を発明した．

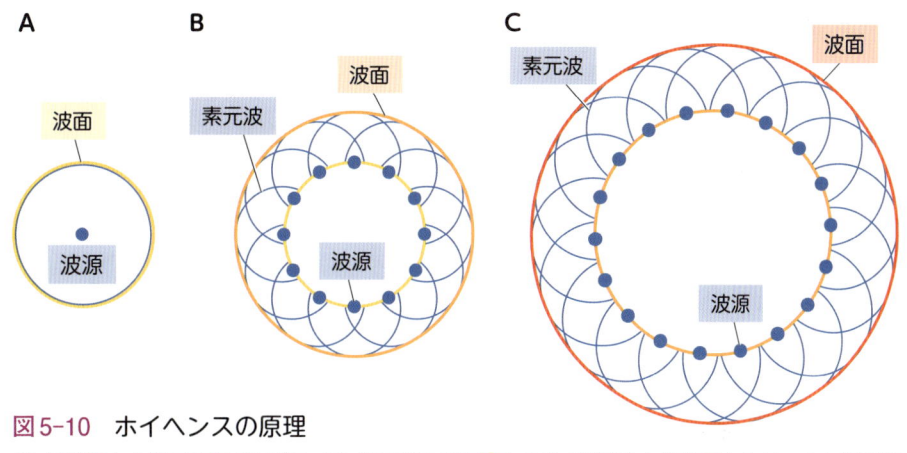

図5-10　ホイヘンスの原理

A）波源●から素元波◯が広がる．B）素元波の波面◯上の各点が新たな波源●となり，また素元波◯が広がる．C）波の進行方向の素元波◯をつないだ共通の面が新たな波面◯となる．

5.2.2 ▍回折

ホイヘンスの原理を使って波の伝わる様子を見てみよう．まず平面波が障害物に当たったときの様子を見る．

❶壁に遮られた平面波

平面波の一部が壁に遮られた場合，通り抜けた平面波の端が，遮った壁の方に少し広がる（図5-11）．ホイヘンスの原理によれば，壁際を通った素元波が，壁の方にはみ出して，波の端の波面を形成するからである．

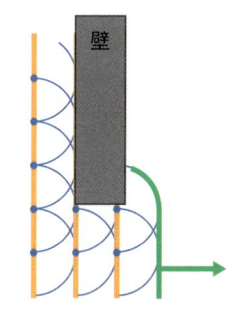

図5-11　壁に遮られた波

橙色・緑色の線は波面を示す．緑色の矢印は，波の進む方向を示す．

❷平面波が球面波に変わる場合

平面波が隙間を通り抜ける場合，隙間が十分広ければ，平面波は平面波のままである．しかし隙間が非常に狭いと，隙間を抜けられる波面はわずかに限られ，ほぼ点波源になり，平面波は球面波になる（図5-12）．

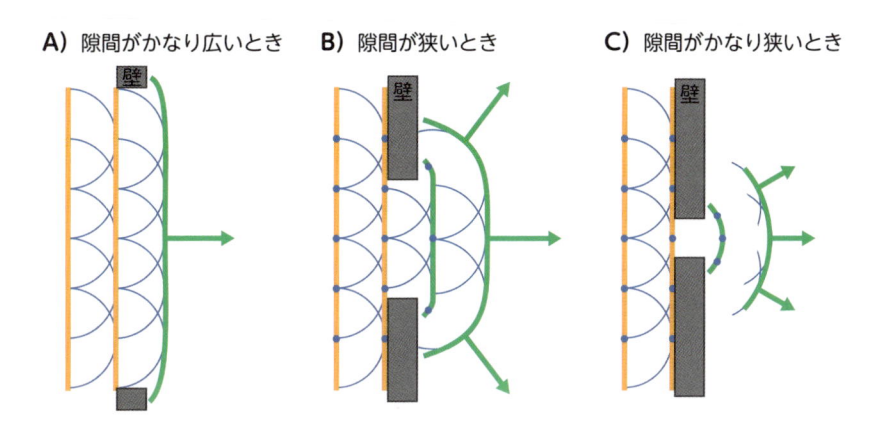

図5-12　隙間を通る波

橙色が平面波の波面，緑色が隙間を通った後の波面を示す．緑色の矢印は，隙間を抜けた後の波の進む方向を示す．

❸回折

波が壁に沿って進む場合，壁の角を曲がって，壁の陰に回り込むこともある（図5-13）．このように波が障害物の陰の部分に回り込むことを，波の**回折**という．建物の陰にもかかわらず，壁の向こうの声がよく聞こえる場合など，波の回折は日常でも体験するものである．

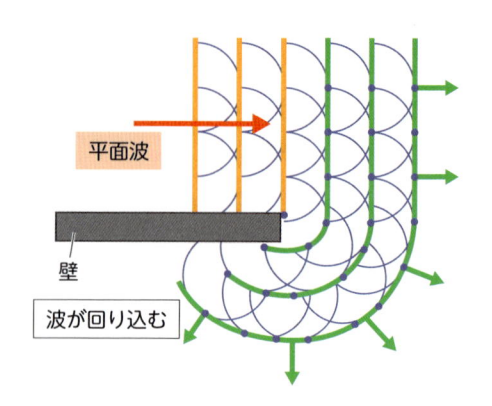

図5-13　回折

5.2.3 ▌反射

❶入射波と反射波

平面波が媒質の境界面に当たり，反射する場合を見てみよう．媒質の境界面に達するまでの波を**入射波**，境界面に達した後の波を**反射波**とよぶ．波が，媒質の境界面に対して斜めに入射するとき，波面が媒質の境界面の法線に対してなす角度をそれぞれ**入射角**，**反射角**とよぶ（図5-14）．

波の速度 v [m/s]，入射角 θ_1 で入射波が媒質の境界まで進んでくる（図5-14①）．ホイヘンスの原理によれば，波面（黄色）の端が境界（A点）に達すると，A点を波源とする素元波（青色）は，媒質の境界の手前方向に広がる．同じ媒質中では波の速度は変化しない．しかし，素元波の包絡面である新しい波面（黄色＋橙色）は，図のように折れ曲がる（図5-14②）．波面が順次境界面に達すると，境界面から素元波が逆方向に広がるので，

① 入射波の波面の一部が媒質の境界に到達する

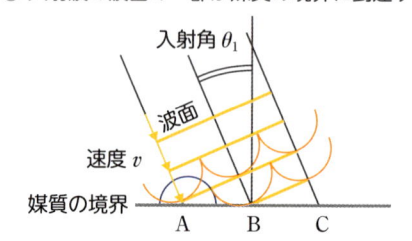

② 波面が折れ曲がる

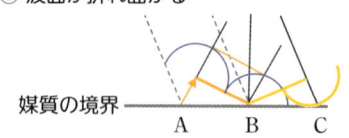

③ 反射波が進む

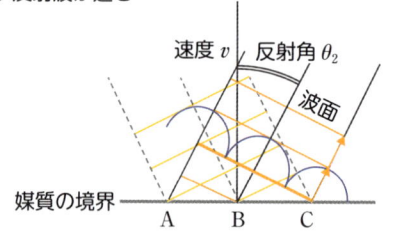

図5-14　波の反射

波面の折れ曲がる位置が少しずつずれながら，新しい波面をつくる．C点まで波面が境界に達したあとは，反射波は速度 v' [m/s]（$|v|=|v'|$）の平面波として進んでいく（図5-14③）．

波の速度が等しいので，幾何学的な対称性から，波の入射角 θ_1 と反射角 θ_2 は等しい．

5.2.4 ▎屈折

❶屈折

波が媒質の境界面で反射せず，そのまま進む場合を考える．媒質が異なれば波の速度が変わる．媒質の境界面に対して波が垂直に入射する場合は，波の速度は変わるが，波の進む方向は変わらない．

しかし境界面に対して，波が斜めに入射する場合は，波の進む方向も変わる．波が媒質の境界を越えるときに進行方向が変わる現象を**屈折**とよぶ．ホイヘンスの原理を使って波の進行方向が曲がる様子を見る．

❷波が垂直に入射する場合

波が媒質の境界面を横切り，媒質1から媒質2へ進むとき，波の速度はv_1からv_2へ変わる（図5-15）．

❸波が斜めに入射する場合

平面波が，媒質の境界面に斜めに入射すると，波面は境界に同時には達しない．先に境界に達した波面を波源とする素元波から，速度が変わるので，波面の進む角度が変わる．**入射角**θ_1で入射した波は，**屈折角**θ_2で進む．

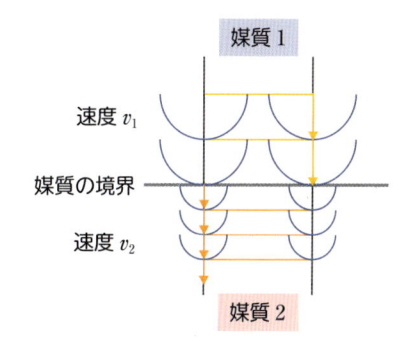

図5-15　波が垂直に入射した場合

媒質の境界を越えると波の速度が遅くなる場合（$v_1 > v_2$）（図5-16），媒質2では波の速度に対応して素元波の広がる半径も短くなる．そのため屈折角θ_2は，入射角θ_1より小さくなる．

境界を越えると波の速度が速くなる場合（$v_1 < v_2$）（図5-17），媒質2中では素元波の広がる半径が長くなるので，屈折角θ_2は入射角θ_1より大きくなる．

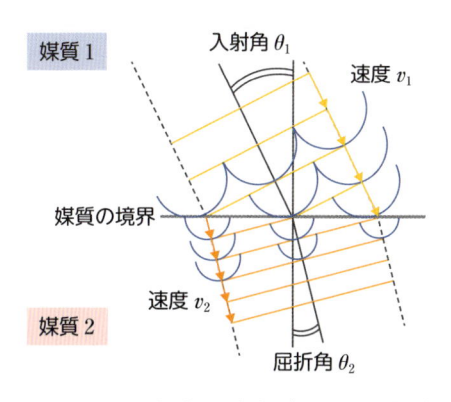

図5-16　屈折①：速度が遅くなる場合

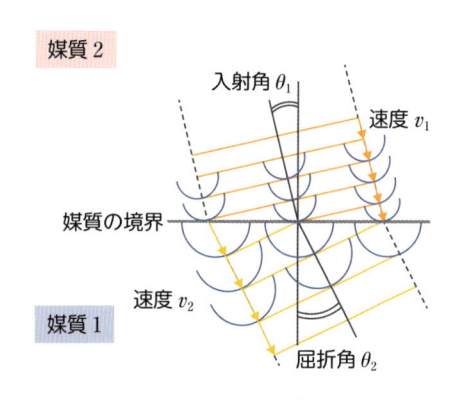

図5-17　屈折②：速度が速くなる場合

- ・波源：波の生じた場所
- ・波面：波の同じ位相をつないだ面
- ・回折：波は壁の陰に回りこむ
- ・反射：入射角と反射角は等しい
- ・屈折：波が媒質の境界面に角度をもって入射するとき，波の進行方向が変わる

確認問題 ▶ **問** 速度 v の波が，入射角30度で媒質1に入射した．媒質の境界を越えると波の速度は1.5倍になった．ホイヘンスの原理を使って屈折の様子を作図しなさい．

解答 屈折角が，入射角より大きくなる方向に曲がる（図5-17参照）．

5.3 波を表す式

考えてみよう　水面の離れた場所に同時に，雨粒で2つの波ができた．この2つの波が広がって進み，同じ場所に到達したら，どのようなことが起こるだろうか？
①両方の波が同時に消える．
②1つの波になって進む．
③2つの波の進む方向が，それぞれ変わる．
④波は互いにすり抜け，波の進む方向も変わらない．

5.3.1 波の式

❶波の式

　波は，波源での媒質の変位が，波源から離れた位置まで伝わる現象なので，媒質のある点での変位の時間変化を表せば，それが波の式である．

　まず波源での変位の時間変化を式で表し，次に波が速度 v [m/s] で伝わることを用いて，波源から x [m] 離れたところでの波の式を導く．

　波の簡単な場合として，波源が単振動（→2.6）している連続波を考える．

❷波源での媒質の変位

　心電図のモニター画面は，心臓の動きに関する電気信号の時間変化を示している（図5-18）．図の上下方向は電気信号の強弱を表し，横方向は時間を表している．左から右へ時間が進んでいくにつれて，どう信号が変化しているかを表している．この表し方を使って，波源での媒質の変位の時間変化を示す．

　波源で媒質が，**振動数**[※2] f [Hz]，**振幅** A の単振動をしているとき，波源の媒質の変位 y の時間変化は図5-19の

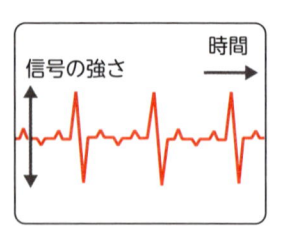

図5-18　心電図のモニター画面

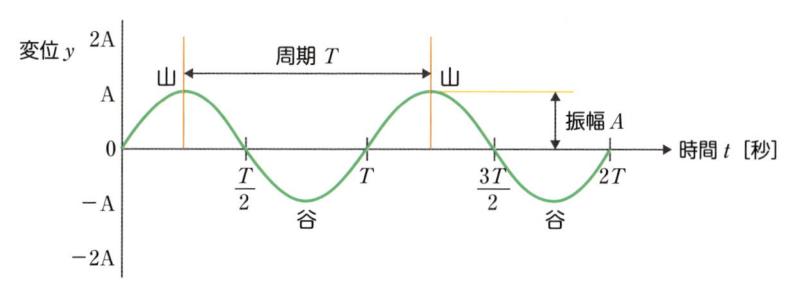

図5-19　媒質の変位の時間変化
周期 T 秒ごとに同じ位相（例えば山）がくり返し現れる.

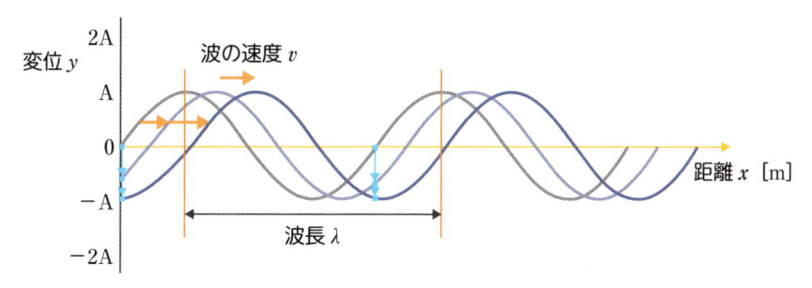

図5-20　波の伝わり方
ある点での変位が，速度 v で周囲に伝わり，波長 λ 離れたところで同じ振動がくり返される.

ようなくり返しの波形で表される. この波形を正弦波という. 横軸は時間，縦軸が変位である. 波の**周期** T 秒は，振動数 f と次の関係にある.

$$T = \frac{1}{f} \qquad \cdots\cdots (5.1)$$

波源での媒質の**変位**の時間変化は，次のような式で書き表される.

$$y = A \sin\left(2\pi\frac{t}{T}\right) \qquad \cdots\cdots (5.2)$$

式中の（　）の部分が位相である. 周期 T 秒ごとに，波の同じ位相がくり返し現れる.

❸波が伝わる

媒質全体を眺めてみよう. 図5-20の横軸は波源からの距離である. (5.2) 式で表される波源の振動が，周りに伝わっていく. つまり波源の周りの媒質は，波源より少しずつ遅れて波源と同じ振動をする.

波源から距離 x [m] 離れたところに，波の速度 v [m/s] の波は $\frac{x}{v}$ 秒遅れて到達し，波源と同じ振動をする. これを (5.2) 式に代入する.

$$y = A \sin\left(2\pi\frac{1}{T}\left(t - \frac{x}{v}\right)\right) \qquad \cdots\cdots (5.3)$$

※2　周波数ともいう.

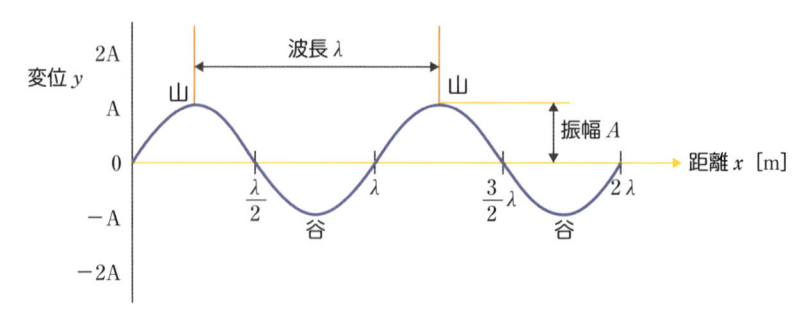

図5-21 波の波長

❹波長

波は，波長 λ [m] の距離を進むごとに同じ位相を示す．波源での振動では，周期 T ごとに波の同じ位相がくり返し現れるから，周期 T 秒の間に波の伝わる距離が波長である（図5-21）．

したがって波の速度 v [m/s] は，波長と周期で次のように表される．

$$v = \frac{\lambda}{T} = \lambda f \qquad \cdots\cdots (5.4)$$

❺波の式

波源（＝ 0 m）から x [m] 離れた P 点には，$\frac{x}{v}$ 秒後に波源の波が到達するから，P 点での時刻 t 秒での振動は，波源での $\frac{x}{v}$ 秒前での変位と同じである．したがって波源から距離 x [m] にある P 点での，時刻 t 秒での波の変位は，位置 x と時刻 t の 2 つの変数で書き表される．(5.4) 式を使えば，

$$y = A \sin\left(2\pi\frac{1}{T}\left(t-\frac{x}{v}\right)\right) = A \sin\left(2\pi\left(\frac{t}{T}-\frac{x}{\lambda}\right)\right) \quad \cdots\cdots (5.5)$$

となる．これが波の式である（次ページ 図5-22）．

5.3.2 ┃ 波の重ね合わせと干渉

❶重ね合わせの原理

水溜りにいくつもの波紋があるとき，波紋が重なっても，それぞれの円形の波面は崩れることなく，そのままきれいに広がっていく．すなわち，複数の波が重なっても，互いの伝わる方向には影響を与えない（図5-23）．これを**波の独立性**という．波紋が重なったとき，合成波の変位は，それぞれの波の変位の和となる．これを**重ね合わせの原理**という（図5-24）．

図5-23 重なる波紋

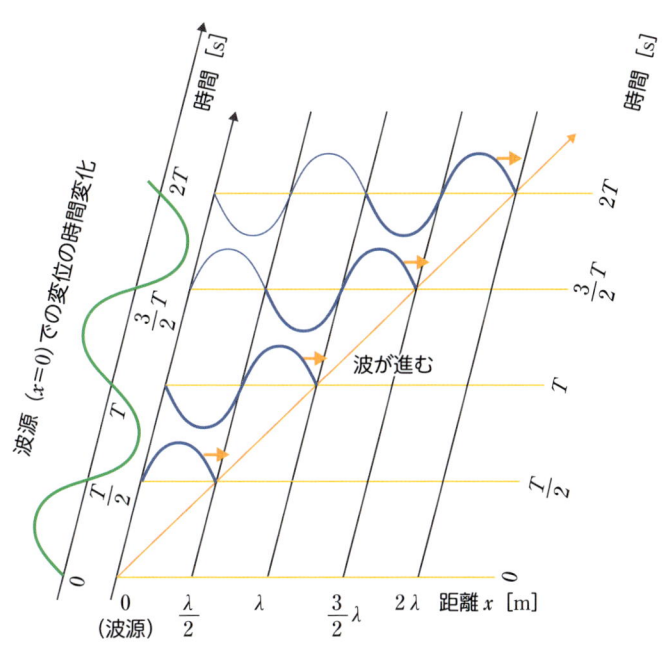

図 5-22　波の伝わる様子

波の伝わる様子を時間とともに見る．奥行き方向に時間軸をとる．波源の振動を左側縦方向に，波全体としての伝わる様子を横方向に示す．

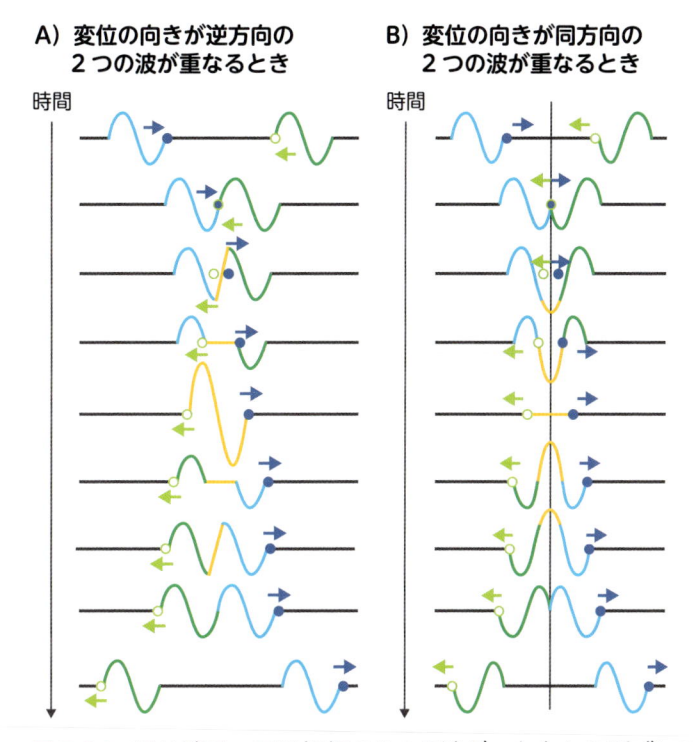

A) 変位の向きが逆方向の　　　　B) 変位の向きが同方向の
**　　2つの波が重なるとき　　　　　　2つの波が重なるとき**

図 5-24　同じ波長，同じ振幅の2つの波が，左右から近づいてきて重なる様子

左から青い波，右から緑色の波がくる．〇印は波の先頭の位置を表す．黄色が合成波の部分である．上から下に時間変化を見ている．2つの波の変位の向きが逆の場合（A）と同じ場合（B）．

❷干渉

2つの波が重なったとき，

①2つの波の変位が同じ符号であれば，合成波の変位の絶対値は大きくなる．

②逆符号のときは相殺されて小さくなる．

このような波の合成の現象を，波の**干渉**とよぶ．合成波の変位が，元の波より大きくなるとき，**波は強め合う**といい，変位が元の波より小さくなるとき，**波は弱め合う**という．

❸波の位相と干渉

波の位相で考えてみよう．波長が同じ2つの波が重なったとき，2つの波の位相が同じ（山と山など）であれば，合成波の変位は大きくなる．

❹二波源からの2つの波の干渉

同じ波長の波が，二波源から同じ位相で進んでくるときの，波の干渉を見てみよう（図5-25）．二波源から等距離にある地点では，到達した波は同位相であり，強め合う．それ以外の場所では，合成波の振幅が大きくなるかどうかは，二波源からの距離 d_1 と d_2 の差 $\Delta d = d_1 - d_2$ による．経路差 Δd が波長 λ の倍数であるとき，2つの波は同位相であり強め合う．

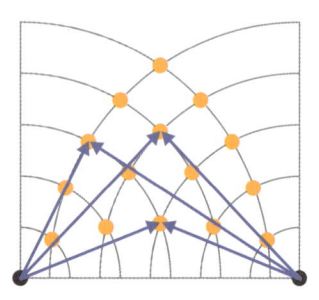

図5-25　2つの波源からの波の干渉

2つの波源から同じ波長，同じ振動数，同じ振幅の波が出ているとき，●部分では，2つの波の経路差が波長の整数倍になるので，波は強め合う．

要点まとめ

- 波の波長：波が1周期に進む距離
- 波の速度：波長 λ，周期 T，周波数 f で次のように表される．

$$v = \frac{\lambda}{T} = \lambda f$$

- 波の式：波長 λ，周期 T である波の式は次のように表される．

$$y = A \sin\left(2\pi\left(\frac{t}{T} - \frac{x}{\lambda}\right)\right)$$

- 波の独立性：複数の波が重なっても，波の速度や向きは互いに影響を受けない．
- 干渉：複数の波が重なったとき，位相が同じであれば，合成波の変位は強められる．

確認問題 **問1** 周期0.05秒の正弦波がある．この波の周波数はいくらか．

問2 波の速度 $v = 100$ m/s，周期 $T = 0.04$ 秒の波の波長 λ [m] を求めなさい．

解答 **問1** 20 Hz **問2** 4 m

5.4 定在波と共鳴

考えてみよう あるビルは，地震のときに，他よりも激しく大きく揺れた．これはなぜだろうか？

5.4.1 定在波

❶固定端と自由端

両端を留めてぴんと張った糸のように，媒質の端が固定されている場合，これを**固定端**という．固定端では変位は常にゼロである．境界が固定されていない場合を，**自由端**という．気柱管の場合には，管の端が閉じている場合を固定端，管の端が開放になっている場合を**開放端**（自由端）とよぶ．

❷定在波

波が，同じ媒質の決まった領域の間で反射をくり返すとき，入射波と反射波，反射波同士が干渉する．波の波長が，波の領域（糸の長さなど）に対して一定の条件を満たせば，干渉により，波が進まず，定位置に止まって振動している状態が生ずる．この状態の波を**定在波**[※3]という．定在波に対して，これまでに見てきた伝わる波を**進行波**という．定在波の動かない媒質部分が**節**，最も大きく振動するところが**腹**である（図5-26）．

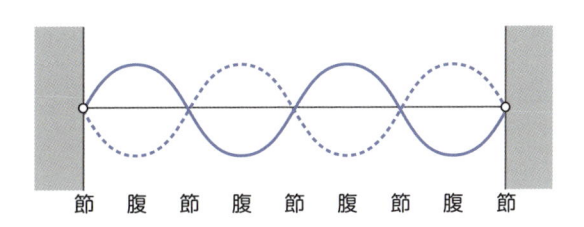

節　腹　節　腹　節　腹　節　腹　節

図5-26　定在波

※3　定常波ともいう．

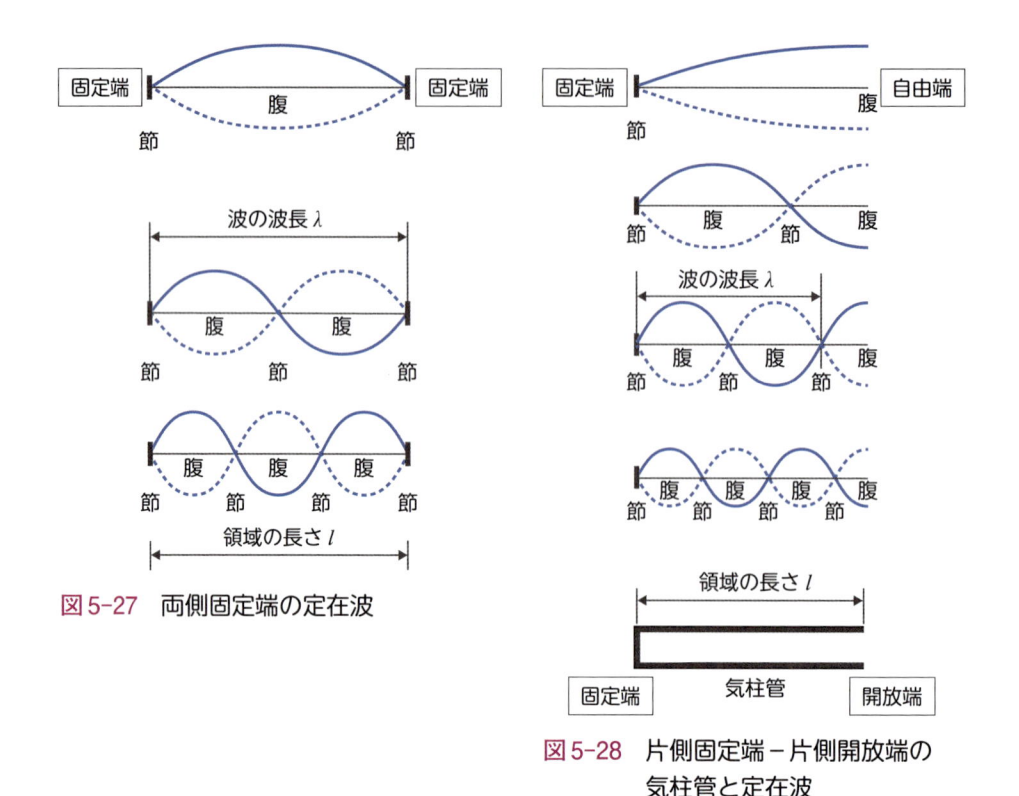

図 5-27　両側固定端の定在波

図 5-28　片側固定端 – 片側開放端の
　　　　　気柱管と定在波

❸両側固定端の定在波

　糸の両側が固定されている場合，両端は固定端となり，波の波長 λ と糸の長さ l が（5.6）式の条件を満たすとき，定在波が生じる（図 5-27）.

$$l = \frac{1}{2} n \lambda \quad (n = 1, 2, 3 \cdots) \qquad \cdots\cdots (5.6)$$

❹片側開放端（片側自由端）

　気柱管などのように端が開放されているとき，媒質は最大振幅まで自由に動けるので，腹になる．片側固定端 – 片側開放端の場合，波の波長と気柱管の長さとの関係が次の式を満たすとき，定在波ができる（図 5-28）.

$$l = \frac{1}{4}(2n + 1) \lambda \quad (n = 0, 1, 2, 3 \cdots) \qquad \cdots\cdots (5.7)$$

5.4.2 ▌共鳴

❶固有振動数と共振

　物体はそれぞれ**固有振動数**をもつ．固有振動数で外力を加えると，振幅が増大する．これを **共振**（きょうしん）という．固有振動数は，物体の質量が大きいほど小さく，剛性（硬さ）が高いほど大きい．洗濯機などの家電製品が，洗濯槽の回転中，突然大きな音を立てることがある．これは固有振動数による共振である．

❷共鳴

振動数の等しい2つの音叉の一方を鳴らせば，他方も鳴り始める．このように媒質が，ある決まった振動数の外部振動の刺激を受けると，振幅が増大する．この現象を共 鳴とよぶ．このときの振動数は，振動する物体の固有振動数に等しい.

❸固有振動数と地震波

ビルの固有振動数と地震の揺れが一致するとビルが激しく揺れ，場合によっては亀裂が入るなどの損壊の原因となる．このため，建築物の設計に際しては，建造物の固有振動数と地震の振動数ができるだけ一致しないように設計される.

- ・固定端：媒質の固定されている端
- ・自由端・開放端：媒質の固定されていない端
- ・定在波：波がある領域内で反射をくり返し，一定の条件を満たすと，波の節や腹の位置が動かず，あたかも止まっているように見える波が生ずる.
- ・進行波：定在波に対して，進行する波
- ・固有振動数：物体がもつ，それぞれ固有な振動数．共振や共鳴の原因になる.
- ・共振：固有振動数に近い値で揺さぶりをかけられると，物体は非常に大きく振動する．これを共振という.
- ・共鳴：物体Aの固有振動数に等しい振動数で振動する物体Bが物体Aの近くにあると，物体Aも振動を始める現象

確認問題▶ 問 長さ1mの糸が両端を固定されてぴんと張られている．この糸に振動を与え，定在波が生じた．節と腹の様子を描きなさい.

解答 図5-27 を参照.

地球の内部構造を知る1つの手法として，地震の波を用いる方法がある．

地震波には，P波とS波，地球の表面を伝わる表面波であるレイリー波とラブ波がある．P波はS波より先に届く波であり，「最初の」を意味するラテン語からP波とよばれている．S波はP波の次に届くので，同じくラテン語の「第二の」という意味の単語からS波とよばれている．一般的にS波の揺れによる被害が大きいので，先に伝わるP波の解析から，緊急地震速報が出されている．

震源から観測地点までの距離と，地震波が観測地点に伝わるまでの時間を調べると，震源からの距離が近い場合は表面波が先に到達するが，震源から遠く離れるとP波の方が早く到達する．これはP波が，表面波とは異なり，地球内部を通ってくる屈折波で，地殻に比べて地球内部での波の速度が大きいことを示している．

地球の内部構造は，表層から順に，地殻（深さ数十kmまで），マントル（2900 kmまで），外核（5100 kmまで），内核（6400 mまで）からなると考えられている．組成は，大陸の下の地殻は花崗岩質と玄武岩質，海洋地殻は玄武岩質が主であり，マントルはかんらん岩，核は鉄とニッケル

からなると考えられている．さらに同じ物質でも外核は液体，内核は固体と考えられている．

P波は縦波，S波は横波である．縦波は液体でも固体でも伝わるが，横波は主に固体で伝わる．そのため地球内部に液体層があると，縦波のP波は伝わるが，横波のS波は伝わらない．そこでS波はマントルの中を伝わっていく．P波は，液体の外核を伝わるが，マントル中とは物質が異なるため速度が遅くなる．

S波が外核では伝わらないため，地表には地震波が到達できない場所がある．また外核を伝わるP波も，屈折のため，到達できない場所が生じる．それをシャドーゾーンとよんでいる（図5-29）．

このように震源からの距離と観測点到達までの時間を測ることで，地震波の速度がわかり，地球内部の層構造を知ることができる．

大きな地震と地球規模の観測データは，現在はデータベース化が進んでいる．どこにいつ揺れが伝わったか，あるいは伝わらなかったかという情報は，シミュレーション結果の比較とともに，地球の内部構造を知るよい手がかりとなっている．

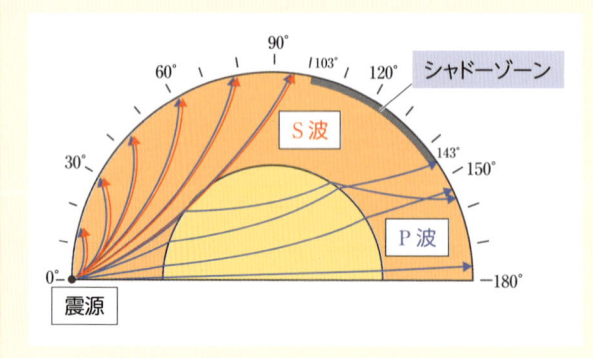

図5-29　地球の内部を伝わる地震波，P波とS波

図は地球内部の断面で，橙色はマントル，黄色は核を示す．地震波が届かないシャドーゾーンがある．http://1604-016.a.hiroshima-u.ac.jp/gutenberg/index.html をもとに作成．

章末問題

1 波の速度 （→ 5.1.3）

石を投げて水面にできる波を観察したところ，石が着水してから2秒後に5 m離れたところまで波が到達した．この波の速度はいくらか．

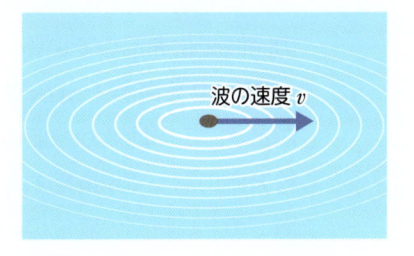

波の速度 v

2 いろいろな波 （→ 5.1.1）

①固体／②液体／③気体中を伝わる波にはどんなものがあるか．

3 波長と速度 （→ 5.1.2, 5.3.1）

①下図の波の波長を求めなさい．

②①の波の振動数が1 kHzであるとき，波の速度はいくらか．

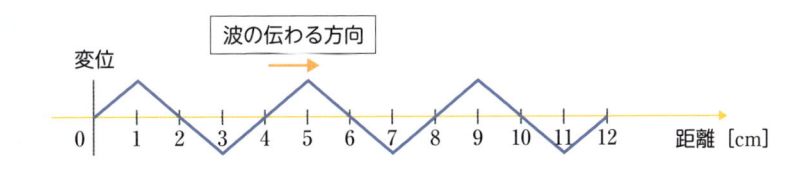

変位

波の伝わる方向

0　1　2　3　4　5　6　7　8　9　10　11　12　距離 [cm]

4 周期と振動数 （→ 5.3.1）

①右図の波の周期を求めなさい．

②①の波の振動数を求めなさい．

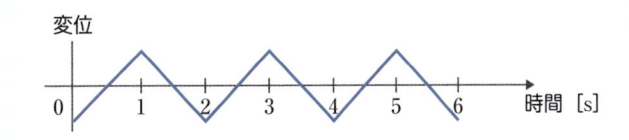

変位

0　1　2　3　4　5　6　時間 [s]

5 進行波 （→ 5.3.1）

下図は左向きに毎秒1 mで進む波の，ある時間での様子を示している．3秒後の位置を示しなさい．

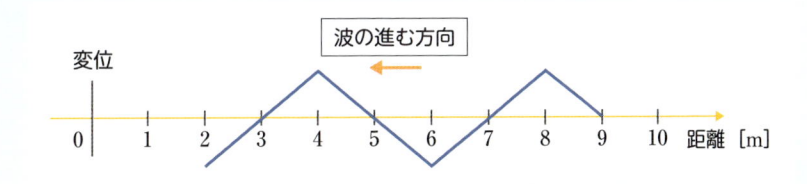

変位

波の進む方向

0　1　2　3　4　5　6　7　8　9　10　距離 [m]

6 進行波 （→5.3.1）

右図の横軸は時間で，媒質中のある1点の振動による変位の時間変化を示している．波が媒質中を毎秒1m/sで進むとき，この地点から波の進行方向に沿って3m離れた位置での，同時刻の変位の時間変化を描きなさい．

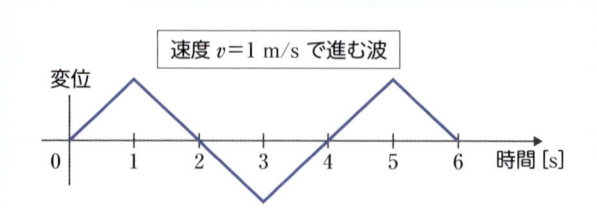

速度 $v=1$ m/s で進む波

7 波の干渉 （→5.3.2）

下図のような2つの波が左右から同じ速度で進んでくるとき，波は干渉して，どのような形になるか？ 波の速度はそれぞれ1m/s， −1m/sである．図の1目盛を1mとして，1秒ごとの様子を描きなさい．

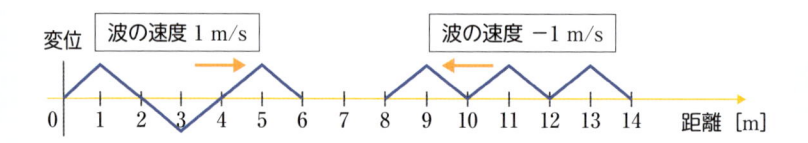

8 反射 （→5.2.3）

短波[※4]放送が，海を越えた遠い国まで届くのはどうしてだろうか．

解答➡

※4　短波は周波数3000〜30000 kHz，波長11〜120 mの波である．

6 音

6

音

この章の目標

● 音とは何かを理解する.

● 媒質によって音速が変わること, 真空中では音が伝わらないことを知る.

● 音の性質（反射・屈折・回折）を理解する.

● ドップラー効果を理解し, 振動数を計算することができる.

6.1 音の三要素

考えてみよう 音は波である. では, 子どもの声のように高い音と大人の声のように低い音は, 波の何が違うのだろうか？ ①振幅 ②波長 ③振動数

6.1.1 音とは何か

❶さまざまな音

私たちの周りには, かすかな音から騒音まで, たくさんの音がある. 人の話し声, 蚊や蜜蜂の羽音, 動物の立てる音, 風の音, 楽器による音楽, 洗濯機の振動音, 新幹線の走行音や電車のガード下の騒音なども音である. 音とは何だろうか.

❷音

太鼓を叩いて, 音が聞こえる場合を見てみよう（図6-1）. 太鼓は音源である. 太鼓を叩くと, 太鼓の皮は振動する. 太鼓の皮の振動は, 皮に接している空気を押したり引いたりするので, 空気の圧力変化を生じる. 空気の圧力変化は, 疎密波となり周りの空気に伝わっていく. 疎密波が私たちの耳に届き, 聴覚器官に振動が伝わると, 私たちは音として聞くことができる. この疎密波が**音**であり, **音波**ともよぶ.

❸媒質の変位と疎密波

音はほとんどの場合, 縦波である. 縦波では, 媒質の変位の方向は, 波の進行方向である（→5.1.4）. 波の式と媒質の疎密の対応を見てみよう. 媒質の変位の方向を, 変位がプラスのときは波の進行方向, 変位がマイナスのときは波の進行方向と逆向きにとる. 媒質の疎密は, 図6-2のようになる.

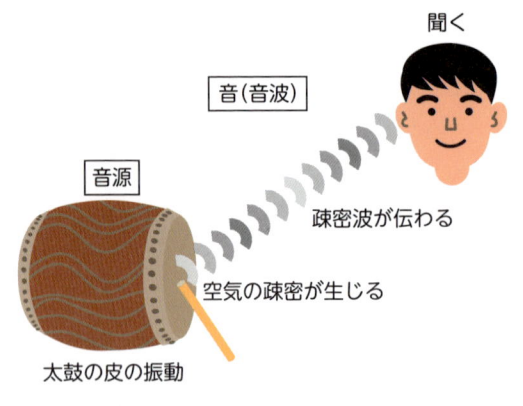

図6-1 音

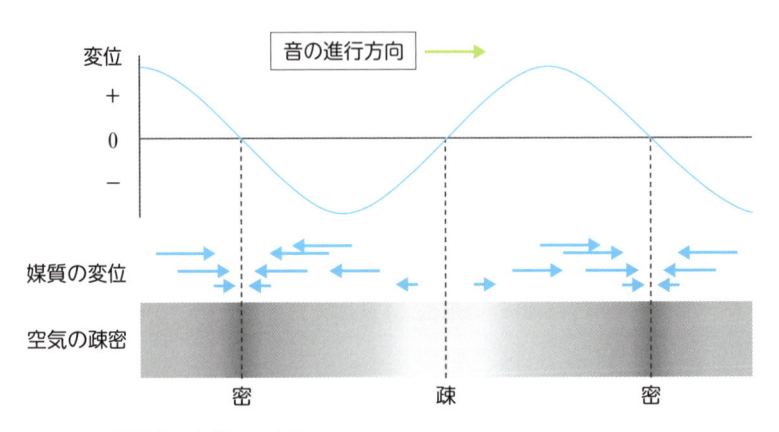

図6-2 媒質の変位と疎密

6.1.2 音の三要素

❶音の三要素

音の高さ・強さ・音色を，音の三要素とよぶ．音の高さは音波の振動数によって決まる．音の強さは，音波の運ぶ単位面積あたりのエネルギーであり，波の振幅に関係している．またほとんどの音は，強度の異なるいろいろな振動数の音波の重ね合わせである．このため，同じ高さの音であっても，違って聞こえる場合がある．その違いを表す音波の重なり具合を音色とよぶ．

6.1.3 音と振動数

❶声の高さと振動数

音波の振動数は，**音の高低**を示す．低い音は振動数が小さく，高い音は振動数が大きい．歌の声域とおよその振動数領域を示す（図6-3）．

生物の種類によって，聞こえる音の振動数領域は異なる（図6-4）．ヒトに聞こえる音の振動数は，年齢などの個人差はあるが，およそ20 Hzから20000 Hz（20 kHz）く

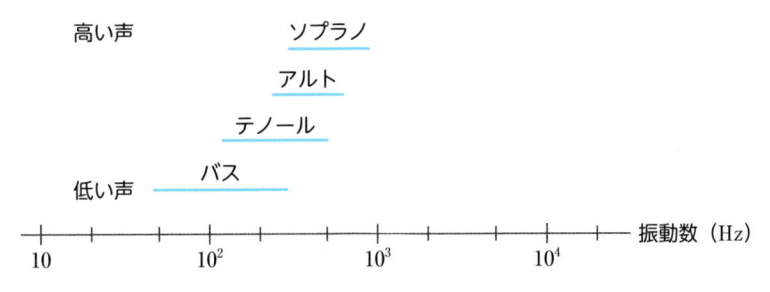

図6-3　歌の声域と振動数領域

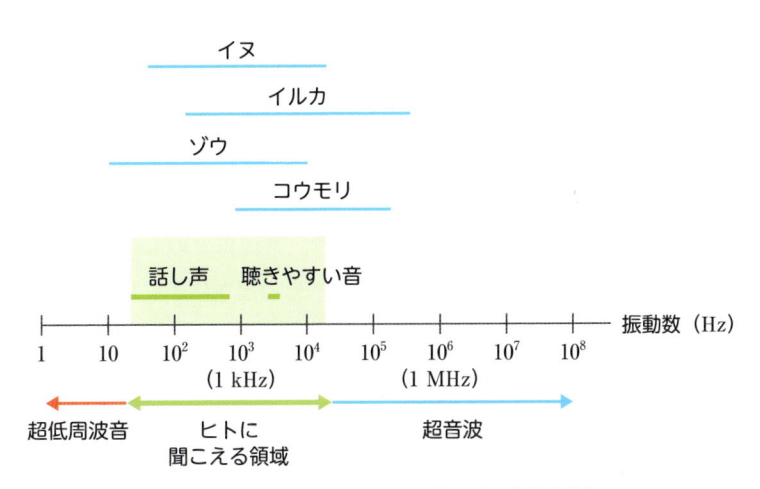

図6-4　いろいろな生物の，聞こえる音の振動数領域

らいまでである．これより小さい振動数の音を**超低周波音**，大きい振動数の音を**超音波**とよぶ．境界領域の超低周波音や超音波は，音として聞こえにくいが，振動は感じるため，騒音被害の一因にもなっている．

**要点まとめ**

・音はほとんど縦波であり，疎密波である．
・音の三要素：音の高さ・強さ・音色
　①音の高低は，音波の振動数によって決まる．低い音は振動数が小さく，高い音は振動数が大きい．
　②音の強さは，波の運ぶエネルギーであり，振幅に関係している．
　③音は，強度の異なる，いろいろな振動数の波が重なり合ったものである．その重なりの様子を音色という．
・振動数による音の分類
　超低周波音　　　　　およそ 20 Hz 以下
　ヒトに聞こえる音　20 Hz 〜 20 kHz
　超音波　　　　　　およそ 20 kHz 以上

6.2 音と媒質

考えてみよう　　空気以外でも音は伝わるのであろうか．もし伝わるとしたら，音の速さは空気中と同じだろうか．

❶音と媒質

　糸電話や骨伝導でも音が聞こえる．またお腹の鳴る音が，体外でも聞こえるのは経験することである．聴診器を胸に当てると心臓の音が聴こえ，妊婦の腹部に当てれば，羊水中にいる胎児の心臓の拍動の音が聴こえる．このように音は，空気中だけではなく，いろいろな物質，固体中や液体中でも伝わる．逆に媒質がなければ音は伝わらないので，真空中では音は伝わらない．

❷空気中の音速

　音の伝わる速さを**音速**という．では，音速はどのくらいだろうか．まず空気中を伝わる速さを稲妻と雷鳴で見てみよう．光の速さは 3×10^8 m/s であるが，音は光に比べると遅く，空気中では光の約100万分の1の速さである．したがって，稲妻の光は瞬時に届き，遅れて雷鳴音が届く．稲妻が光るのが見えてから，落雷の音が聞こえるまでの間には，大抵時間差があり，時間差は雷までの距離に比例している．

❸音速の式

　空気中の音速は，気温 t ℃の影響を受ける．気温が高いほど，音は速く伝わる．空気中の音速はよく知られていて，次の式で表される．

$$v = 331.5 + 0.6\, t\, [\mathrm{m/s}]^{※1} \qquad\qquad \cdots\cdots (6.1)$$

❹さまざまな物質中の音速

　空気以外の物質中の音速を表6-1に示す．表より，水中や鉄中の音は，空気中よりもはるかに速く伝わることがわかる．また，同じ物質でも温度によって物質の状態は異なるため，音速は媒質の温度の影響を受ける．

❺身近な利用

　音はさまざまな物質で伝わるので，生活の身近にいろいろ活用されている（図6-5）．時報は440 Hzと880 Hz，救急車のサイレンは770 Hzと960 Hz，家電のお知らせ音は2000 Hz前後である．

　超音波の振動数領域は広く，用途により利用振動数が異なる．超音波洗浄器では数十 kHz〜数 MHz，超音波エコー診断では1 MHz〜15 MHzの音波が使われている．

※1　理科年表より．

表6-1　種々の物質中の音速（1気圧）

媒質		温度（℃）	音速（m/s）	
			縦波	横波
気体	空気（乾燥）	0	331	
	空気	20	343	
	ヘリウム	0	970	
	水素	0	1269.5	
液体	水	0	1402	
	水	23	1500	
	海水（塩分3%）	20	1513	
固体	アルミニウム	0	6420	3040
	鉄	0	5950	3240
	ダイヤモンド	0	18000	

理科年表ほか.

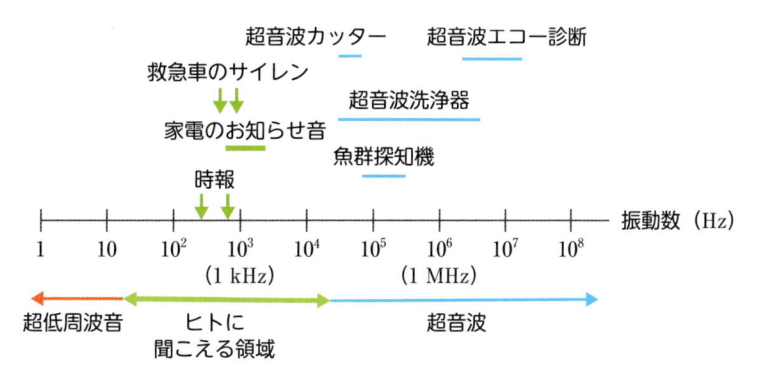

図6-5　音の利用とその振動数領域

・音を伝える媒質：音は，気体・液体・固体で伝わる.

・音速：音の伝わる速さを音速という. 音速は媒質ごとに異なる.

空気の場合は，温度を t ℃として次式で表される.

$$v = 331.5 + 0.6\,t\;[\mathrm{m/s}]$$

確認問題▶問 0℃と30℃では，空気中の音速はどれくらい違うか. 速さの式に代入して計算せよ.

解答　30℃では，331.5 + 0.6 × 30 = 349.5 m/s
0℃では，331.5 + 0.6 × 0 = 331.5 m/s
違いは，349.5 − 331.5 = 18 m/s

考えてみよう　内緒話は，校舎の陰ならば安全だろうか？ 先生には聞こえないように，先生の姿が見えない場所でひそひそ話をしたのに，聞かれてしまったのはどうしてだろうか.

6.3.1 音の反射とその利用

❶音の反射

山彦は，山頂でヤッホーと叫んだ声が，山腹で**反射**して返ってくる現象である．風呂場で歌声がよく響くのは，室温・広さ・壁材など，音が反射しやすい環境だからである．

音の反射は，社会のいろいろな場面で使われている．聴覚検査室や音楽スタジオなどの防音室では，外からの音を外壁で反射して，室内に入れないようにする遮音が重要である．さまざまな物質による遮音シートや遮音パネルが開発されている．

❷見えない内側の状態を見る

反射してきた音の様子から，物の内側の状態を判断することもよく行われている．媒質のねじれやたわみ，空隙や異物の存在などは音の伝わり方を変える．そこで構造物のボルトの締まり具合，トンネルの壁の内部構造のチェックなど，人が耳で音を聴いて確かめながら確認をしている．反射音の利用では，物の内側に検査機器を差し込んだり，物体を切断したり破壊したりすることなく，内側の状態を知ることができる．

図6-6　非破壊検査の様子
写真提供：MR.Zanis – stock.adobe.com/jp

超音波の利用と測定器の進歩により，反射音を耳ではなく，機械で受信して検査を行う場合もある（図6-6）．

病院での超音波エコー診断は，超音波の，媒質の境界からの反射波を利用している．超音波エコー診断には，身体の外から体内の様子がわかること，X線診断のような被曝の恐れがないことなどのメリットがある．

❸距離測定

音波を発射し，反射波を受信するまでにかかる時間を計測すれば，対象物までの距離がわかる．この方法はソナーによる魚群探査や海底地形探査などに広く用いられている（図6-7）．

❹反響定位

生物界には，自分で音を出しながら，対象物による反射波を受信することで，餌の存在や障害物の有無を知る生き物がいる．音の反射を利用するやり方を**反響定位**とよぶ．自分の発信した信号の反射波を受信し，受信までの時間と受信波の強さや振動数の変化から，周りの環境や，自分と相手との位置を割り出すのである．

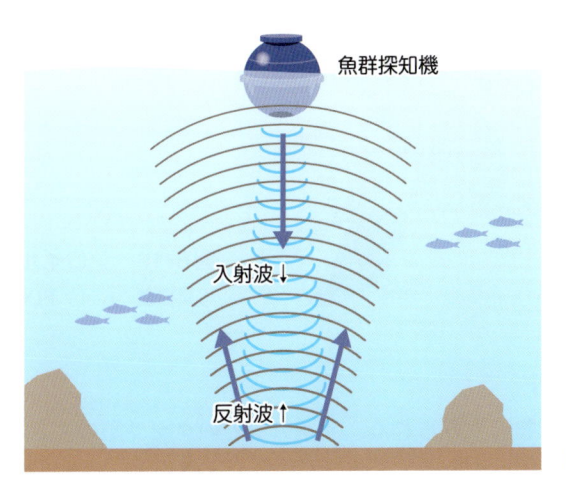

図6-7 魚群探知のしくみ

入射波↓

反射波↑

魚群探知機

例えばコウモリが，餌の摂取や障害物探査，洞窟探査に用いている．また鯨類が，餌の追跡と海底の地形確認などに用いている．

6.3.2 屈折

音速は，空気や水など媒質の種類や，媒質の温度によって決まる．媒質によって音速が変われば，媒質の境界で，音は**屈折**する．空気に温度勾配があったり，例えば真冬や真夏のような気候の厳しい時期に，地表と上空の空気に温度差があったりすると，温度の違う空気の層の境界で，音は屈折する．

気温が上がると音速は速くなり，媒質の境界での音の屈折角は大きくなる．冬の寒い朝方など地表の温度が上空より低いとき，屈折角は大きくなる．音は上空に逃げずに低く進むので，遠くまで伝わりやすい（図6-8）．

気温が下がると音速は遅くなり，媒質の境界での音の屈折角は小さくなる．暑い夏の日には，地表の方が暑いので，音は上空へ抜ける（図6-9）．

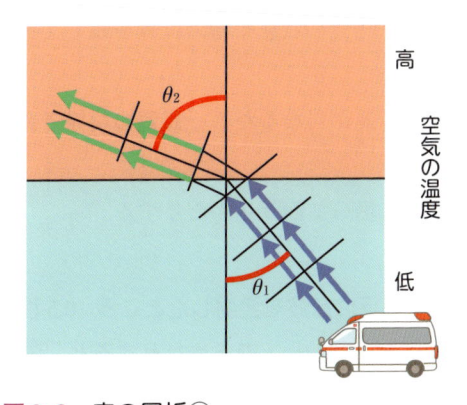

図6-8 音の屈折①

冬の朝，地表近くが冷え込むので，上空の方が気温は高く，音速は速い．屈折角が大きくなる（$\theta_1 < \theta_2$）ので，音は上空に逃げにくくなり，音は低く進む．

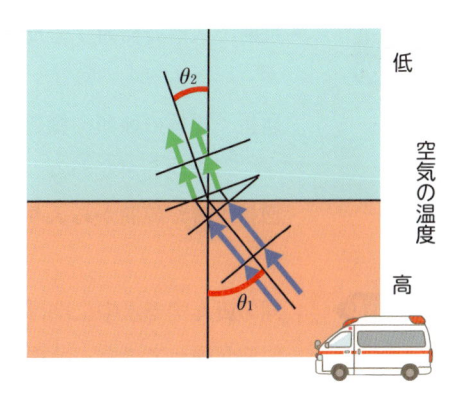

図6-9 音の屈折②

夏の日中は，地表近くが暑く，上空の方が気温は下がるので，音速は遅くなる．屈折角が小さくなる（$\theta_1 > \theta_2$）ので，音は上空に逃げやすい．

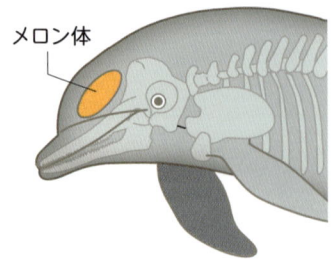

図6-10　シロイルカとメロン体

写真提供：reef / PIXTA

❶生体内での音の屈折

音の屈折の現象は生物でもみられる．イルカなどのクジラ類の大きなおでこには，メロン体といわれる脂肪の塊がある．特にシロイルカは，メロン体を自分で自在に変形させることができる．メロン体では音速が異なり，音が屈折するので，メロン体がレンズのはたらきをする．シロイルカは自分の発した音をメロン体で屈折させ，出射音の方向を変えていると考えられている（図6-10）．

6.3.3 ▎回折

❶回折

波の**回折**は音で顕著である．姿が見えないのに声だけ聞こえるという現象は波の回折である．音は球面波として広がっていき，わずかな隙間から入り込んだり，壁に沿って回り込んだりする（図6-11）．特に，構造体と音の波長が同程度のときに，波が回り込みやすい．

図6-11　音の回り込み

- ・反射：入射音に対する反射音を使って，物質の状態や物の位置を知ることができる．
- ・屈折：媒質の種類や媒質の温度により音速が異なるため，媒質の境界で音の進む向きが変わる．
- ・回折：音が隙間から入り込んだり，壁に沿って回り込んだりする．

確認問題▶ **問** 湖の真ん中で水中に向けて，水面から真下に音波を発射したところ，0.5秒後に反射波が帰ってきた．水中での音の速さが1500 m/sであったとすると，湖底までの距離は何メートルか？

解答　$1500 \text{ m/s} \times 0.5 \text{ s} \times \dfrac{1}{2} = 375 \text{ m}$

6.4 音の重ね合わせと干渉

　イヤホンのノイズキャンセラーは，なぜノイズを消せるのだろうか？

6.4.1 波の重ね合わせと干渉

音は波なので，**重ね合わせの原理**が成り立つ．重ね合わせの結果，**干渉**により音が強め合ったり弱め合ったりする（→5.3.2）．

❶ノイズキャンセラー

マイクロフォンなどのノイズを消す方法の1つとして，ノイズキャンセラーがある．これは波の重ね合わせの原理の応用である．

同じ振幅，同じ振動数の2つの波があり，片方の波を反転するか半波長（1/2波長）ずらすと，ちょうど2つの波の山と谷が重なり，波が打ち消し合うので，重なった波の振幅を0にすることができる（図6-12A）．そこでノイズと同じ振幅，同じ振動数の波を，ノイズの波に，反転または半波長ずらして重ねる．そしてノイズの波と干渉させ，ノイズの信号だけをうまく消してしまうことができる．これがノイズキャンセラーの原理である（図6-12B）．

❷二音源からの音

2つの音源から同じ音が同じ位相で出ている場合を考えよう．2つの音は，干渉により強め合ったり弱め合ったりする．波の重ね合わせの原理により，2つの音の位相が同じであると，重なった音波は元の音波よりも大きな波となる．二音源からの距離の差が波長の整数倍であるとき，2つの波の位相は同じになり，干渉により音が強まる．

6.4.2 うなり

少しだけ振動数の違う音を同時に鳴らすと，元の音とは周期の異なる音が聞こえてくる．これを**うなり**という．

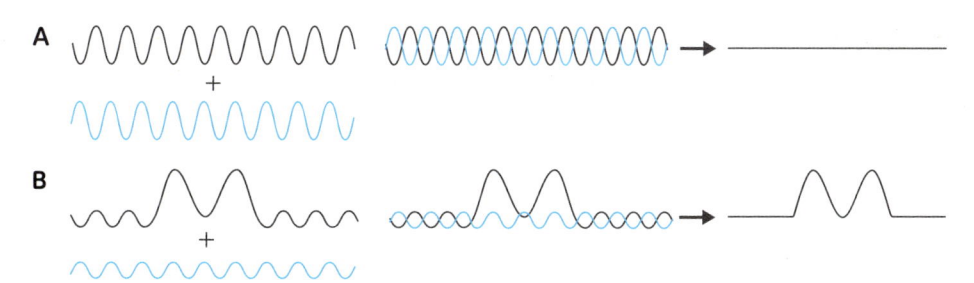

図6-12　ノイズキャンセラーの原理
A）同じ波を反転または半波長ずらして重ねると，干渉して波は弱め合う．
B）ノイズと同じ波を，反転または半波長ずらして重ね合わせて，ノイズだけを消す．

振動数が少しだけ違うと何が起こるのだろうか．2つの波を重ね，位相が偶然揃ったとき，重なった波は強められる．しかし2つの波の振動数がわずかに違うので，片方の波の1周期が過ぎたとき，もう片方の波とは位相がわずかにずれている．こうして，2つの波の位相は少しずつずれていく．やがて，2つの波の位相がちょうど半周期ずれると，波は弱められる．その後も少しずつ波の位相がずれていき，再び位相が揃うと，波は強められる．このようにして，音の強弱が周期的にくり返される（図6-13）．

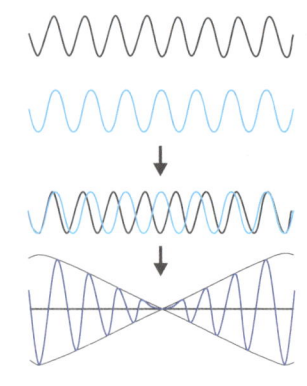

図6-13　うなり

近い振動数の波が2つ重なると，干渉により，うなりが生ずる．

うなりの1周期 T は，2つの波の位相がちょうど合ったときから，また次に一致するときまでの時間である．そしてこの1周期 T の間に，2つの音は波の数が1つ分だけずれるので，それぞれの波の振動数を f_1, f_2 とすると，うなりの振動数 f は次のように表される．

$$f = \frac{1}{T} = |f_1 - f_2| \qquad\qquad \cdots\cdots (6.2)$$

> ・干渉　：2つの音が重なったとき，波の重ね合わせの原理により，2つの波が干渉して，音が強められたり弱められたりする．
> ・うなり：振動数がわずかに異なる2つの音があると，干渉して，うなりが生じる．
> 　　　　　うなりの振動数　$f = |f_1 - f_2|$

確認問題 **問** 440 Hz の音叉と444 Hz の音叉を同時に鳴らしたとき，毎秒何回のうなりが生じるか．

解答 $444 - 440 = 4$ 回/s

6.5　ドップラー効果

考えてみよう 救急車が近づきまた遠ざかっていくとき（図6-14），そばを通り過ぎるときを境に，音の高さが変わって聞こえる．近づいてくるときと，離れていくときと，どちらが高い音だろうか．

6.5.1　ドップラー効果

救急車のサイレンから出る音の振動数は変化していないし，空気中の音の速さも変化していないが，救急車（音源）が動くことで，耳に入る音の振動数が異なって，つまり音の高さが違って聞こえる．これを**ドップラー**[※2]**効果**という．ドップラー効果は，音源が動くときだけではなく，サイレン音を聞く人（観測者）が動く場合にも生じる．

図6-14　救急車がサイレンを鳴らしながら走り過ぎる

写真提供：'90 Bantam / PIXTA（左），jaraku – stock.adobe.com/jp（右）

実際にどれくらい振動数が変わるかを，次項から場合分けして式で見ていこう．

6.5.2 ▎ 音源が動くとき

　まず，音源も私たち観測者も静止しているとき，波面は，音源を中心に規則正しく並んだ同心円状に広がる（図6-15）．

　次に，観測者は静止しているが，音源が動く場合を考える（図6-16）．音源は，図の右方向に移動している．同心円状に広がっていた波面が，音源の移動に合わせて右の方に偏っていく．

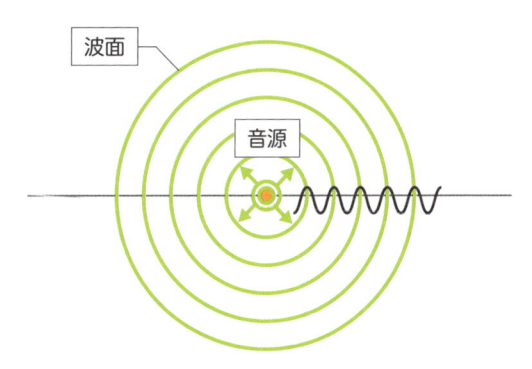

図6-15　音源も観測者も静止しているとき

波面は同心円状に広がり，聞こえる音の振動数は変わらない．

　音源の右側にいる観測者Aに音源が近づいてくると，波面の間隔が詰まって，波長が短くなる．音の振動数は，音速と波長で次のように表される．

$$f = \frac{v}{\lambda}$$

　音波の速度は変わらないので，波長が短くなると，振動数の大きい音（高い音）に聞こえる（図6-16 音源の右側①）．

　音源の左側にいる観測者Bに対しては，音源が遠ざかるので，波面の間隔が広がり，波長が長くなる．音速は変わらないので，振動数の小さい音（低い音）が聞こえる（図6-16 音源の左側②）．

　考えてみよう の救急車の例では，初めは救急車が近づいてくるので，もともとの音の

※2　Cristian Andreas Doppler（1803-1853）：オーストリアの物理学者・数学者・天文学者．

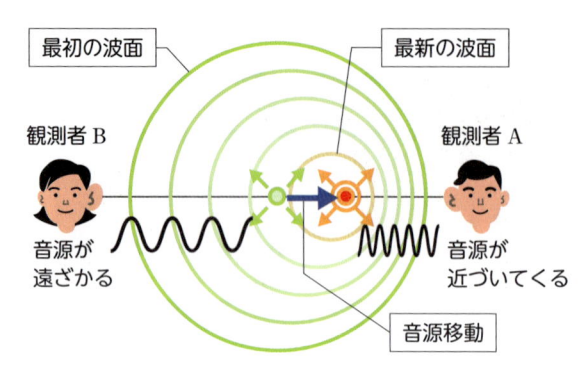

最初の波面

最新の波面

観測者B

音源が
遠ざかる

音源移動

観測者A

音源が
近づいてくる

図6-16 音源が動くときのドップラー効果

音源が同じ速さで右方向に動くと，波面の広がりは右側に偏る．音源は，観測者Aに近づき，観測者Bからは遠ざかる．
①観測者Aが聞く音は波面の間隔が詰まって波長が短くなるので，振動数が大きくなる．
②観測者Bが聞く音は波面の間隔が広がって波長が長くなるので，振動数が小さくなる．

振動数より大きい，高めの音が聞こえる．救急車が通り過ぎると，元の振動数より小さい，低めの音が聞こえる．

これを式で表して，振動数の変化を見てみよう．音源からの音の速度と振動数をそれぞれ v，f とする．音源は，青矢印の方向，緑丸から赤丸に一定の速さ v_S で移動している．

音源が近づいてくるとき，観測者Aには，$(v - v_S)t$ の間に ft の波が届くので，音の波長 λ_A は，

$$\lambda_A = \frac{v - v_S}{f}$$

したがって，聞こえる音の振動数は

$$f_A = \frac{v}{\lambda_A} = \frac{v}{v - v_S} f$$

となる．音源が速さ v_S で近づく分だけ，音の振動数は大きくなり，音は高く聞こえる．

音源が遠ざかるときは，観測者Bには，$(v + v_S)t$ の間に ft の波が届くので，音の波長 λ_B は，

$$\lambda_B = \frac{v + v_S}{f}$$

したがって，聞こえる音の振動数は

$$f_B = \frac{v}{\lambda_B} = \frac{v}{v + v_S} f$$

となる．音源が速さ v_S で遠ざかる分だけ，音の振動数は小さくなり，音は低く聞こえる．

まとめると，音源が速さ v_S で動くとき，元の音の振動数 f からずれた振動数 f_{AB} で聞こえる．

$$f_{AB} = \frac{v}{v \pm v_S} f \qquad \cdots\cdots (6.3)$$

ここで式中の分母の $\pm v_S$ は，音源が近づくとき $-v_S$，音源が遠ざかるとき $+v_S$ である．

6.5.3 ▎観測者が動くとき

次に，動いている電車の窓から，踏み切りの警報音を聞く場合を考えよう．これは，音源は静止していて，観測者が動く場合である（図6-17）．まず音源から観測者には毎秒 f 個の波が届く．

観測者Cが音源に向かって速さ v_0 で近づいていくとき，波長 λ は変わらないので $\frac{v_0}{\lambda}$ 個だけ多くの波が届く．静止していたときよりも多くの波を受け取るので，振動数は大きくなり，音は高くなる．

$$f_C = f + \frac{v_0}{\lambda}$$
$$= f + \frac{v_0}{v} f$$
$$= \frac{v + v_0}{v} f$$

また観測者Dが音源から遠ざかるときは，より少ない波しか届かないため，振動数は小さくなり，音は低くなる．

$$f_D = \frac{v - v_0}{\lambda} = \frac{v - v_0}{v} f$$

まとめると，音源が静止して，観測者が速度 v_0 で動くとき

$$f_{CD} = \frac{v \pm v_0}{v} f \qquad \cdots\cdots (6.4)$$

ここで，$+ v_0$ は観測者が音源に近づくとき，$- v_0$ は観測者が音源から離れるときである．音源と観測者が近づいていくとき，音は高く聞こえ，音源と観測者が離れていくとき，音は低く聞こえる．

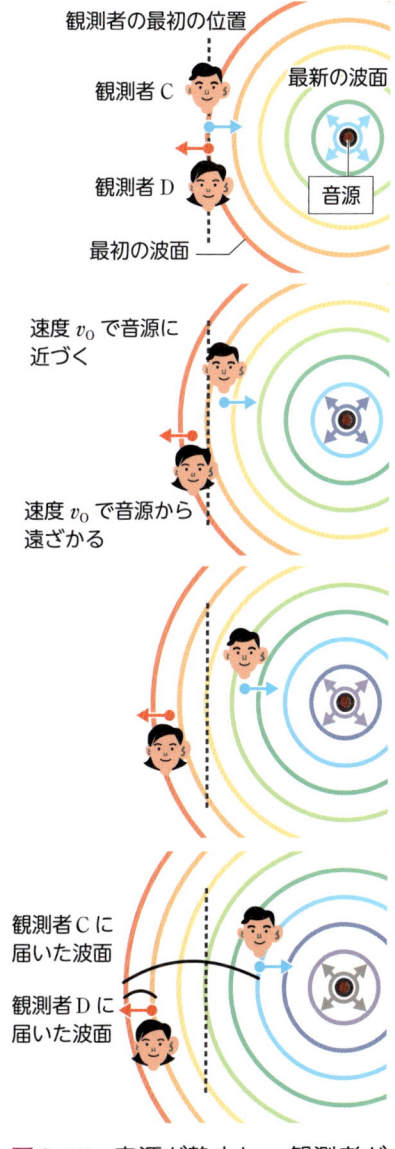

観測者の最初の位置
観測者C
最新の波面
音源
観測者D
最初の波面

速度 v_0 で音源に近づく
速度 v_0 で音源から遠ざかる

観測者Cに届いた波面
観測者Dに届いた波面

図6-17　音源が静止し，観測者が動く場合

図の上から下に，静止した音源から，音の波面が広がる様子を示す．観測者Cは音源に近づくので，同じ時間により多くの波面が届く．観測者Dは音源から遠ざかるので，同じ時間により少ない波面しか届かない．

要点まとめ

ドップラー効果：

音源や観測者が動いているとき，音の振動数が変化して聞こえる．もともとの音速 v，振動数 f に対して，聞こえる振動数 f_{AB}，f_{CD} は，

- 静止した観測者に対して，音源が速度 v_S で動くとき

  音源が近づいてくるとき（$-v_\mathrm{S}$）は高い音，遠ざかるとき（$+v_\mathrm{S}$）は低い音が聞こえる．

$$f_\mathrm{AB} = \frac{v}{v \pm v_\mathrm{S}} f$$

- 静止した音源に対して，観測者が動くとき

  観測者が近づくとき（$+v_0$），振動数は大きく，音は高くなる．音源から遠ざかるとき（$-v_0$），振動数は小さく，音は低くなる．

$$f_\mathrm{CD} = \frac{v \pm v_0}{v} f$$

確認問題 ▶ **問** 時速72 kmで走る自動車の窓から踏切の警報音（650 Hz）を聞いた．警報音はどのように聞こえるか，近づいているとき，離れていくときについてそれぞれ求めなさい．

ヒント 自動車の時速72 km は，秒速に直すと 20 m/s である．観測者が移動するときの式に代入して答えを求める．

解答 (6.1) 式より20℃のとき，音速は343.5 m/s である．

$$f = \frac{343.5 + 20}{343.5} \times 650 = 688 \text{ Hz （近づくとき）}$$

$$f = \frac{343.5 - 20}{343.5} \times 650 = 612 \text{ Hz （離れていくとき）}$$

コラム　聞こえる音のあれこれ

音の大きさ

音は疎密波で，私たちの耳に届くときは，大抵，空気の疎密波として届く．そこで，私たちが日常暮らしている大気の圧力（1気圧）を基準に，1気圧からの圧力変化と考えると，ヒトの耳は，通常の気圧の50億分の1くらいのわずかな圧力変化を知覚できる．これを小さな音の聞き分けとして，大きな音はどれくらいの圧力変化まで知覚できるのだろうか．答えは，気圧の1000分の1くらいの圧力変化まで知覚することができる．これは小さな音の圧力に比べると，100万倍も大きい．このようにヒトの聴覚は非常に幅広い圧力変化に対応している．

音色

ほとんどの音は，いくつもの波の重なりである．1つの音について，振動数と強度の相関を見ると，強度の異なるさまざまな振動数の波が重なってできていることがわかる．したがって，2つの音が，音の高さや大きさが同じでも違って聞こえることがあり，その違いを表す属性としてこれを音色とよぶ．身近なところでは，楽器の種類による音色の違いがある．

波形

異なる楽器で同じ高さの音を奏で，その波形を比べてみると，楽器ごとに特徴のある波形を示すことがわかる（図

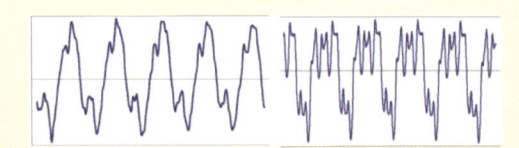

図6-18　ピアノの波形（左）とオルガンの波形（右）

小林　亮：平成18年度広島大学公開講座「音の波と三角関数」テキストより引用．

6-18）．

ヒトの声の波形では，ハミングは比較的，正弦波に近い整った形をしているが，母音は非常に複雑な形をしている（図6-19）．最近はスマートフォンでも使える手軽な波形アナライザーのアプリがあるので，自分と周りの人の音声波形を比較してみるのも面白いであろう．

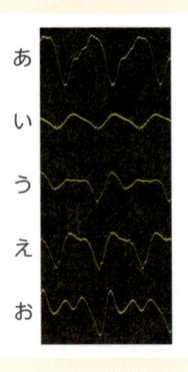

図6-19　母音の音声波形

章末問題

1 反射

山頂で「ヤッホー」と叫んだら，1 km先の山からこだまが返ってきた．声を発してから何秒後か．山の気温はおよそ0℃とする．

2 花火（音の速さ）

花火大会で，花火の花が開く瞬間から数えて2秒後にどーんという花火の炸裂音が聞こえてきた．花火から，見ている場所の距離はおよそ何メートルか．気温は20℃とする．

3 重ね合わせの原理

固定音源A，固定音源Bと可動式受信器が一直線上に並んでいる．可動式受信機は，音源Aと音源Bのちょうど真ん中にいる．音源Aと音源Bからは，波長2 mの同じ音が常に同位相で出ている．

可動式受信機がゆっくり固定音源Aの方に向かって動き始めると，あるところで音源Aからの信号と音源Bからの信号が打ち消し合って聞こえなくなった．可動式受信機が，音源Aに向かって何メートル動いたときに音が聞こえなくなったか？

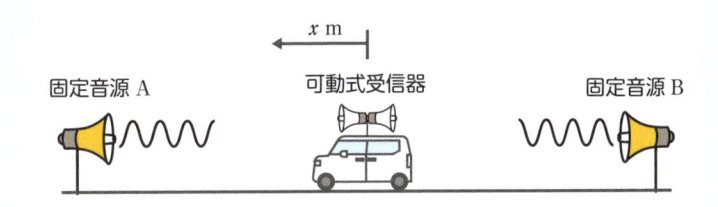

4 ドップラー効果

救急車のサイレン音「ピーポー」の振動数は，ピー音960 Hz，ポー音770 Hzである．救急車が近づいてきて目の前を通り過ぎていった．時速54 kmの一定速度で救急車が走行しているとして，救急車が近づいてくるとき，遠ざかるときのサイレン音の振動数を求めなさい．

ヒント 音源である救急車の時速54 kmは，秒速に直すと15 m/sである．「ピー音」「ポー音」それぞれについて，音源が移動するときの式に代入して答えを求める．

解答 ➡

7 光

この章の目標

● 光固有の性質を理解する.

● 光の反射と屈折を理解する.

● レンズのはたらきを理解する.

● 光の干渉と回折を理解する.

7.1 光の性質

考えてみよう 音の場合,波長や振動数は音の高さの違いになるが,光の場合は何の違いになるのだろうか.

7.1.1 光とは何か

　光は波である.同じく波である音は振動が進行方向と同じである縦波であるが,光は電磁波の一種であり,振動方向と進行方向が直交している横波である(→10.6).よって,光においても反射・屈折・回折・干渉という波特有の性質がある.それらについては次節以降詳しく述べるが,この節では光が固有にもっている性質について説明する.

7.1.2 色

　一般的に光というと目に見える可視光線を指す.波長にして約380～約770 nm($nm：\times 10^{-9}$ m)といわれる.人の場合,音を感知するときは波長や振動数の違いを音の高低として認識するが,光を感知するときはそれらを色の違いとして認識する.よって,図7-1に示すように色は波長で決まり,短波長側から紫(380～430 nm)－青(430～490 nm)－緑(490～550 nm)－黄(550～590 nm)－橙(590～640 nm)－赤(640～770 nm)の順で連続的に色が変わる[1].

　赤より波長の長い領域に赤外線がある.赤外線カメラや家庭用のリモコンに使用されている.また,熱線とよばれることもあり,こたつや電気ストーブなどからも出て

※1　可視光線の限界,色の境界には個人差がある.理科年表参照.

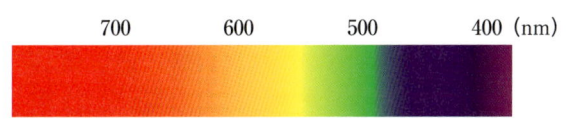

700　　　600　　　500　　　400 (nm)

図7-1　可視光と波長

いる．また，紫より波長の短い領域に紫外線があり，地上に降り注ぐ太陽光線のなかで最も波長が短い．大量に浴びると日焼け・皮膚がん・白内障など健康被害を受けるが，ビタミンDの生成や殺菌などにも使われる．

7.1.3 光の強さ

音の場合，振幅の大小が音の大きさであるように，光の場合は，振幅の大小が光の強さ（エネルギーの大きさ）となる．同じ波長であれば光が強いほど明るく感じるが，視覚は波長によって感度が違うため，同じ強さでも同じ明るさとは限らない．例えば，紫外線の強度を大きくしても眼には見えない．

7.1.4 光の速さ

真空中の光の速さはcで表され，$c \fallingdotseq 3.0 \times 10^8$ m/s[2]である．俗に言うように，1秒間に地球をおよそ7周半回る距離を進み，光より速いものは存在しないが，ガラスや水中では遅くなる．一般的に真空中に比べて物質中を進む光の速さは小さくなる．

このように光は真空中を進むことができる．通常の波とは異なり，真空中のように物質がないところでも伝わる．だから，星の光は宇宙空間を越えて地球に到達するのである．

要点まとめ

光は波であり，波の性質をもつ一方，以下のような光特有の性質をもつ．
- 色は波長によって変わる．赤より波長の長い光に赤外線，紫より短い光に紫外線がある．
- 光は同じ波長であれば，振幅が大きいほど明るく見える．
- 真空中の光の速さcは約3.0×10^8 m/sである．それより速いものは存在しない．
- 光は真空中のように物質がないところでも伝わる．

確認問題　問 1960〜1970年代のアポロ計画で月に反射板が置かれた．それを利用して，地球からレーザー光を放射して戻ってくるまでの時間を測ったところ2.5 sであったとする．月までの距離を求めよ．

解答 $\dfrac{2.5\ \text{s} \times 3.0 \times 10^8\ \text{m/s}}{2} = 380000$ km

---

※2　基本的な物理定数として$c = 2.99792458 \times 10^8$ m/s と定義されている．

7.2 反射と屈折

考えてみよう　雨上がりの虹は美しい．あの美しい色はどうやってつくられるか？

7.2.1 光の進み方

　光は障害物がなく均質な媒質中では直進する性質をもつ．これを**光の直進性**という．そのため，光の進路上に障害物があるとくっきりとした影ができる．また，光はその進路を逆に進むことができる．これを**光の逆進性**という．

　光は波であるが，進み方を光線で表す．その場合，光の進行方向と波面は垂直になる．

7.2.2 反射の法則・屈折の法則

　図7-2のように媒質1と媒質2の境界面に向かって光が入射している．これを入射光という．入射点Oには法線が引いてある．一般に異なる媒質の境界では光の一部が反射光となり，一部が異なる媒質の中を進む屈折光となる．入射光と法線との間の角度を入射角i，反射光と法線との間の角度を反射角j，屈折光と法線との間の角度を屈折角rとする．

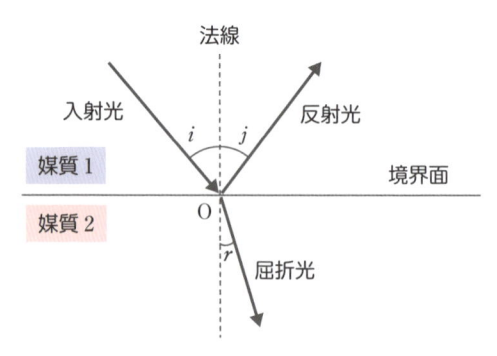

図7-2　反射と屈折

　5.2.3でも述べたように，入射角と反射角は等しい．これを**反射の法則**という．

$$i = j \qquad \cdots\cdots (7.1)$$

また，入射角と屈折角には以下の関係がある．

$$\frac{\sin i}{\sin r} = \frac{v_1}{v_2} = n_{12} \qquad \cdots\cdots (7.2)$$

　v_1, v_2は媒質1, 2での光の速さ，n_{12}は媒質1に対する媒質2の**相対屈折率**という．入射角を変えて屈折角が変わっても屈折率は変わらない．（7.2）式の関係を**屈折の法則**という．

　ここで，光の波としての性質から屈折の法則を導き出してみよう．

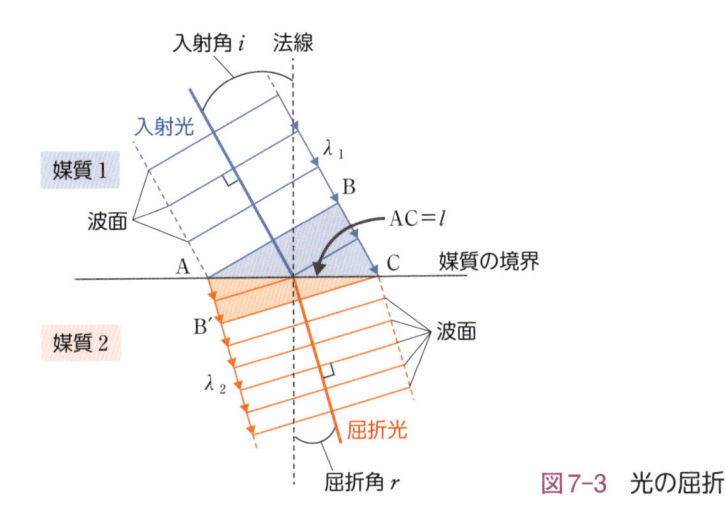

図7-3 光の屈折

　図7-2の屈折の図に光の波面を付け加えると図7-3のようになる．これは5.2.4でも出てきた図である．青線は入射光，赤線は屈折光である．それぞれの光線に垂直に波面が描かれている．波面間の矢印は光が進む方向を示し，その長さは1波長である．媒質1, 2での波長をそれぞれλ_1, λ_2とすると，図では$\lambda_1 > \lambda_2$なので，媒質1, 2での光の速さをv_1, v_2とすると，この場合$v_1 > v_2$となる．

　図の直角三角形ABC（青）とAB′C（赤）より，共通の斜辺ACの長さをlとする．また，入射波がBからCへ進む時間をtとすると，屈折波がAからB′へ進む時間もtだから$v_1 t = l\sin i$，$v_2 t = l\sin r$となり，

$$\frac{l\sin i}{l\sin r} = \frac{\sin i}{\sin r} = \frac{v_1 t}{v_2 t} = \frac{v_1}{v_2} = n_{12}$$

である．また，光は波であるから，速度をv，振動数をf，波長をλとすると，5.3.1で述べたように$v = f\lambda$という関係が成り立つ．この関係より上の式は，

$$\frac{v_1}{v_2} = \frac{f\lambda_1}{f\lambda_2} = \frac{\lambda_1}{\lambda_2} = n_{12}$$

とも書ける．このように，屈折率は媒質中の光の速さの比であり，その違いによって光が屈折することがわかる．

　ここで光の場合，真空を基準として真空に対する媒質の屈折率を**絶対屈折率**，あるいは単に屈折率という．すなわち，真空中の光の速さをc，媒質1, 2の屈折率をそれぞれn_1, n_2とすると，

$$n_1 = \frac{c}{v_1}, \quad n_2 = \frac{c}{v_2} \qquad \cdots\cdots (7.3)$$

となり，これらは媒質に固有な量である．相対屈折率n_{12}と絶対屈折率との関係は$n_{12} = \frac{n_2}{n_1}$である．表7-1はいろいろな物質の絶対屈折率の例であり，物質によって異なることがわかる．空気の屈折率はほぼ1なので，空気に対する屈折率は絶対屈折率とみ

表7-1　絶対屈折率の例

媒質	屈折率
空気（0℃）	1.000292
二酸化炭素（0℃）	1.000450
水（20℃）	1.3330
エタノール（20℃）	1.3618
パラフィン油（20℃）	1.48
ガラス（20℃）	1.4〜1.9
ダイヤモンド（20℃）	2.4195

光の波長 5.893×10^{-7} m に対する値

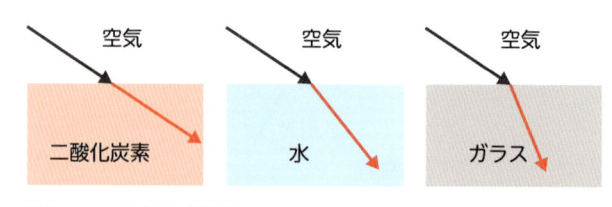

図7-4　屈折の様子

なせる.

　図7-4は光が空気中からいろいろな物質中に入射するときの屈折の模式図である. 屈折率が大きいほど光線は大きく曲がる. また，光がそれぞれの物質中から空気中に入射するときには，矢印とは逆向きに進む（光の逆進性）.

7.2.3 ┃ 光の分散とスペクトル

　太陽光のように白っぽく色合いを感じない光を**白色光**という. 白色光はいろいろな波長の光を混ぜ合わせたものである. それを図7-5のように三角柱のガラス（プリズム）などに斜めに入射させると，色の帯ができる. このように光がその成分である色（**単色光**という）ごとに分かれる現象を光の**分散**という.

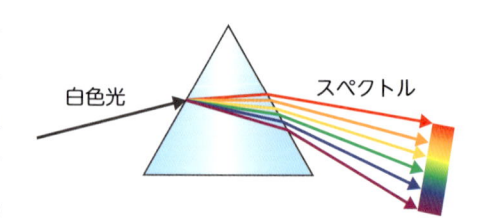

図7-5　プリズムによる光の分散

　なぜ，光がプリズムに入射すると分散が起こるか. それは屈折率が波長によって変わるためである. ガラスでは波長が短い光の方が長い光より屈折率が大きい. すなわち，赤い光より青い光の方が大きく曲げられるため，図のように光の帯が見えるのである. このことから，屈折率の値は光の波長を併記しなければならない. 表7-1に「光の波長 5.893×10^{-7} m に対する値」と記されているのはこのためである. 一般に屈折率はナトリウムランプのオレンジの光を用いて測定したものであることが多い.

　図7-6のように波長の違いによって表示した光の帯を**光のスペクトル**とよぶ. また，光をプリズムなどで分散させてスペクトルを得る装置を分光器という. 分光器を利用すると図7-6のようないろいろなスペクトルを得ることができる. 太陽光や白熱電球の光のように色が連続して見えるものを**連続スペクトル**という. 一般に，高温の固体

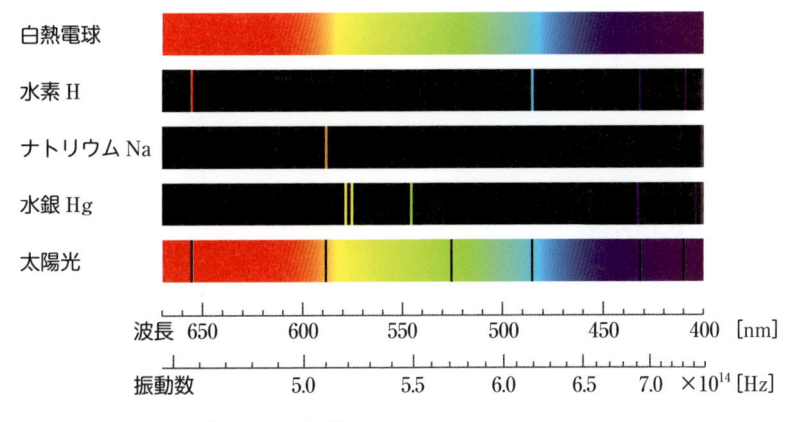

波長 650　600　550　500　450　400　[nm]

振動数　5.0　5.5　6.0　6.5　7.0　$\times 10^{14}$ [Hz]

図7-6　いろいろなスペクトル

や液体から出る光は連続スペクトルとなる．一方，水素や水銀，ナトリウムなどの高温の気体が出す光のように所々に特定の波長の明るい色の線が見られるものを**線スペクトル**という．この線スペクトルは元素に固有なものなので，光源に含まれている元素を特定することができる．実際，星の光のスペクトルを調べると何光年も離れたその星の組成がわかる．また，太陽光のスペクトルをよく見ると，暗い線が多数見える．これは**フラウンホーファー線**[3]とよばれる．連続スペクトルの太陽光が太陽や地球の大気を通過するときに，それらに含まれるいろいろな物質によって特定の波長の光が吸収される．吸収された部分の光が暗い線となって見えるのである．このような暗い線スペクトルを**吸収スペクトル**という．（線スペクトル・吸収スペクトルは11章参照）

　考えてみよう にあったような美しい虹ができるのは，太陽光が空気中の水滴の中で屈折し分散が起きることによって，太陽光のスペクトルが見られるようになるからである．

- 反射の法則　$i = j$（i：入射角，j：反射角）
- 屈折の法則　$\dfrac{\sin i}{\sin r} = \dfrac{v_1}{v_2} = \dfrac{\lambda_1}{\lambda_2} = n_{12}$
  （i：入射角，r：屈折角，
  v_1 [m/s]：媒質1での光の速さ，v_2 [m/s]：媒質2での光の速さ，
  λ_1 [m]：媒質1での光の波長，λ_2 [m]：媒質2での光の波長，
  n_{12}は媒質1に対する媒質2の屈折率）
- 光の分散：屈折によって光が波長ごとに分かれること
- 光のスペクトル：光を波長ごとに分けたもの

確認問題 ▶ 問 空気中で波長5.89×10^{-7} mの光の水中での波長と速度を求めなさい．

解答 波長は4.43×10^{-7} m，速度は2.26×10^8 m/s.

※3　ドイツ出身の光学機器製作者・物理学者Joseph von Fraunhofer（1787-1826）にちなむ．図11-16（p.242）も参照.

7.3 レンズ

考えてみよう　　近視用の眼鏡はどんなレンズを使っているのだろう？　遠視用眼鏡のレンズはどうだろうか？

7.3.1 ▎レンズの結像

レンズは曲面のあるガラスなどでできていて，屈折を利用して光を集めたり広げたりする．光を集めるはたらきがあるものを**凸レンズ**といい，中心部が周辺部より厚い．一方，光を広げるはたらきをするものを**凹レンズ**といい，中心部が周辺部より薄い．図7-7のようにレンズの2つの曲面の中心を結ぶ直線を光軸という．光軸を通る光線は屈折せず直進する．

前節で見たように光は媒質の境界で屈折する．右図の黒線のように，空気の中を通った光はレンズに入るときとレンズから出るときに屈折する．正確に描くと細かくなるので，イラストでは省略しているものも多い．この本では右図の赤線のように，レンズの中心で1回だけ曲げて描くことにする．

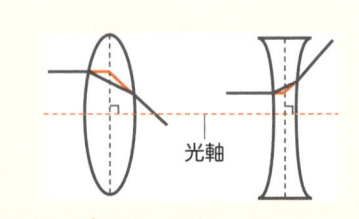

図7-7　レンズ内での光の進み方

光軸

図7-8A のように光軸と平行な光線は，凸レンズを通過した後，点Fを通る．このFを**焦点**という．焦点はレンズの前後[4]に1つずつあり，レンズの中心から焦点までの距離である焦点距離fも等しい．また，図7-8B のように凸レンズの焦点F′から出た光線は，レンズを通過した後，光軸に平行に進む．

凹レンズにも前後に焦点がある．図7-9A のように光軸と平行な光線は，レンズを通過した後，焦点Fから発した光線のように広がる．これが凹レンズの焦点である．また，図7-9B のように焦点F′に向かう光線は，レンズを通過した後，光軸に平行な光線となる．

このように光を屈折するはたらきがある凸レンズや凹レンズに物体から反射した光が通ると像をつくるが，レンズによって，また，レンズからの距離によってもできる像は変わる．いろいろな場合のレンズとつくられる像について見ていこう．

①凸レンズによる実像

物体が焦点Fより外側にある場合，物体の一点から出た光線は図7-10 の①〜③のようにレンズを通って，一点に集まる．このように物体から出た一点ずつの光が集まっ

---

[4]　レンズから見て光源のある側をレンズの前方，その反対側をレンズの後方という．

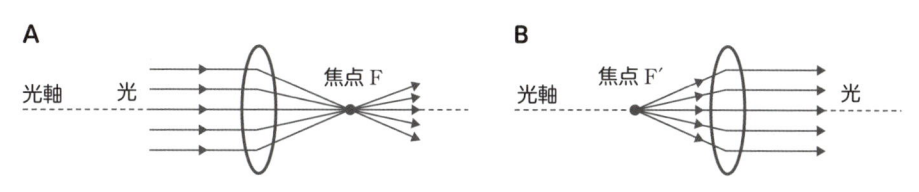

図7-8 凸レンズと光の進み方

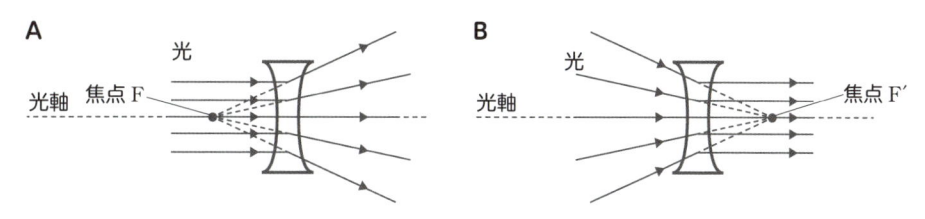

図7-9 凹レンズと光の進み方

て像がつくられる．この現象を結像といい，実際に光が集まってできる像を**実像**という．この位置にスクリーンなどを置くと投影して見ることができる．凸レンズの場合，この実像は上下左右が逆の像（**倒立像**）となる．

図7-10の場合，レンズの中心から物体までの距離をa，像までの距離をbで表すと，焦点距離fを使って，

$$\frac{1}{a} + \frac{1}{b} = \frac{1}{f} \qquad \cdots\cdots (7.4)$$

の関係が成り立つ．これを凸レンズによる実像の**レンズの式**という．

また，像の大きさは物体を置く位置によって変わる．物体に対する像の大きさの比を倍率といい，それをmとすると，図のグレーの三角形が相似であることから

$$m = \frac{b}{a} \qquad \cdots\cdots (7.5)$$

と表される．

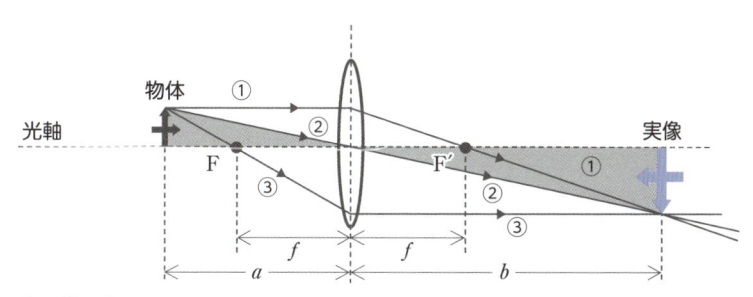

光の進み方
①光軸に平行にレンズに入る光線は，レンズから出た後，焦点F′を通る．
②レンズの中心（光軸）を通る光線は，レンズから出た後もそのまま曲がらずに直進する．
③焦点Fを通ってレンズに入る光線は，レンズから出ると光軸に平行に進む．

図7-10 凸レンズの実像

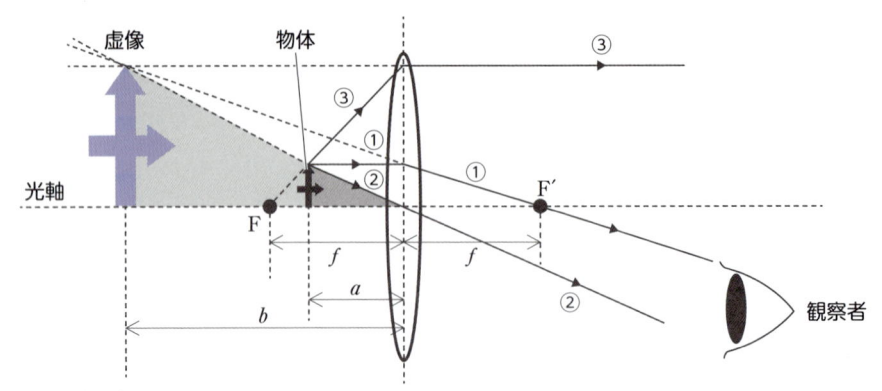

光の進み方
①光軸に平行にレンズに入る光線は，レンズから出た後，焦点 F′ を通る．
②レンズの中心（光軸）を通る光線は，レンズから出た後もそのまま曲がらずに直進する．
③焦点 F を通ってレンズに入る光線は，レンズから出ると光軸に平行に進む．

図7-11　凸レンズの虚像

②凸レンズによる虚像

　次に，焦点 F の内側に物体を置いてみよう．物体から出た光線は図7-11の①〜③のように進むので，結像しない．しかし，光線を逆に延長してみると（図の破線），まるで光線が一点から発したかのように進んでいることがわかるだろう．この場合，どこにスクリーンを置いても像は映らないが，レンズに対して物体と反対側の適当な位置に眼を置くと，あたかも物体がそこにあるように像を見ることができる．実像のように実際に光が集まっていない像を**虚像**といい，物体と上下左右が同じ**正立像**となる．

　この場合，レンズの式は

$$\frac{1}{a} - \frac{1}{b} = \frac{1}{f} \qquad \cdots\cdots (7.6)$$

となり，図のグレーの三角形が相似であることから，像の倍率 m は実像と同様に

$$m = \frac{b}{a}$$

と表される．ここでは，$a < b$ なので，$m > 1$ となる．これが虫眼鏡で物体が拡大して見える原理である．

③凹レンズの虚像

　凹レンズでは物体から出た光線は図7-12の①〜③のように進むので，物体をどこに置いても実際の物体より小さい虚像が見え，実像はできない．

　この場合，レンズの式は

$$\frac{1}{a} - \frac{1}{b} = -\frac{1}{f} \qquad \cdots\cdots (7.7)$$

となり，像の倍率 m は凸レンズと同様に

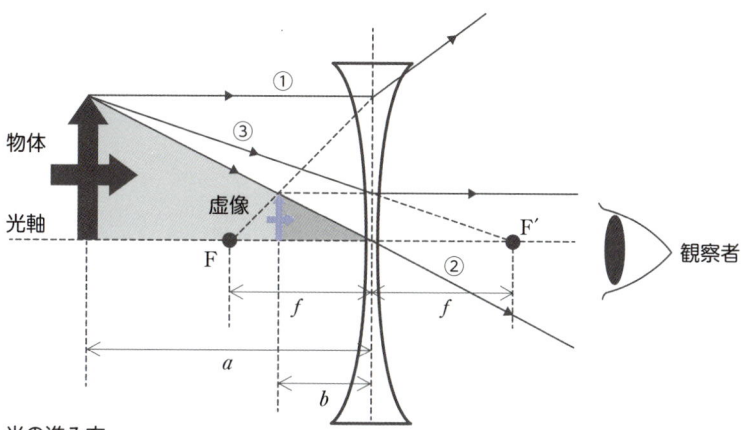

光の進み方
①光軸に平行にレンズに入る光線は，レンズから出た後，焦点 F から出たように進む.
②レンズの中心（光軸）を通る光線は，レンズから出た後もそのまま曲がらずに直進する.
③焦点 F′ に向かってレンズに入った光線は，レンズから出ると光軸に平行に進む.

図7-12　凹レンズの虚像

$$m = \frac{b}{a}$$

と表される. この場合，$a > b$なので，$m < 1$となる. 凹レンズを通してみると必ず小さく見える.

7.3.2 眼球での結像

　人の眼は見た物の像を網膜上に結び，その情報は視神経を通して脳に送られる. 図7-13は眼球の構造である. 眼に入った光は角膜表面で屈折し，水晶体で微調整される. それらは凸レンズのはたらきをするので網膜に実像ができる. その様子を図7-14に示す. ここでは図7-10の凸レンズの実像の図に簡素化した眼球を青い破線の円として描いている. この図のように網膜には倒立した像が映るが，見る世界が逆さまに見えないのは視覚上の像を実際と同じように感知するように脳が学習しているからである.

　一方，無限遠方の物体からの光は平行光となる. 図7-15は平行光が正常な眼（正視眼）に入ったときの進み方を示している. これは光軸に平行な光が凸レンズに入射し

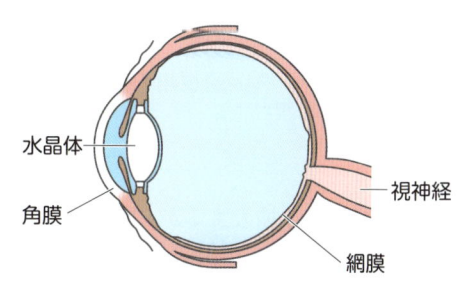

図7-13　眼球の構造

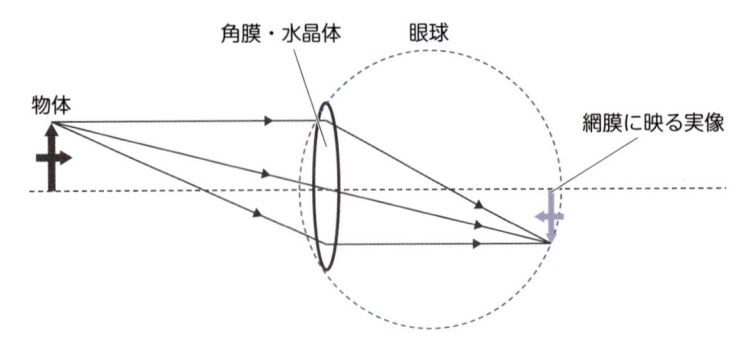

図7-14　網膜上の実像

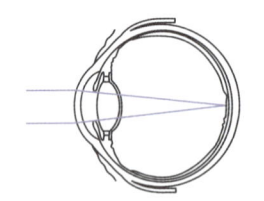

図7-15　正視の場合の
　　　　平行光の進み方

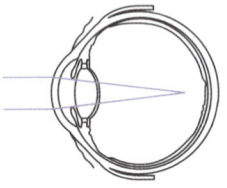

図7-16　近視とその矯正

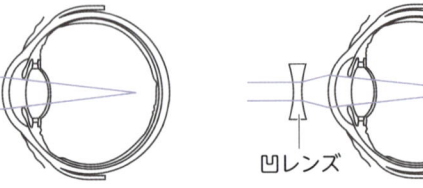

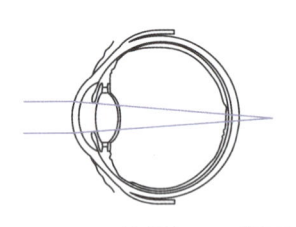

図7-17　遠視とその矯正

たときの光の進み方と同じであり，網膜上の焦点に光が集まる．無限遠方の物体からの光の結像である．では，近視や遠視の場合はどうなるだろう．

　近視とは，図7-16の左図のように網膜より前方で結像している状態である．よって，正視のように網膜上で結像するためには，右図のように光を広げるはたらきがある凹レンズを使って矯正する必要がある．

　遠視とは，図7-17の左図のように網膜より後方で結像している状態である．よって，正視のように網膜上で結像するためには，右図のように光を集めるはたらきがある凸レンズを使って矯正する必要がある．

　よって，近視用の眼鏡は凹レンズ，遠視用の眼鏡は凸レンズとなる．

7.3.3 ▌顕微鏡

　虫眼鏡は1枚のレンズで物体を拡大するが，**顕微鏡**は図7-18で示すように，**対物レンズ**と**接眼レンズ**という2枚の凸レンズからなる．2枚のレンズを使うことによって，より倍率を上げることができる．

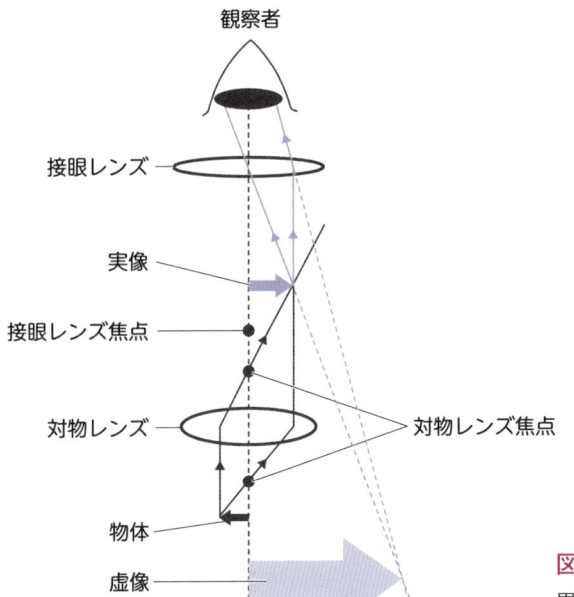

観察者

接眼レンズ

実像

接眼レンズ焦点

対物レンズ

対物レンズ焦点

物体

虚像

図7-18 顕微鏡の原理
黒の矢印➔は実像ができるまでの光の経路.
青の矢印➔は虚像ができるまでの光の経路.

対物レンズは拡大する物体側に，接眼レンズは観察者側にある．対物レンズの焦点の外側に置かれた物体↑から出た光は黒矢印のようなルートを通り，図7-10のように実像↓がつくられる．これは倒立像である．その実像のできる位置が接眼レンズの焦点の内側であると，図7-11のように接眼レンズによって拡大した虚像↓として観察者に見える．この場合，像は倒立しないので，元の物体に対しては倒立像のままとなる.

観測者によって見える像の倍率Mは，対物レンズによる倍率をmとし，接眼レンズによる倍率をm'とすると$M = m \times m'$となり，レンズ1枚の倍率より大きくなる.

・レンズの式

凸レンズと凹レンズのそれぞれのf, a, bを正負の値として以下のように表すとレンズの式は1つの式 $\dfrac{1}{a} + \dfrac{1}{b} = \dfrac{1}{f}$ で表される.

	凸レンズ	凹レンズ
焦点距離 f[m]	正	負
レンズから物体までの距離 a[m]	正	正
レンズから像までの距離 b[m]	実像では正／虚像では負	負

・像の倍率　　$m = \left| \dfrac{b}{a} \right|$

近視では凹レンズ，遠視では凸レンズを矯正に使う.
顕微鏡では2枚の凸レンズのうち1枚を接眼レンズ，もう1枚を対物レンズとして使う.

焦点距離 10 cm の凸レンズの左側 30 cm の光軸上に，長さ 10 cm の物体を光軸に垂直に置いた．像の倍率を求めよ．

解答 倍率 $\frac{1}{2}$

7.4 回折と干渉

考えてみよう 光と光を重ねると，必ず明るくなるのか？

この節では，光の波動性より回折・干渉を説明する．

7.4.1 回折

5章・6章で見たように，波は**回折**する．これはホイヘンスの原理（→5.2.1）によって説明できる．日常経験するように防波堤があっても海の波は回り込んでくるし，衝立の後ろにいても声は聞こえる．一方，光は衝立で遮られるとはっきりとした影をつくる．光は音のように回り込まないように見えることから，以前は波であることに異を唱える者もいた．しかし，ホイヘンスの原理によると波の波長が障害物の大きさ以上に長い場合に波は大きく回折するので，現在では可視光の波長が人の声の波長よりかなり短い[5]ため回折が見えにくいことがわかっている．

7.4.2 光の干渉

光は波であるから，波の性質である重ね合わせの原理に従う．よって，山と山や谷と谷（同位相の場合）が重なるところでは強め合い，山と谷（逆位相の場合）が重なるところでは弱め合うという**干渉**が起こる（→5.3.2）．これを最初に実験で示し，光が波であることを実証したのはヤング[6]であった．

図7-19Aはヤングの実験の概略図である．光源から出た単色光は単スリットと二重スリットを通り，スクリーンに到達して縞模様をつくる．この現象の原理を**図7-19B**で詳しく説明する．光源から出た単色光は単スリット S_0 を出ると回折する（①）．回折した光の山の部分を実線，谷の部分を破線で表している．その光は S_0 とそれぞれ等距離にあるスリット S_1, S_2 へ同位相で入る（②）．次に2つのスリットから出た光も同位相であり，回折してスクリーン上で重ね合わされる（③）．同位相で重なるところ（実線の赤矢印）では光波は強め合って明るくなり，逆位相で重なるところ（破線の赤矢印）では光波は弱め合って暗くなる．この明るい部分を**明線**，暗い部分を**暗線**とい

※5 可視光の波長は 380〜770 nm，人の声の波長は 1〜2 m 程度．
※6 Thomas Young（1773-1829）：イギリスの医師・物理学者．視覚の研究から光学の研究を行った．

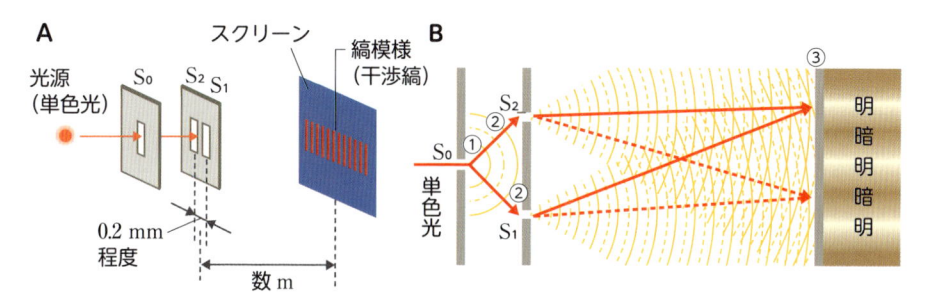

図7-19 ヤングの実験

う．このように干渉によってできる明暗の縞模様を干渉縞（かんしょうじま）という．したがって，この実験のように光を重ねても暗くなる場合がある．

7.4.3 回折格子

ヤングの実験では二重スリットで干渉縞をつくったが，スリットの数をもっと増やしても干渉縞をつくることができる．例えば，板ガラスの片面に1 cmあたり数百以上の平行な溝をつけた**回折格子**（図7-21B）というものを使う．図のように溝の部分が不透明となり，溝と溝の間は透明となってこの部分がスリットの役割をする．図7-20は回折格子による

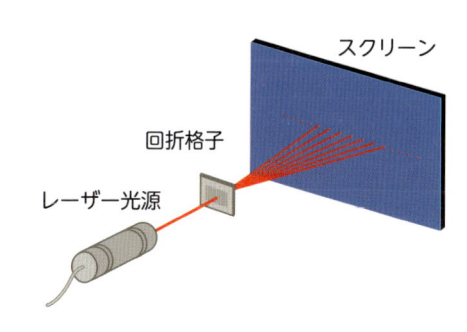

図7-20　回折格子による干渉実験

干渉実験の概略図である．赤色のレーザー光が回折格子を通り，スクリーン上に干渉縞をつくっている（レーザー光は位相が揃っているので，図7-19のヤングの実験のような単スリットは不要である．また，点光源なので，縞ではなく点になっている）．

この現象の原理を図7-21を使って詳しく説明する．ヤングの実験と同様に，回折格子の各スリットを通った光はそれぞれ回折する．図7-21Aでは，その回折した光のうちでスクリーン上のP点に集まる光を示している．このときの回折格子の近傍を拡大したものが図7-21Bである．θは入射光と回折光のなす角で**回折角**という．回折格子からスクリーンまでの距離は十分に大きいので，各スリットからの回折光は平行とみなされ，回折角はすべてθとなる．また，dは隣り合うスリットの間隔で**格子定数**という．よって，隣り合うスリットからの光の行路差はすべて$d\sin\theta$となる．

ヤングの実験で明線が現れるのは，2つのスリットから出た光が同位相となるところである．回折格子のようにスリットの数が増えた場合も，明線が現れるのはすべてのスリットから出た光が同位相となるところである．したがって，図7-22Aのように行路差が波長λの整数倍となり，

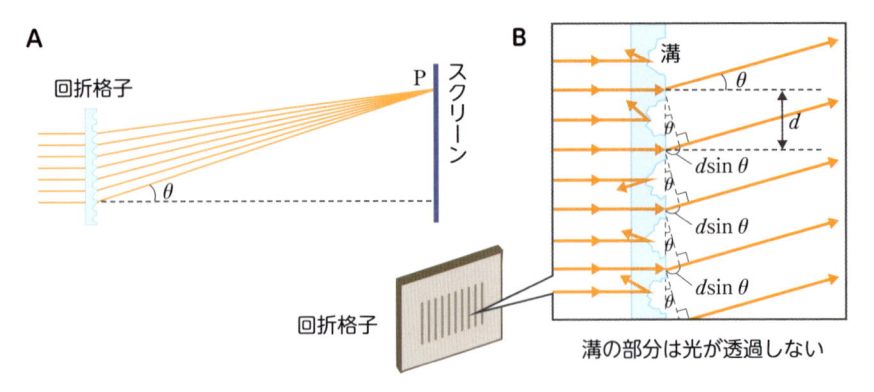

図7-21　回折格子による干渉の原理

$$d\sin\theta = m\lambda \quad (m = 0, 1, 2, \cdots\cdots) \qquad \cdots\cdots (7.8)$$

と表される．これを**明線条件**という．それ以外の場合は図7-22Bのように位相が少しずつずれて光波同士が弱め合って暗線となる．(7.8) 式より θ を変えることは，図7-21Aのスクリーン上の位置が変わることになる．すなわち，図7-20のように明線と暗線が周期的に現れ干渉縞となる．これはヤングの実験と似ているが，光を通すスリットが多いため，明線条件を満たすときは光がたくさん重なる

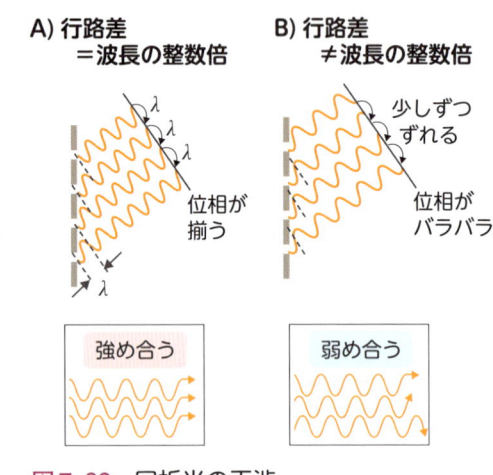

図7-22　回折光の干渉

ので明るくなる．一方，そこから少しでも外れると途端に暗くなる．

　また，(7.8) 式より光の波長が変わると明線の位置も変わる．実際，回折格子に白色光を入れると図7-23のようになる．中心は白色に，それ以外では外側に向かって，青から赤へ光がずれて見える．なぜなら，(7.8) 式のように波長 λ と回折角 θ の正弦 $\sin\theta$ は比例するので，白色光に含まれる光は波長が長いほど大きく回折する．これは7.2.3と同様な光の分散であるため，回折格子を利用した分光器を作製することができる．しかし，中心（m = 0）ではすべての波長の光が回折せずに到達するので白色光のままである．

図7-23　回折格子による光の分散

- 波であるため光も回折するが，波長が短いため観察しづらい．
- ヤングの実験で干渉縞が観察され，光が波であることが実証された．
- 回折格子の明線条件

$$d\sin\theta = m\lambda$$

（$d[\mathrm{m}]$：格子定数，$\lambda[\mathrm{m}]$：入射光の波長，θ：回折角，$m = 0, 1, 2, \cdots\cdots$）

確認問題 **問** 格子定数が $5\,\mu\mathrm{m}$ の回折格子に，ある単色光を垂直に当てたところ，入射方向に対して $6°$ の向きに $m = 1$ の明線を観測した．この単色光の波長はいくらか．また，その光は何色か．$\sin6° = 0.1$ とする．

解答 500 nm，緑色

コラム　赤緑テスト

　眼鏡やコンタクトレンズをつくったことがある人は経験があるだろうか．いろいろなレンズ越しに視力測定を行って適当な度数のレンズが決まったころ，右図のような赤緑チャートを見せられて赤色と緑色でどちらが見えやすいか聞かれることがある．これを赤緑テストというが，いったい何をしているのだろう．

　「7.2.3 光の分散とスペクトル」で説明したように，同じ媒質でも波長によって屈折率が違う．波長の短い光は長い光に比べて屈折率が大きい．これは，メガネのレンズ・角膜・水晶体を通った光でも当てはまり，緑色の光の方が赤色の光より屈折率が大きくなるので，大きく曲がり焦点距離が短くなる．適正矯正時には図7-24Aのように，590 mm付近の黄色光が網膜上に焦点を結んでおり，この場合

赤色と緑色の見え方は等しい．「7.3.2 眼球での結像」にあるように，近視を矯正するには焦点を後ろにずらす必要があるが，緑色の方が赤色より見えやすい場合過矯正を意味するので（図7-24B），レンズの度を下げる必要がある．逆に赤色の方が見えやすい場合は低矯正を意味するので（図7-24C），レンズの度を上げる必要がある．遠視の場合はそれと逆になる．したがって，赤と緑が同程度に見えない場合は矯正し直す必要がある．

　赤緑テストでは波長による屈折率の差を利用して，矯正の微調整をしているのである．

A）適正矯正　　　　　B）過矯正　　　　　　C）低矯正

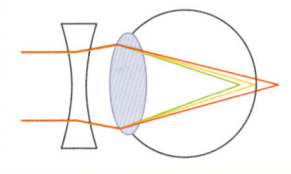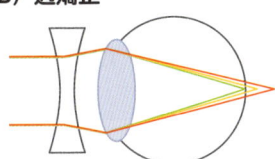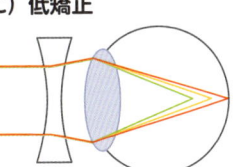

図7-24　近視の矯正

1 家庭用リモコンで使われている光の振動数は 3.16×10^{14} Hz である．波長はいくらか．何色に見えるか．（→7.1）

2 単色光を右図のようなプリズムに $60°$ の角度で入射させた．この光がプリズムから出るときの角度 θ を以下の手順で求める．プリズムの屈折率を $\sqrt{3}$ とする．（→7.2）

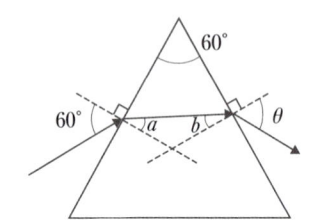

①屈折角 a を求めよ．

②プリズムから空気への入射角 b を求めよ．

③角度 θ を求めよ．

3 コップに入れた水の中にストローを差し込むと，右図のようにストローが上方向に曲がって見える．その理由を説明せよ．（→7.2）

4 下図を用いて，実像をつくる凸レンズのレンズの式 $\dfrac{1}{a} + \dfrac{1}{b} = \dfrac{1}{f}$ 〔(7.4) 式〕を導き出せ．（→7.3）

ヒント $\triangle AA'O \backsim \triangle BB'O$, $\triangle POF \backsim \triangle BB'F$

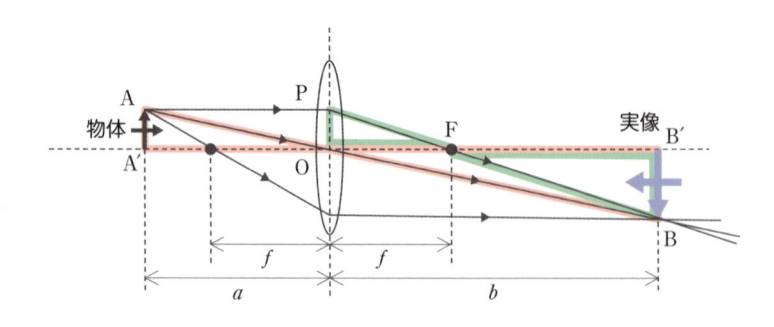

5 下図のように目を拡大鏡（虫眼鏡）に近づけて虚像を見る場合を考える．虚像から目までの距離を D とするとき，虚像の倍率をレンズの焦点距離 f と D を用いて表せ．（眼から 25 cm 程度の距離にある物体は，眼を楽にした状態で明瞭に見ることができる．この距離を明視の距離とよぶ．よって，$D \fallingdotseq 25$ cm とするように調整すると像が見えやすい．虫眼鏡などの拡大倍率の基準となる）（→7.3）

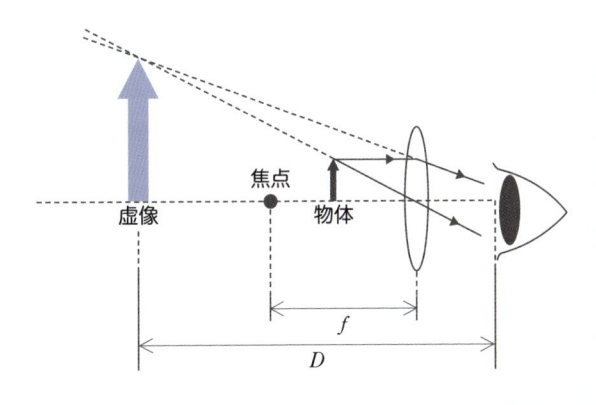

焦点　物体　虚像　f　D

7

光

6 回折格子について以下の問いに答えよ．（→7.4）

① 1.0 cm あたり 250 本の溝がある回折格子を，スクリーンと平行に 3.0 m だけ離して置いた．単色光を回折格子の面に垂直入射させたところ，スクリーンに干渉縞が現れた．その干渉縞の中央付近の明線の間隔が 3.5 cm だったとき，単色光の波長を求めなさい．

② 明線の間隔を広くするにはどうしたらよいか．

解答 ➡

8 電気回路

この章の目標

- 電流と電圧の関係について理解する.
- 電気回路にオームの法則を適用して電圧・電流を求められるようにする.
- 電力について理解する.
- キルヒホッフの法則が回路の解析に役立つことを理解する.

8.1 電荷と電流

考えてみよう 「電流」とは何が流れているのだろうか？

8.1.1 電荷

❶身の周りの電気現象

私たちの身の周りにはさまざまな電気現象がある. 雷や静電気は自然界で観察される電気現象の代表である. デンキウナギやシビレエイなど, 電気現象を起こすことができる生物もいる. また, 送電や照明は人工的な電気現象の1つである (図8-1).

❷電荷と電気量

これらの電気現象のもととなるものを**電荷**といい, 電荷の量を**電気量**という. 電気量は**クーロン**[※1] (記号C) という単位で表す. 1 C は**電気素量**の $1/(1.60217662 \times 10^{-19})$

図8-1　さまざまな電気現象 (送電, 照明, 雷)

※1　フランスの物理学者Charles-Augustin de Coulomb（1736-1806）にちなむ. クーロンは帯電した物体間に作用する力を測定しクーロンの法則を発見した. クーロンの法則は9.2で説明する.

と定義されている．電気素量とは電気量の最小単位であり，電子のもつ電気量に等しい．電気素量は記号 e で表す．e は定義値であり，$e = 1.60217662 \times 10^{-19}$ C と定義されている．

❸電荷の種類

電荷には正電荷〔プラス（$+$）〕と負電荷〔マイナス（$-$）〕の2種類がある．陽子は $+e$ の電気量をもち，電子は $-e$ の電気量をもつ．物体の電気量はこの2種類の電気量の和で定まる．

❹帯電

電子は原子から離れて物体間を移動することがある．電子が移動して物体の電気量がゼロでなくなることを帯電という．帯電している物体を**帯電体**という．

8.1.2 導体と不導体

❶身の周りの導体

身の周りにあるものは電子やイオンの通りやすさで分類することができる（図8-2）．硬貨やアルミ箔のような金属や，海水やイオン飲料のようなイオンが溶けている液体のように電子やイオンをよく通す物体を**導体**（または**導電体**）といい，このような性質を**電気伝導性**（または**導電性**）という．

❷導体と自由電子

金属などの導体中には，それらを構成する原子から離れて自由に動き回れる電子が多量に存在する．自由に動き回れる電子を**自由電子**という．金属などの導体が電気伝導性を示すのは，導体中に自由電子が多量に存在するからである．

「水は電気伝導性がある」というのはよく知られた現象である．水が電気伝導性を示すのは，水に多くのイオンが含まれているからである[2]．また，鉛筆の芯のような炭素（グラファイト）にも電気伝導性がある[3]．

A) 導体（金属，グラファイト）

B) 不導体（木材，ガラス，ゴム）

図8-2 導体と不導体

※2 純水にはイオンが含まれないので，純水は電気伝導性を示さない．
※3 グラファイトには自由電子に相当する電子が存在するため．同じ炭素でも，ダイヤモンドは自由電子に相当する電子がないので電気伝導性を示さない．

❸不導体と半導体

　一方，木材・ガラス・ゴム・陶器・空気などは，内部に自由電子やイオンが存在しないため電気伝導性を示さない．電気伝導性を示さない物体を**不導体**（**絶縁体**，または**誘電体**）という．また，導体よりも電気伝導性がなく，不導体よりも電気伝導性を示す物体を**半導体**という．

8.1.3 ▎電流と電圧

❶電気回路と電流

　豆電球に電池を接続して豆電球を光らせることを考えよう（図8-3A）．電池には＋極（正極）と−極（負極）があり，正電荷は＋極から出て−極に戻る．電荷の流れのことを**電流**といい，電流の道筋を回路という．記号（電気用図記号）を用いて図8-3Aを表すと図8-3Bのようになる．

　導線（電流を流すための金属線）の断面を電荷 q ［C］が時間 t ［s］の間に通過するとき，電流 I ［A］は（8.1）式で表される．電流の単位には**アンペア**[4]（記号 A）を用いる．電流の定義から A ＝ C/s である．

$$I = \frac{q}{t} \qquad\qquad \cdots\cdots (8.1)$$

❷電流の向き

　電流の向きは正電荷の移動する向きと定められた．導線を流れる電流は電子の移動であり，電子は負電荷である．したがって，電流の向きと電子の移動方向とは逆向きとなる．電流は＋極から出て−極に戻るのに対して，電子は−極から出て＋極に戻る．

❸イオンの移動と電流

　イオンの移動も電流になる．例えば，水中を流れる電流はイオンの移動である．し

A）実際の電気回路
**　（電池で豆電球を光らせたところ）**

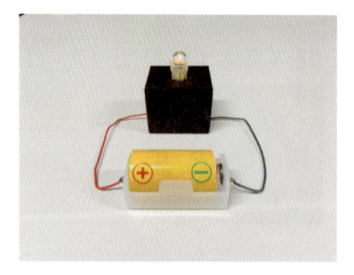

B）電気用図記号で表した
**　電気回路図**

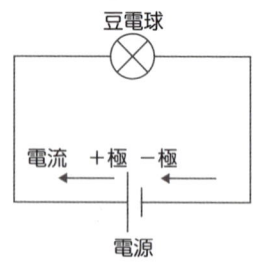

図8-3　電気回路

※ 4　フランスの物理学者・数学者 André-Marie Ampère（1775-1836）にちなむ．アンペールは電流の周りにできる磁場に関するアンペールの法則を発見した．

たがって，この場合の電流の向きには注意が必要である．電流の向きは，陽イオン（正電荷）の場合はイオンの移動方向と同じであり，陰イオン（負電荷）の場合はイオンの移動方向と逆となる．

❹電流と電圧

電流を流すためには，水路に水流を流すときに水圧をかけるように，回路に水圧のはたらきをするものをかけなければならない（図8-4）．回路に電流を生じさせる原因となるものを**電圧**という．電圧の単位は**ボルト**[5]（記号 V）を用いる．

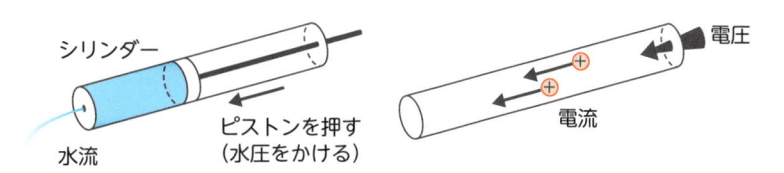

シリンダー
水流
ピストンを押す
（水圧をかける）
電圧
電流

図8-4　水圧と電圧

要点まとめ

・「電」のつく用語の整理

用語	説明
電荷	電気現象の原因となるもの．正電荷と負電荷の2種類がある．
電気量	電荷の量．単位：クーロン（C）
電気素量	電荷の最小単位．電子1個の電気量の大きさ．$e = 1.60217662 \times 10^{-19}$ C
電子	電気素量をもつ粒子
電流	電荷の流れ．単位：アンペア（A） 大きさ：$I = \dfrac{q}{t}$ [A]（導線の断面を電荷 q [C] が時間 t [s] の間に通過するときの電流の大きさ） 向き：正電荷の移動する向き
電圧	電流を生じさせる原因となるもの．単位：ボルト（V）

・**導体**：自由に動き回れる電荷（自由電子や溶液中のイオン）があり，電気伝導性を示す．
・**不導体（絶縁体，誘電体）**：自由に動き回れる電荷がないため，電気伝導性を示さない．

確認問題 ▶ **問** 導線の断面を1秒間に何個の電子が通過すると 1 A の電流になるか．

解答 約 6.24×10^{18} 個

※5　イタリアの物理学者 Il Conte Alessandro Giuseppe Antonio Anastasio Volta（1745-1827）にちなむ．ボルタはガルヴァーニ電気の原理を明らかにし，それを基にしてボルタ電池を発明した．

8.2 オームの法則

8.2.1 オームの法則と電圧降下

❶オームの法則

　回路に電圧 $V = 4\,V$ をかけたら電流 $I = 2\,A$ が流れたとする．このとき，電圧を2倍の $8\,V$ にすると電流は2倍の $4\,A$ になり，電圧を半分の $2\,V$ にすると電流は半分の $1\,A$ になる．このように，回路に流れる電流 I［A］は回路にかける電圧 V［V］に比例することが知られている．V と I の比例関係を**オームの法則**[6]という．この比例関係は次の式で表すことができる．

$$V = RI \qquad\qquad \cdots\cdots (8.2)$$

❷電気抵抗

　V が一定の場合，比例定数 R が大きいほど I は小さくなる．つまり，$R = \dfrac{V}{I}$ は電流の流れにくさを表す量である．R を**電気抵抗**（または単に**抵抗**）という（図8-5）．抵抗は**オーム**[6]（記号Ω）という単位で表す．Ω = V/A である．冒頭の例では，電圧 $4\,V$，電流 $2\,A$ であったから $R = 2\,\Omega$ である．導線の抵抗値は実際にはゼロではないが十分に小さく，回路図ではゼロとみなす．

A）抵抗を含んだ実際の電気回路　　**B）電気用図記号を用いた電気回路図**

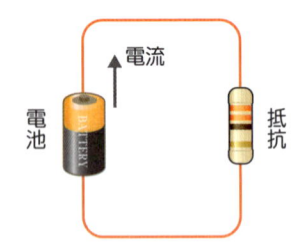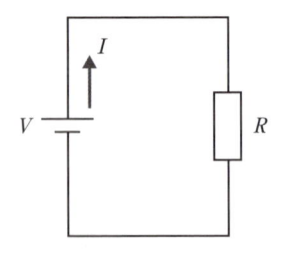

図8-5　抵抗を含んだ電気回路

---

[6]　Georg Simon Ohm（1789-1854）はドイツの物理学者．電気回路のある部分に流れる電流とその部分の両端の電圧とが比例関係であること（オームの法則）を発見した．電気抵抗の単位は彼にちなむ．

❸電圧降下

電圧計の端子を電池の両極や回路中の抵抗器の両端に当てると，これらの部品の電圧が測定できる．抵抗値Rの抵抗器に電流Iを流すと，抵抗器の両端では電流が流れる向きに沿って電圧が下がる．これを**電圧降下**という．オームの法則より電圧降下の値はRI［V］である．導線は抵抗値がゼロなので，導線では電圧降下は生じない（図8-6）．

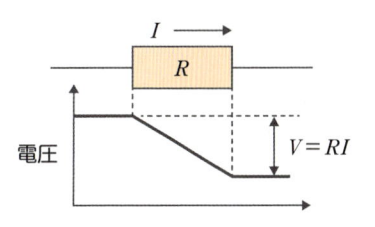

図8-6　電圧降下

抵抗器の両端を比べると電圧が変化する．導線は抵抗値がゼロなので電圧は変化しない．

❹電流の保存

抵抗の両端で変化するのは電圧であり電流は変化しない．図8-5Bのような回路では，電流はどこで測っても同じ値である．これを**電流の保存**という．

8.2.2 ▎電気抵抗と抵抗率

❶導線の形状と抵抗値

同じ材質（金属）を使った場合，太くて短い導線と細くて長い導線を比べると，前者の方が抵抗値は小さい（図8-7）．同じ材質の場合，抵抗値は導線の長さに比例し，導線の断面積に反比例する．長さl［m］，断面積S［m²］の導線の抵抗値Rは$R \propto \dfrac{l}{S}$と表される．

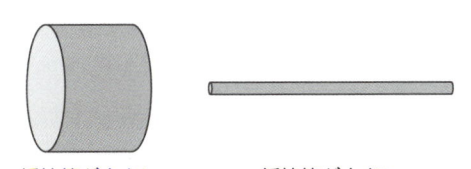

抵抗値が小さい　　　　　抵抗値が大きい

図8-7　太くて短い導線と細くて長い導線

❷抵抗率

材質が異なる場合はどうか．同じ形状であっても，鉄の導線と金の導線とでは抵抗値は異なる．$R \propto \dfrac{l}{S}$の関係の比例定数をρとして，抵抗値を

$$R = \rho \frac{l}{S} \qquad \cdots\cdots (8.3)$$

と表せば，材質の違いはρによって表すことができるであろう．この比例定数ρを**抵抗率**という．抵抗率の単位は定義からわかるように$\Omega \cdot m$である．

❸抵抗率と導体・不導体・半導体

表8-1にさまざまな物質の抵抗率を示す．抵抗率は電流の流れにくさを表す物質固有の量であり，抵抗率が小さい物質は導体に，大きな物質は不導体に，中間の値をもつ物質は半導体に分類される．

表8-1 さまざまな物質の抵抗率

物質名	抵抗率 [Ω・m]	物質名	抵抗率 [Ω・m]
銀 (Ag)	1.59×10^{-8} (0℃)	ケイ素 (Si)	$\sim 10^3$ (-70℃)
銅 (Cu)	1.68×10^{-8} (0℃)	ポリエステル	$10^{12} \sim 10^{14}$
金 (Au)	2.44×10^{-8} (0~100℃)	ガラス	$10^{10} \sim 10^{14}$
鉄 (Fe)	1.00×10^{-7} (0~200℃)	石英ガラス	7.5×10^{17}
鉛 (Pb)	2.20×10^{-7} (0℃)		

抵抗率は温度に依存する. 表中の温度は表に挙げた抵抗率が得られる温度を表す.

8.2.3 合成抵抗

❶直列接続の合成抵抗

図8-8A に示すように, 抵抗 (R_1 [Ω], R_2 [Ω], R_3 [Ω]) の間の導線に分岐点がない接続を**直列接続**という. 図8-8A のように抵抗 R_1, R_2, R_3 を直列に接続したときの全体の抵抗 R は次の式で表される.

$$R = R_1 + R_2 + R_3 \qquad\qquad \cdots\cdots (8.4)$$

この R を**合成抵抗**という. 図8-8A の回路を, 合成抵抗 R を用いて描くと図8-8B のようになる.

❷直列接続の場合の合成抵抗の求め方

直列接続の合成抵抗は次のように導かれる. 図8-8A のように, それぞれの抵抗の両端では電圧降下 V_1 [V], V_2 [V], V_3 [V] が生じるとする. 電圧降下の和が電源電圧になるので $V = V_1 + V_2 + V_3$ が成り立つ. 一方, 電流の保存より回路上では電流はなくなることがなく, かつ直列接続には分岐点がないので各抵抗を流れる電流は等しい. 各抵抗に共通の電流を I とおけば, それぞれの抵抗における電圧降下は $V_1 = R_1 I$, $V_2 = R_2 I$, $V_3 = R_3 I$ と表せる (図8-9).

A) 直列接続した 3 個の抵抗
破線で示した抵抗 R は R_1, R_2, R_3 をまとめたものを表している

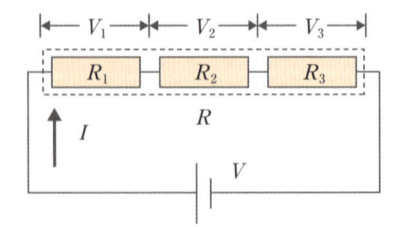

B) 合成抵抗

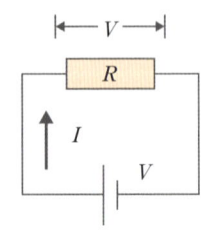

図8-8 直列接続と合成抵抗

以上の関係をまとめると $V = R_1I + R_2I + R_3I = (R_1 + R_2 + R_3)\,I$ となる. この式と，オームの法則 $V = RI$ とを比較すると $R = R_1 + R_2 + R_3$ が得られる. これからもわかるように，直列接続の合成抵抗は各抵抗より大きくなる. 抵抗の直列接続は，導線が長くなったことに相当すると考えるとわかりやすい.

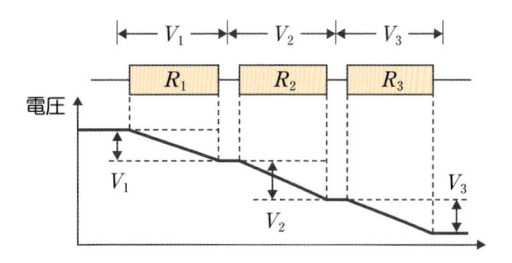

図8-9 抵抗 R_1，R_2，R_3 における電圧降下

❸並列接続の合成抵抗

次に，並列接続について考えよう. 図8-10A に示すように，抵抗 R_1，R_2，R_3 が共通の2つの分岐点によって挟まれている接続を**並列接続**という. 図8-10A のように抵抗 R_1，R_2，R_3 を並列に接続したときの合成抵抗 R は次の式で表される.

$$\frac{1}{R} = \frac{1}{R_1} + \frac{1}{R_2} + \frac{1}{R_3} \qquad \cdots\cdots (8.5)$$

図8-10A の回路を，合成抵抗 R を用いて描くと図8-10B のようになる.

❹並列接続の場合の合成抵抗の求め方

並列接続の合成抵抗は次のように導かれる. 図8-10A のように，それぞれの抵抗には I_1 [A]，I_2 [A]，I_3 [A] が流れるとする. I_1，I_2，I_3 は全体の電流 I が各抵抗に分かれた電流なので，$I = I_1 + I_2 + I_3$ が成り立つ. 一方，並列接続の場合，共通の分岐点に挟まれているので各抵抗の両端の電圧は等しい. 各抵抗に共通の電圧を V とおけば，$V = R_1I_1 = R_2I_2 = R_3I_3$ と表せる.

以上の関係をまとめると $I = \dfrac{V}{R_1} + \dfrac{V}{R_2} + \dfrac{V}{R_3} = \left(\dfrac{1}{R_1} + \dfrac{1}{R_2} + \dfrac{1}{R_3}\right) V$ となる. この式とオームの法則 $I = \dfrac{V}{R}$ とを比較すると $\dfrac{1}{R} = \dfrac{1}{R_1} + \dfrac{1}{R_2} + \dfrac{1}{R_3}$ が得られる. 抵抗を並列に接続する

A）並列接続した 3 個の抵抗
破線で示した抵抗 R は R_1，R_2，R_3 をまとめたものを表している

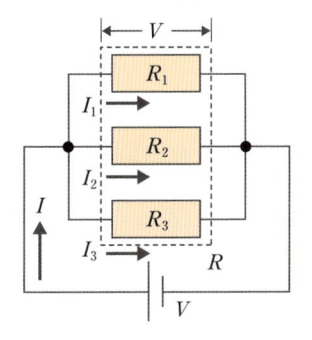

B）合成抵抗

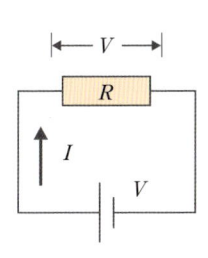

図8-10 並列接続と合成抵抗

と，合成抵抗はR_1, R_2, R_3のどの抵抗よりも小さくなる．並列接続すると，電流の通り道が増えるため，全体として電流が流れやすくなるからである．抵抗の並列接続は，導線が太くなったことに相当すると考えるとわかりやすい．

8.2.4 ▎体脂肪計

❶体脂肪計と生体インピーダンス法

この節の最後に，これまで学んだ内容を基にして体脂肪計の計測原理を考えよう．体脂肪計では，身体に微弱な電流を流し，その際の抵抗を計測して脂肪量を推定している（図8-11）．この方法を**生体インピーダンス法**という．生体インピーダンス法を簡単に説明すると❷～❹のようになる．

図8-11　体脂肪計

電極を握って身体に微弱な電流を流している．身長や体重などの体型に関する情報はあらかじめ「設定」から入力しておく．

❷各部位の抵抗

抵抗Rは$R = \rho\dfrac{l}{S}$と表すことができる．ρは身体の各部位（筋肉や脂肪）の抵抗率（表8-2），lやSは各部位の長さや断面積である．この式によって各部位の抵抗$R_{筋肉}$，$R_{脂肪}$などが定まる．

表8-2　身体各所の抵抗率

物質名	抵抗率 [$\Omega \cdot$ m]
血液	1.6
骨格筋（筋線維に平行）	1.9
骨格筋（筋線維に垂直）	13.2
脂肪	25
皮膚	10^7

❸身体のモデル化

筋肉や脂肪の各部位がどのようにつながって全身を構成しているかは，身体の成り立ちを基にして仮定する（このような方法を「モデル化」という）．例えば，ある部位を筋肉部分と脂肪部分とが並列につながっているとモデル化した場合，この部位の抵抗Rは，この部位の筋肉部分の抵抗$R_{筋肉}$と脂肪部分の抵抗$R_{脂肪}$を用いて，$\dfrac{1}{R} = \dfrac{1}{R_{筋肉}} + \dfrac{1}{R_{脂肪}}$によって求めることができる．

❹脂肪量の推定

身体はとても複雑であるが，身長や体重を基にして身体をモデル化することができる（図8-11では「設定」から身長や体重を入力している）．このモデル化によって身体全体の抵抗$R_{全身}$を求めることができる．生体インピーダンス法では，このようにモデル化によって得られた$R_{全身}$と体脂肪計で計測された抵抗値とを比較して脂肪量を推定するのである．

- オームの法則

$$V = RI$$

（抵抗 R [Ω]，抵抗を流れる電流 I [A]，抵抗の両端の電圧 V [V]）

- 抵抗率 ρ [Ω・m]

$$R = \rho \frac{l}{S} \quad （長さ\, l\, [m]，断面積\, S\, [m^2]，抵抗\, R\, [Ω]\, の導線）$$

- 合成抵抗 R

直列接続した場合

$$R = R_1 + R_2 + R_3 + \cdots\cdots$$

並列接続した場合

$$\frac{1}{R} = \frac{1}{R_1} + \frac{1}{R_2} + \frac{1}{R_3} + \cdots\cdots$$

確認問題 **問** 長さ 0.50 m，断面積 1.0×10^{-2} m² の円柱がある.

①この円柱が一様な密度の骨格筋の場合，この円柱の抵抗はいくらか. ただし，骨格筋の抵抗率は筋線維に平行な場合の値を用いよ. また，円柱の両端に 0.50 V の電圧を加えると，円柱を流れる電流はいくらか.

②この円柱が一様な密度の脂肪の場合について，①と同様の量を求めよ.

解答 ① 95 Ω，5.3 mA ② 1.3 kΩ，0.40 mA

8.3 電力

考えてみよう 投げ込み式ヒーターやドライヤーには「ワット数」が表記されている. ワット数が大きい方がより多くの熱を放出する，と単純に考えてよいのだろうか.

8.3.1 ジュール熱と電力

❶ ジュールの法則

抵抗に電流を流すと抵抗は発熱する. ヘアドライヤー，トースター，電気ストーブ，アイロン等，抵抗に電流を流したときに生じる熱を利用した電気製品は非常に多い（図8-12）. 抵抗に電流を流して生じる熱を**ジュール熱**[7]という. 抵抗 R [Ω] に電流 I [A] を時間 t [s] の間だけ流したときに発生するジュール熱 Q [J] は $Q = RI^2 t$ で表される. これを**ジュールの法則**という.

---

[7] James Prescott Joule（1818-1889）はイギリスの物理学者. ジュールの法則を発見した. エネルギーの単位記号 J は彼にちなむ.

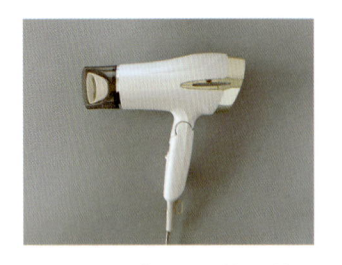

図8-12　ジュール熱を利用した電気製品（ヘアドライヤー，トースター，アイロン）

❷ジュール熱と電力

　電流による電気エネルギー W がすべてジュール熱 Q に変わるとき，$W = Q$ より $W = RI^2t$ である．オームの法則 $V = RI$ を用いると $W = VIt$ と表せる．W を**電力量**という．電力量の単位もジュール熱の単位と同じく**ジュール**（記号 J）である．また，単位時間あたりの電力量を**電力**という．電力 $P = \dfrac{W}{t} = VI$ である．電力の単位は J/s = W であり，仕事率の単位と同じである．電力は電流のする仕事の仕事率である．

8.3.2 ▌ 電気機器の電力

❶消費電力

　電気機器には機器の仕様のなかに消費電力が表示されている（図8-13）．例えば「消費電力 500 W」とは，日本で販売されている機器の場合，機器に 100 V を加えたとき，機器で消費される電力が 500 W であることを表す[※8]．500 W の電気ケトルに 100 V を加えた場合

電源		AC100 V，50/60 Hz
消費電力		1,200 W
湯沸かし容量		約1.0 L
電源コードの長さ		約1.3 m
外形寸法	電源プレート含まず	幅 215× 奥行 136× 高さ 185 mm
質量	電源プレート含む	0.8 kg
	電源プレート含まず	0.6 kg

図8-13　電気ケトルの仕様

と，1000 W の電気ケトルに 100 V を加えた場合とでは，消費電力の大きな 1000 W の電気ケトルの方が発生するジュール熱が大きい．したがって，この場合は 1000 W の電気ケトルの方が早く湯が沸く．

❷ワット数と抵抗値

　消費電力の違いは電熱線（図8-14）の抵抗の違いによる．電熱線の抵抗は加える電圧 100 V とワット数から求めることができる．500 W の電気ケトルに電圧 100 V を加えると電流 500 W/100 V = 5 A が流れる．したがって，この電気ケトルの抵抗は 100 V/5 A ＝ 20 Ω である．

図8-14　電熱線
写真提供：SAIGLOBALNT‐stock. adobe.com/jp

[※8]　日本の一般家庭用の電圧は 100 V である．「100 V 500 W」と表示されている場合もある．

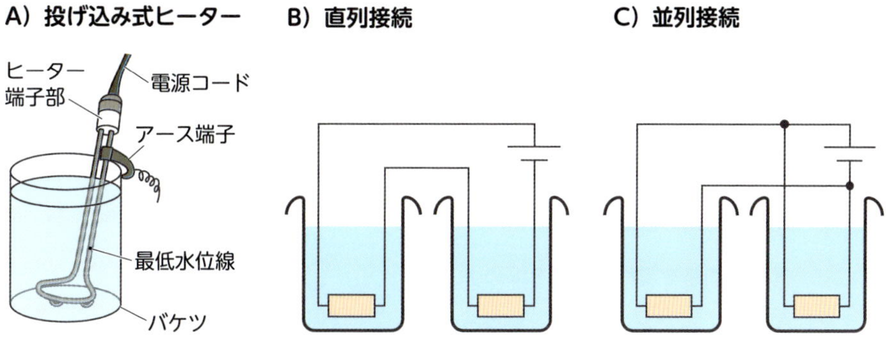

A) 投げ込み式ヒーター　　B) 直列接続　　　　　　C) 並列接続

図8-15　投げ込み式ヒーター

B・Cではヒーターは抵抗器として表示されている.

8.3.3 ▌**接続方法と消費電力**

電気機器が消費する電力は，表示されている「消費電力」と同じではなく，接続方法によって変わるので注意が必要である．図8-15A のような「投げ込み式ヒーター」を取り上げて，電気機器が消費する電力が接続方法によってどのように異なるかを調べてみよう．

❶同じ抵抗の直列接続と並列接続

図8-15B のように，2つの500 Wヒーターを直列に接続して100 Vを加えた場合を考えよう．この場合，1つのヒーターが消費する電力は125 Wである[9].

次に，図8-15C のように，2つの500 Wヒーターを並列に接続して100 Vを加えた場合を考えよう．この場合，各ヒーターに加わる電圧は100 Vなので，1つのヒーターが消費する電力は，電気機器の仕様に表示されている「消費電力」と同じ500 Wである．

このように，同じ消費電力の場合，直列接続よりも並列接続の方が，1つのヒーターが消費する電力は大きい．すなわち，並列に接続した方が早く湯が沸く．

❷異なる抵抗の直列接続

異なる消費電力のヒーターを直列に接続した場合についても考えてみよう．例えば500 Wヒーターと2000 Wヒーターの場合，どちらの方が早く湯が沸くだろうか．消費電力の大きな2000 Wヒーターの方が早く湯が沸くと考えがちであるが，直列に接続した場合は注意が必要である．次の例題を解きながら考えてみよう．

---

[9]　500 Wヒーターの抵抗は20 Ω．これを直列に接続すると合成抵抗は20 Ω + 20 Ω = 40 Ω．この抵抗に100 Vを加えると，流れる電流は100 V／40 Ω = 2.5 A．よって500 Wヒーターにおける電圧降下は20 Ω×2.5 A = 50 V．これらより，500 Wヒーターが消費する電力は50 V×2.5 A = 125 W.

例題 図8-15Bのように500 Wヒーターと2000 Wヒーターとを直列に接続して100 V を加えた回路について次の問いに答え，どちらのヒーターの方が早く湯が沸くかを調べよ．

①500 Wヒーター，2000 Wヒーターのそれぞれの抵抗R_{500}，R_{2000}を求めよ．

②この回路の合成抵抗を求めよ．

③この回路を流れる電流を求めよ．

④500 Wヒーターに生じる電圧降下を求め，500 Wヒーターで消費される電力P_{500}を求めよ．同様に2000 Wヒーターで消費される電力P_{2000}を求めよ．

解答 ①消費する電力の定義式：消費電力P＝電圧V×電流Iより，500 Wヒーターの場合，I＝500 W／100 V ＝5 A．よって，R_{500}＝100 V／5 A＝20 Ω．2000 Wヒーターの場合，I＝2000 W／100 V＝20 A．よってR_{2000}＝100 V／20 A＝5 Ω．
②直列接続の合成抵抗の公式より，合成抵抗R＝R_{500}＋R_{2000}＝20 Ω ＋ 5 Ω＝25 Ω．
③オームの法則より，電流I＝V／R＝100 V／25 Ω＝4 A．
④オームの法則より，500 Wヒーターに生じる電圧降下＝R_{500}×I＝20 Ω×4 A＝80 V．よってP_{500}＝ 80 V×4 A＝320 W．同様に，オームの法則より，2000 Wヒーターに生じる電圧降下＝R_{2000}×I＝5 Ω ×4 A＝20 V．よってP_{500}＝20 V×4 A＝80 W．

このように，異なる消費電力の機器を直列に接続した場合，機器が消費する電力は「表示されている消費電力」と異なるだけでなく，大小関係も異なる．上で調べたように，500 Wヒーターと2000 Wヒーターを直列に接続した場合は，500 Wヒーターの方が早く湯が沸くのである．

- ジュール熱

$$Q \text{ [J]} = RI^2t = VIt = \frac{V^2t}{R}$$

- 電力量（＝電流による電気エネルギー）

$$W \text{ [J]} = VIt$$

- 電力（＝単位時間あたりの電気エネルギー）

$$P \text{ [W]} = VI$$

8.4 キルヒホッフの法則

考えてみよう 右の回路の4Ωの抵抗に流れる電流の向きを考えてみよう. 9Vの電源から見るとPからQの向きに流れそうだが, 4Vの電源から見るとQからPの向きに流れそうだ. どちら向きに流れるのだろうか？

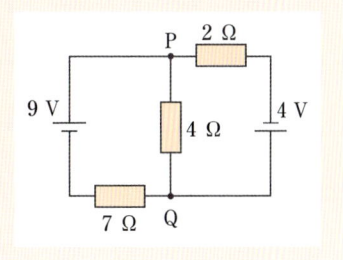

8.4.1 キルヒホッフの第一法則（電流則）

❶ キルヒホッフの法則

キルヒホッフの法則[10]は電気回路における電流や電圧を求めるための法則であり, 2つの法則からなる. これらの法則の単純な原則に従って電圧や電流に関する式を立てることで, 複雑な回路における各部分の電圧や電流を求めることができる.

❷ キルヒホッフの第一法則（電流則）

法則の1つ目は電流に関する法則である. 図8-16A に示すような任意の分岐点について, 流入する電流の和 $(I_1 + I_4)$ と流出する電流の和 $(I_2 + I_3 + I_5)$ とは等しい $(I_1 + I_4 = I_2 + I_3 + I_5)$. これをキルヒホッフの第一法則（または電流則）という. 第一法則は回路の任意の分岐点における電流の流出入に関する法則である. この法則は電気回路を水路に見立てるとわかりやすい（図8-16B）. 継ぎ目では流入量と流出量とが同じなのは明らかであろう.

A) 電流

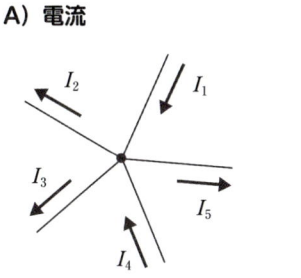

B) 水流

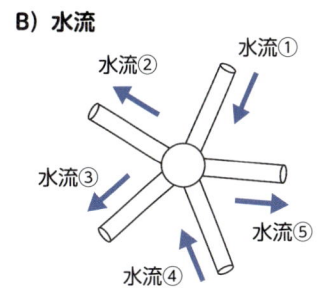

図8-16 電流則とホースの分岐

8.4.2 キルヒホッフの第二法則（電圧則）

❶ キルヒホッフの第二法則（電圧則）

法則の2つ目は電圧に関する法則である. 任意の閉回路（一回りの閉じた回路）について, 電源などによる電圧上昇と抵抗などによる電圧降下とは等しい. これをキル

※10 Gustav Robert Kirchhoff（1824-1887）はプロイセン生まれの物理学者. 電気回路におけるキルヒホッフの法則を発見した.

8

電気回路

ヒホッフの第二法則（または電圧則）という．第二法則は任意の閉回路における電圧上昇・電圧降下に関する法則である．電圧降下を求める際にはオームの法則（$V = RI$）（→8.2.1）を使う．

❷閉回路の向き

図8-17を例にしてキルヒホッフの第二法則の式を立ててみよう．閉回路として①・②を考える[11]．第二法則を用いるために，閉回路に沿って電圧上昇と電圧降下を調べていく．このとき，どちらの向きに沿うのかを決める必要がある．この向きを「閉回路の向き」と呼ぼう．閉回路の向きも任意である．ここでは，閉回路①・②の向きを図8-17の赤線の矢印の向きとした．

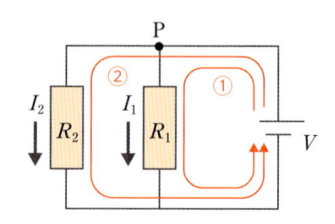

図8-17　2つの抵抗を並列に接続した回路

❸電圧則の例

R_1を流れる電流をI_1，R_2を流れる電流をI_2とおこう．I_1，I_2の向きは図8-17に示したように赤線の矢印の向きと同じ向きとする．閉回路①では，電源電圧による電圧上昇はV，抵抗による電圧降下はR_1I_1である．したがって，キルヒホッフの第二法則より$V = R_1I_1$が成り立つ．同様に，閉回路②については$V = R_2I_2$となる．

8.4.3 ┃ キルヒホッフの法則の適用

❶電流の大きさと向きの設定

最後に，図8-18Aのような複雑な回路にキルヒホッフの法則を適用して，各抵抗に流れる電流や各抵抗の両端の電圧を求めてみよう．この回路は2つの電源（$E_1 = 9$ V，$E_2 = 4$ V）と3つの抵抗（$R_1 = 2$ Ω，$R_2 = 4$ Ω，$R_3 = 7$ Ω）からなる．各抵抗を流れる電流をI_1 [A]，I_2 [A]，I_3 [A] とする．それぞれの向きは現時点では不明なので仮に図8-18Aのように設定しておく．実際の電流の向きは，

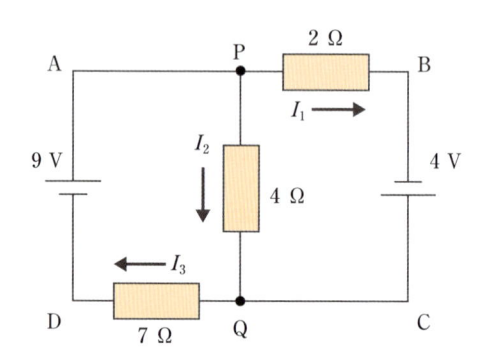

図8-18A　各抵抗を流れる電流の定義

法則を用いて得られた電流が正の値だった場合はこの設定のとおりの向きであり，負の値だった場合はこの設定とは逆向きである．

※11　閉回路は任意なので，①・②以外の閉回路を採用してもよい．図8-17の回路の場合，①・②以外の閉回路として，R_1とR_2の両方を含む閉回路がある．

❷キルヒホッフの法則の適用

図8-18Aの回路に対して，次のようにキルヒホッフの法則を適用する．

> 1）任意の分岐点に関して第一法則（電流則）を適用する．ここでは，分岐点として点Pを採用する[12]．
>
> 2）任意の閉回路に関して第二法則（電圧則）を適用する．ここでは，閉回路として，図8-18C および図8-18D に示す閉回路①・②を採用する[13]．

❸電流則の適用

最初に，点Pにおいてキルヒホッフの第一法則（電流則）を適用しよう．図8-18B は点Pにおける電流の流出入の様子を表した図である．7 Ωの抵抗を流れる電流をI_3と定義したので，8.2.1で学んだ回路における電流の保存の性質より流入する電流はI_3である．一方，流出する電流は$I_1 + I_2$である．よって，キルヒホッフの第一法則より，点Pについて$I_3 = I_1 + I_2$が成り立つ．

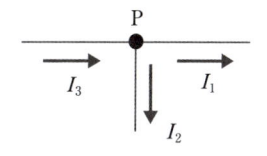

図8-18B　点Pにおける電流の流出入の様子

❹閉回路①に対する電圧則の適用

次に，閉回路①を図8-18C のようにA→B→C→D→Aとし，閉回路①にキルヒホッフの第二法則（電圧則）を適用しよう．閉回路の向きに注意してほしい．電源は4 Vと9 Vの2つである．いずれの電源も定義した閉回路の向きと同じ向きに電圧が上昇するように接続されているので，電源による電圧上昇は（4 V）+（9 V）である．一方，電圧降下はAB間の2 Ωの抵抗とCD間の7 Ωの抵抗で生じる．I_1, I_3の向きは定義した閉回路の向きと同じである．よって，電圧降下の和は（2 Ω×I_1）+（7 Ω×I_3）となる．以上より，キルヒホッフの第二法則より閉回路①について$4 + 9 = 2I_1 + 7I_3$が成り立つ．

❺閉回路②に対する電圧則の適用

最後に，閉回路②を図8-18D のようにP→B→C→Q→Pとし，閉回路②にキルヒホッフの第二法則（電圧則）を適用しよう．閉回路の向きに注意してほしい．電源は4 Vだけであり，定義した閉回路の向きと同じ向きに電圧が上昇するように接続されているので，電源による電圧上昇は4 V である．一方，電圧降下はPB間の2 Ωの抵抗とQP間の4 Ωの抵抗で生じる．2 Ωの抵抗での電圧降下はI_1の向きと定義した閉回路の向きとが同じなので$2I_1$であり，4 Ωの抵抗での電圧降下はI_2の向きと定義した閉

---

[12] 採用する分岐点は任意なので，点P以外の分岐点を採用してもよい．図8-18A の回路の場合，点P以外の分岐点として点Qがある．当然，点Qを採用しても同じ結果になる．確認問題（p.171）参照．

[13] 採用する閉回路は任意なので，①・②以外の閉回路を採用してもよい．図8-18A の回路の場合，①，②の他にもう1つ別の閉回路がある．当然，これらの3つの回路のどれを採用しても同じ結果になる．確認問題（p.171）参照．

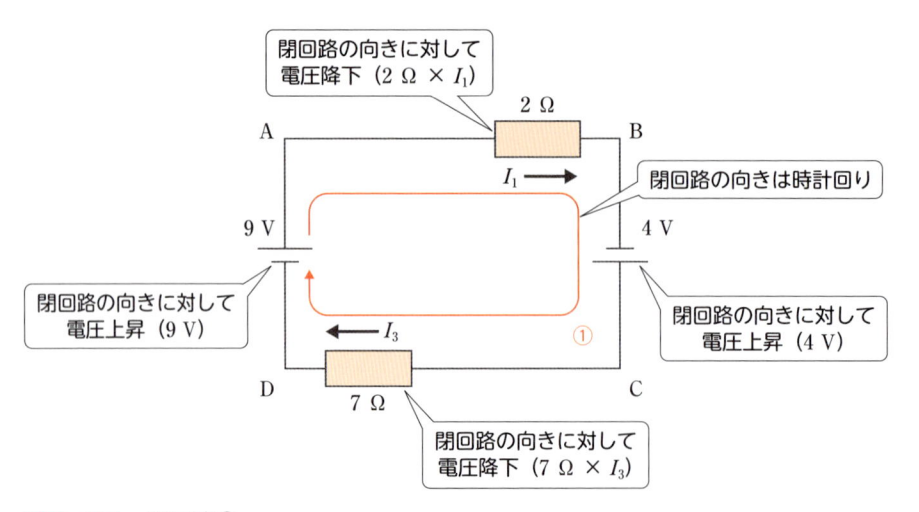

図8-18C 閉回路①

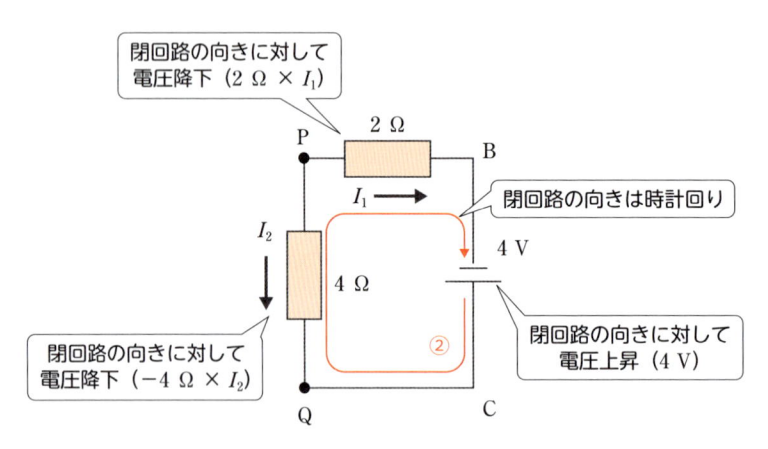

図8-18D 閉回路②

回路の向きとが逆なので $(-4I_2)$ である．よって，電圧降下の和は $(2\,\Omega \times I_1)$ ＋ $(-4\,\Omega \times I_2)$ となる．以上より，キルヒホッフの第二法則より閉回路②について $4 = 2\,I_1 - 4I_2$ が成り立つ．

❻キルヒホッフの法則の適用結果

　これで，I_1，I_2，I_3 に関する3つの方程式 $I_3 = I_1 + I_2$，$4 + 9 = 2I_1 + 7I_3$，$4 = 2I_1 - 4I_2$ が得られた．これらの方程式を解けば，各抵抗を流れる電流は $I_1 = 1.6$ A，$I_2 = -0.2$ A，$I_3 = 1.4$ A と求めることができる．I_2 が負値なのは，実際の電流の向き（Q→P）が定義した電流の向き（P→Q）と逆であることを意味する．各抵抗の両端の電圧はそれぞれにオームの法則を適用して求める．

- キルヒホッフの第一法則（電流則）

  任意の接続点における電流について：

  　流入する電流の和＝流出する電流の和

- キルヒホッフの第二法則（電圧則）

  任意の閉回路における電圧について：

  　電源による電圧上昇の和＝抵抗による電圧降下の和

確認問題 **問** 図8-18Aの回路について，次の問いに答えよ.

①接続点Qにおける電流則を書け.

②閉回路を A→P→Q→D→A とした場合の電圧則を書け.

③各抵抗の両端の電圧を求めよ.

解答 ① $I_1 + I_2 = I_3$　② $9\,\mathrm{V} = 4I_2 + 7I_3$　③ $2\,\Omega \cdot 4\,\Omega \cdot 7\,\Omega$ の抵抗について，それぞれ $3.2\,\mathrm{V} \cdot 0.8\,\mathrm{V} \cdot 9.8\,\mathrm{V}$

8.5 コンデンサー

考えてみよう 回路を流れる電流を時間的に変化させる回路素子にはどのようなものがあるのだろうか？

8.5.1 コンデンサー（キャパシター）

❶電気を蓄える素子

　電気を蓄える部品をコンデンサー（またはキャパシター）という．コンデンサーは対になった2枚の金属板（極板）から構成されている．対になった極板をおのおのの電源の正極と負極に接続すると，それぞれ正と負とに帯電する．これらの電荷は極板の互いに向き合った面に集まる（図8-19）．正負の電荷の間には引力がはたらくので，電源を切り離しても極板の帯電状態は保持される．このような状態を「電荷を蓄える」という．

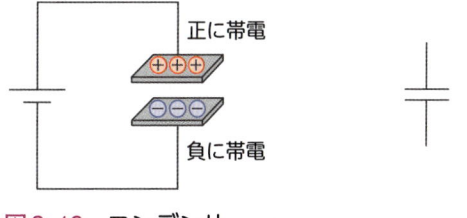

A) 回路に組み入れた模式図　　**B) 電気用図記号**

正に帯電

負に帯電

図8-19　コンデンサー

❷コンデンサーの役割

　コンデンサーには，電圧を安定させるはたらき（電圧平滑化）や，ノイズを取り除いたり信号をより分けたりするはたらき（フィルター）があり，電気回路にはなくて

はならない重要な回路素子の1つである.

図8-20 はさまざまなコンデンサーの写真である. いろいろな大きさや形のコンデンサーがあることがわかるだろう.

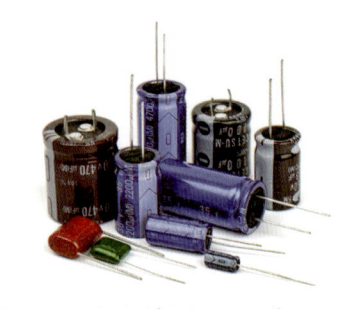

図8-20　さまざまなコンデンサー
写真提供：surasak – stock.adobe.com/jp

8.5.2 ▌電気容量

❶電荷を蓄える

　帯電していないコンデンサーを電源に接続したところ，2枚の極板のうち，電源の正極に接続された極板（正極板）が $+Q$ [C]（> 0 C）に帯電したとする. このコンデンサーはもともと帯電していなかったので，電源に接続した極板が帯電してもコンデンサー全体の電気量はゼロのはずである. したがって，正極板と対になっている極板（負極板）に帯電している電気量は，正極板の電気量の大きさと等しく符号が反対の $-Q$ [C]（< 0 C）である. この状態のとき，「コンデンサーには電気量 Q の電荷が蓄えられた」という（図8-21）.

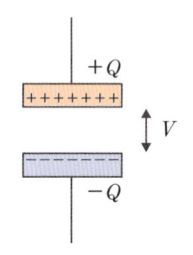

図8-21　電気量 Q の電荷が蓄えられたコンデンサー

❷電気容量

　コンデンサーに蓄えられた電気量 Q はコンデンサーの極板間電圧 V に比例する. 比例定数を C とすると，$Q = CV$ が成り立つ（図8-21）. 同じ電圧なら C が大きいほど蓄えられる電気量が大きくなる. C をコンデンサーの**電気容量**（または**静電容量**）という.

❸電気容量の性質と単位

　電気容量は，極板面積が大きいほど，また極板間距離が小さいほど大きい（図8-22）. 電気容量 C の単位には**ファラド**[14]（記号F）を用いる. コンデンサーの式 $Q = CV$ からもわかるとおり，F = C/V である.

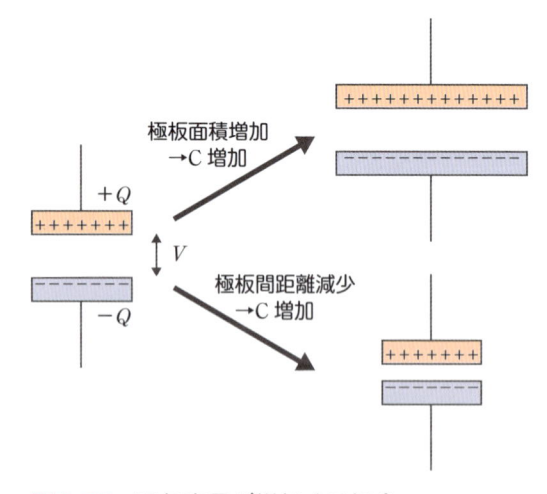

極板面積増加
→C 増加

極板間距離減少
→C 増加

図8-22　電気容量が増加する場合

※14　イギリスの物理学者・化学者 Michael Faraday（1736-1806）にちなむ.

A) 充電回路

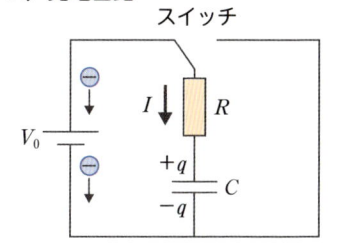

B) 充電における極板間電圧の変化

$$\left(\text{ただし},\ V_0 = \frac{Q}{C}\right)$$

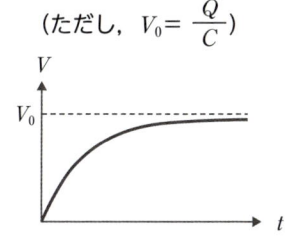

C) 充電における電流の変化

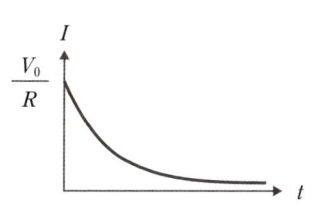

図8-23 コンデンサーの充電の様子

8.5.3 ┃ コンデンサーの充電と放電

❶充電過程

コンデンサーが電荷を蓄える過程を**充電**，電荷を放出する過程を**放電**という．充電・放電は電荷の移動によって起きる現象である．

図8-23Aは，スイッチを電源側に接続し，コンデンサーを充電する回路である．スイッチを閉じた瞬間（$t = 0$ s）はコンデンサーの極板には電荷が蓄えられていないので極板間電圧はゼロであり，抵抗 R を流れる電流はオームの法則より $\dfrac{V_0}{R}$ である．

$t > 0$ sでは，コンデンサーに電荷が蓄えられていくにしたがって極板間電圧が徐々に増加する（図8-23B）．電荷が蓄えられたコンデンサーは電池と同じはたらきをするが，電源の正極とコンデンサーの正極とは接続されているので，抵抗に加えられる電圧は減少することになり，回路を流れる電流は徐々に減少する（図8-23C）．

十分時間が経過すると，コンデンサーが完全に充電されて極板間電圧は電源電圧 $V_0 = \dfrac{Q}{C}$ と等しくなる．また，移動する電荷がなくなるので回路を流れる電流は 0 A（回路が開放した状態）になる．これがコンデンサーの充電過程である．

❷放電過程

図8-24Aは，コンデンサーの充電が完了した後でスイッチを放電側に接続し，コンデンサーを放電させる回路である．コンデンサーが電源の役割となって充電過程とは逆向きの電流が流れる．充電過程の電流の向きを正とすると，放電過程の電流の向きは負となる．

スイッチを閉じた瞬間（$t = 0$ s）は，コンデンサーの極板間電圧は電源電圧と同じ

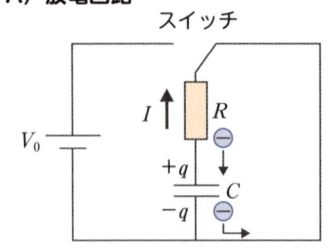

A) 放電回路

B) 放電における極板間電圧の変化

（ただし，$V_0 = \dfrac{Q}{C}$）

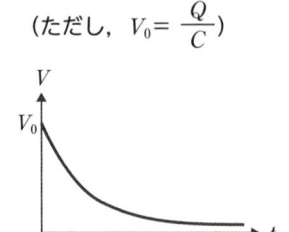

C) 放電における電流の変化

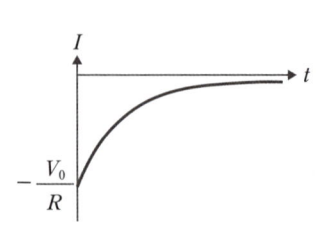

図8-24　コンデンサーの放電の様子

V_0であり，抵抗Rを流れる電流はオームの法則より $-\dfrac{V_0}{R}$ である．

$t > 0\,\mathrm{s}$では，コンデンサーから電荷が流れ出ていくにしたがって極板間電圧が徐々に減少する（図8-24B）．電源に相当するコンデンサーの電圧が減少するので電流の大きさも減少する（図8-24C）．

十分時間が経過すると，コンデンサーが完全に放電されて極板間電圧は$0\,\mathrm{V}$になる．また，移動する電荷がなくなるので回路を流れる電流は$0\,\mathrm{A}$になる．これがコンデンサーの放電過程である．

 ・コンデンサー：電気を蓄える部品
・コンデンサーの特性

$Q = CV$

Q〔C〕：コンデンサーに蓄えられる電気量

C〔F〕：電気容量

V〔V〕：極板間電圧

確認問題 **問1** 電気容量が$2\,\mathrm{F}$のコンデンサーを$3\,\mathrm{V}$の電源で充電した．蓄えられた電荷は何Cか．

問2 あるコンデンサーの両端に電圧$1.5\,\mathrm{V}$をかけたら，$4.5\,\mu\mathrm{C}$の電荷が蓄えられた．このコンデンサーの電気容量を求めよ．

問3 電気容量が$0.1\,\mu$Fのコンデンサーに$20\,\mu$Cの電荷を蓄えるには，何Vの電源が必要か．

解答 **問1** 6 C **問2** 3.0 μF **問3** 200 V

コラム　人体と電流・電圧

　人体に電流が流れることを「感電」という．人体に対する電気の危険性は，電圧や電流，通電経路，通電時間によって変わってくる．人間が感じることのできる最小の電流値は1 mAであり，ピリッとする感じを受ける．5 mAは苦痛電流（相当痛い），10 mAは可随電流（感電しても自ら離脱できる程度），20 mAは不随電流（筋肉が激しく収縮して自ら離脱できない状態になる）とよばれる．50 mAでは心室細動（心臓が小刻みに震える状態）が生じ，100 mA以上になると通電時間によっては致命的な傷害が生じる．

　電圧の違いによっても人体の反応はさまざまである．空気が乾燥している時期になると，セーターを脱いだときなどに静電気が発生してパチパチと音がする．このパチパチ音は，セーターと人体との間に大きな電圧が生じ，放電現象が生じている証拠である．セーターと人体との間の電圧は数千Vにも達する．

　冒頭にも書いた通り，電気の危険性は通電経路や通電時間にも依存する．感電によって深刻な状態になるのは，心臓が通電経路であったり，通電時間が10ミリ秒以上であったりする場合である．静電気による放電では，電流の通電時間が短く（数マイクロ秒程度），通電経路は心臓から遠い（例えば胴体を通る）．したがって，せいぜいピリッとした感じを受ける程度である．

　逆に，意図的に身体に電気を流す場合もある．心停止に陥った直後の心臓は心室細動が起きてポンプ機能が停止し

ている．このような心臓に大きな電流を流すと，再び正常な拍動に戻ることがある．大きな電流を流す装置を「自動体外式除細動器（AED：automated external defibrillator)」という（図8-25）．AEDは，電圧1200〜2000 V，電流30〜50 Aの直流電流を流す．通電時間は数ミリ秒である．冒頭で述べた感電についての電流値，電圧値，通電時間と比較すると，AEDがどれだけ大きな電気を発生させているかがよくわかる．したがって，AEDを作動させる場合，操作にかかわらない者はAEDから十分に離れていなければならない．

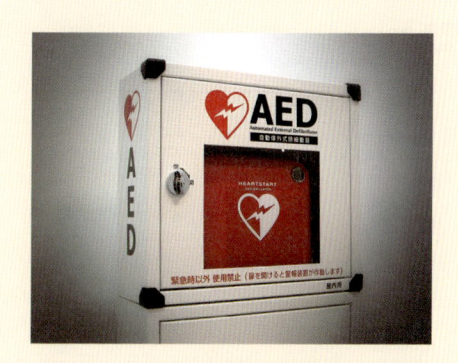

図8-25　自動体外式除細動器（AED）

章末問題

1 表8-1（p.160）を用いて，次の問いに答えよ．（→8.2.3）

①同じ形状の金の導線と鉄の導線がある．金の導線の抵抗は，鉄の導線の抵抗の何倍か．

②長さが等しく，かつ抵抗値も等しい場合，金の導線の断面積は鉄の導線の断面積の何倍か．

③断面積が等しく，かつ抵抗値も等しい場合，金の導線の長さは鉄の導線の長さの何倍か．

2 次の回路のAB間の合成抵抗を求めよ．（→8.2.4）

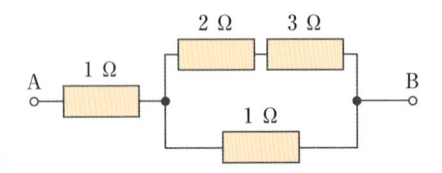

3 電力会社からの電気料金明細書に「1カ月の電気使用量 360 kWh」と書かれていた．hは1時間を意味する．したがって，kWhは電力量の単位である．（→8.3.1）

①1カ月の電気使用量は何Jか．

②1000 Wの家電製品1台を1日中使用したとする．1カ月を30日として，この場合の電気使用量は何日分の電力量か．

4 次の回路において，3 Ωの抵抗に流れる矢印の向きの電流を求めよ．（→8.4.3）

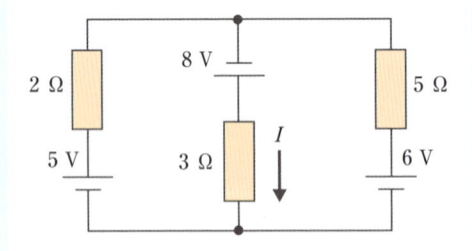

5 抵抗とコンデンサーを図 A のように直列に接続し，V_0 に図 B のように電圧を印加したとき，抵抗の両端の電圧 V_R およびコンデンサーの両端の電圧 V_C のおのおのの変化の様子はそれぞれ①〜⑤のどれか．（→8.5.3）

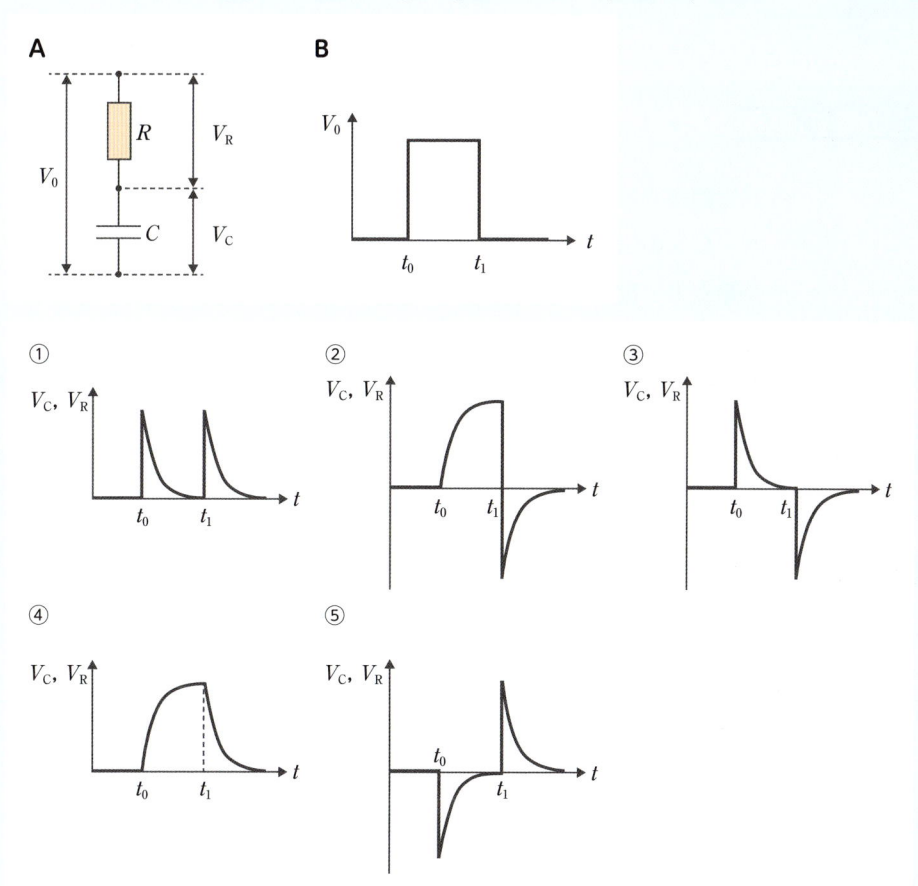

解答 ➡

9 静電気力と電場

この章の目標

● 静電誘導や誘電分極について説明する.

● クーロンの法則を使って静電気力を計算する.

● 静電気力・電場・電位の関係について理解する.

9.1 電気現象

考えてみよう 布で擦った塩化ビニルパイプにアルミ箔は引き寄せられるのか? 紙はどうか? 引き寄せられるならどのようなしくみか?

9.1.1 静電気

❶静電気

アクリル製の帽子を脱ぐとき髪の毛が帽子に引き寄せられたり,水道から出ている水流にティッシュペーパーでよく擦ったポリプロピレン製のストローを近づけると水流が曲がったりする. このような現象は,一度は目にしたことがあるだろう. また,ティッシュペーパーで擦ったアクリル製の定規とティッシュペーパーで擦ったアクリル製の毛糸とが互いに斥け合うことを実験した人もいるかもしれない(図9-1).

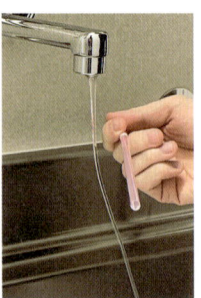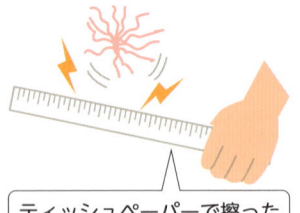

ティッシュペーパーで擦った定規とティッシュペーパーで擦った毛糸は反発する

図9-1 静電気
左の写真はBrook Rieman:ゲッティイメージズ提供.

❷電荷間の力

　これらの現象はすべて，電荷と電荷との間にはたらく力が原因で生じている．電荷間には互いに引き合う力（引力）や互いに斥け合う力（斥力）が生じる．電荷は物体間に生じる電気的な力（静電気力）の原因となるものである．

9.1.2 ▍電荷の種類と電荷保存則

❶電荷の種類と電荷間の力

　8.1.1で学んだように，電荷には正電荷と負電荷の2種類がある．正電荷と正電荷，または負電荷と負電荷のように同種の電荷の間には斥力がはたらき，同種の電荷は互いに斥け合う．正電荷と負電荷のように異種の電荷の間には引力がはたらき，異種の電荷は互いに引き合う．

❷電気量

　物体が両方の種類の電荷をもつと，物体内では2種類の電荷はその効果を互いに打ち消す性質がある．2種類の電荷を，符号（＋と－）を用いて表す．図9-2のように物体全体の電気量は電荷の加算で定まる．この性質は電気の本質的な性質である．

❸電荷保存則

　また，物体間で電荷が移動しても移動の前後で電気量の総和（全電気量）は変化しない．この法則を**電気量保存則（電荷保存則）**という．電荷保存則は自然界における基本法則の1つである．

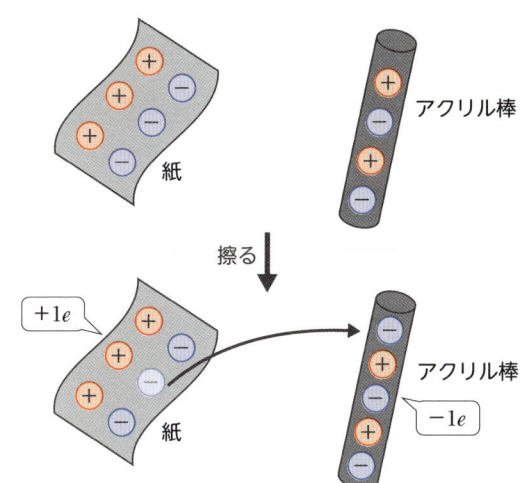

図9-2　物体全体の電気量
上図の紙とアクリル棒はいずれも電気量はゼロ．両者を擦って電子を移動させる．下図のおのおのの電気量は紙が$+1e$，アクリル棒が$-1e$．eは8.1.1で学んだ電気素量を表す．

9.1.3 ▍帯電列

❶帯電列

　2種類の異なる物体を擦り合わせると，物体は電気を帯びる．物体が電気を帯びる

179

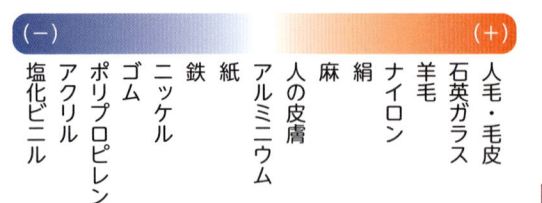

(−)						(+)

塩化ビニル
アクリル
ポリプロピレン
ゴム
ニッケル
鉄
紙
アルミニウム
人の皮膚
麻
絹
ナイロン
羊毛
石英ガラス
人毛・毛皮

図9-3　帯電列

ことを**帯電**といい，帯電した物体を**帯電体**という．通常，物体間を電荷として移動するのは電子である．電子が不足した状態を正に帯電した状態，電子が過剰な状態を負に帯電した状態という．注目した物体が正に帯電しやすいのか，負に帯電しやすいのかを調べるには帯電列（図9-3）が役に立つ．ただし，帯電のしやすさ／しにくさを厳密に決めることは難しく，図9-3はあくまでも目安である．

❷帯電列と電荷の移動

　物体間を電荷として移動するのは電子であるから，（＋）側ほど電子を放出しやすく，（−）側ほど電子を受け取りやすい．つまり，帯電列とは電荷の移動する向きを決める序列を表しているといえる．

　帯電列上で離れた位置にある物体同士を擦り合わせると，電子が容易に物体間を移動して静電気が生じやすく，逆に近い位置にある物体同士間では電子は移動しにくく静電気は生じない．

9.1.4 ┃導体における静電誘導

　正に帯電したガラス棒にはアルミ箔が引き寄せられる．また，紙も同じように引き寄せられる．この2つの現象は非常によく似ているが，その原因は同じではなく，現象が生じるしくみは原子・分子レベルでは異なる．原子・分子レベルで異なるとはどういうことだろうか．

❶陽イオンと自由電子

　まず，ガラス棒とアルミ箔（アルミニウム），すなわち帯電体と金属との間の力の発生について考えよう．金属とは金属原子が互いに電子を放出して陽イオンの状態で結合したものである．陽イオンはほとんど動かず，電子は自由に動くことができる（図9-4）．金属内を自由に動くことができる電子を**自由電子**という．導体の内部の電荷分布は，その近くにある帯電した物体から力を受けて変化する．

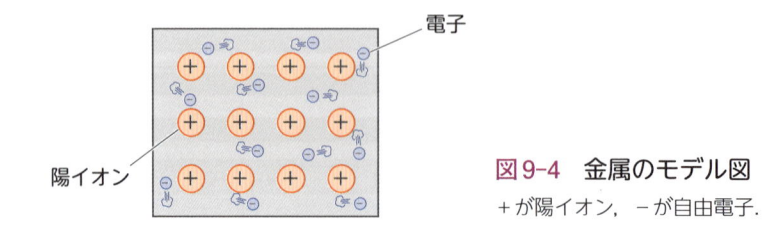

図9-4　金属のモデル図
＋が陽イオン，−が自由電子．

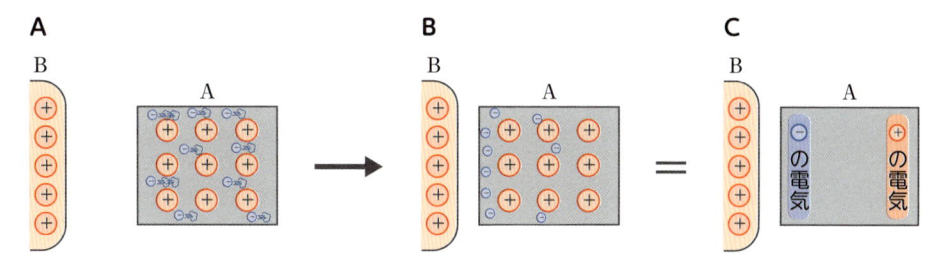

図9-5　静電誘導
A）導体Aと正に帯電した物体B．　B）A内部の自由電子がBの方向に移動．C）AのB側表面に負電荷，その反対側の表面に正電荷が観察される．

❷導体における静電誘導

　周囲と電気的に切り離された導体Aに帯電した物体Bを近づける．すると，Aの内部の自由電子はBの電荷からの力を受けて移動する．図9-5のようにBが正に帯電していれば，A内部の自由電子はB側に引き寄せられる（逆にBが負に帯電していれば，A内部の自由電子はBから遠ざかる）．一方，正電荷である原子はほとんど動かない．

　その結果，Aの表面に正負の電荷が観察される（図9-5C）．B側表面にはBと異種の電荷が現れ，反対側の表面にはBと同種の電荷が現れる．このように，帯電した物体の力で導体の表面に電荷が生じる現象を**静電誘導**という．

❸アルミ箔と塩化ビニルパイプ間の引力

　アルミ箔が正に帯電した塩化ビニルパイプに引き寄せられるのは，アルミ箔の負電荷と塩化ビニルパイプの正電荷との間にはたらく引力のためである．この引力は，アルミ箔の正電荷と塩化ビニルパイプの正電荷との間にはたらく斥力よりも大きいので[※1]，アルミ箔と塩化ビニルパイプとの間にはたらく力は全体として引力となる．

9.1.5 ┃ 不導体における静電誘導

❶分極

　次に，帯電体の近くの不導体（誘電体）について考えよう．不導体には自由電子はなく，電子は不導体を構成している原子や分子の内部にのみ存在する．電子は原子核の周りに均一に存在していて，原子や分子の内部での電子の分布には偏りがない（図9-6A）．周囲を電気的に切り離された不導体Aに帯電した物体Bを近づけると，原子内の電子はBからの力を受ける（図9-6B）．すると，原子内あるいは分子内の電荷に偏りが生じる．これを**分極**という．

※1　「9.2 クーロンの法則」の節で説明するように，電荷間にはたらく引力や斥力は，電荷間の距離が短いほど大きく，距離が長いほど小さくなる性質がある．図9-5Cのように，正電荷と負電荷との間の距離は，正電荷と正電荷との間の距離よりも小さい．したがって，正電荷と負電荷との間にはたらく引力は，正電荷間にはたらく斥力よりも大きい．

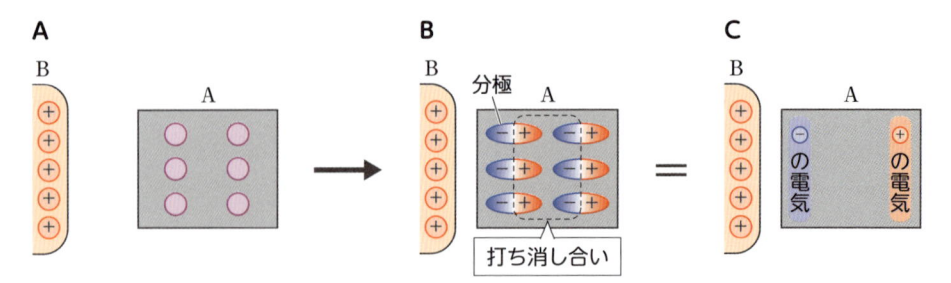

図9-6　不導体における静電誘導

A) 不導体Aと正に帯電した物体B. B) Aを構成している原子が分極. 物体の内部は打ち消し合って電気的に中性. C) AのB側表面に負電荷, その反対側の表面に正電荷が観察される.

❷不導体における静電誘導

　物体を構成している原子や分子が帯電した物体からの力を受けて分極すると, 図9-6Bのように隣り合う原子や分子は互いに異種の電荷が接する状態となる. その結果, 異種の電荷が接した部分の電荷は互いに打ち消し合って0となり, 不導体の表面から遠い部分（不導体の内部）では電気的に中性となる. 一方, 不導体の表面では, 隣り合う原子や分子がないので電荷は打ち消されずに残る（図9-6C）. このように, 不導体も, 帯電した物体を近づけるとその表面に電荷が生じる. これを**誘電分極**という. 誘電分極は不導体における静電誘導といえる. 導体における静電誘導は自由電子の移動によって生じたが, 誘電分極は原子や分子の分極によって生じる現象である.

❸静電誘導と誘電分極

　正に帯電した塩化ビニルパイプに導体であるアルミ箔が引き寄せられるのも, 不導体である紙が引き寄せられるのも, いずれも電荷間の引力が原因である. しかし, 引力が生じるまでのしくみが異なり, 前者は静電誘導で生じ, 後者は誘電分極で生じるのである.

 **要点まとめ**

> **静電誘導**：物体表面において電荷の分布が偏る現象で, 導体の場合は自由電子の移動によって生じ, 不導体の場合は原子や分子の分極によって生じる. 不導体の場合は誘電分極ともいう.
>
> **分極**：原子内や分子内における電荷の偏り

確認問題 ▶ **問** ある物体の近くに帯電体を近づけたら物体が帯電体に引き寄せられた. この結果だけから, 物体が導体か不導体かを判別できるか.

解答 判別できない. 観察される現象は, 静電誘導も誘電分極も同じだから.

9.2 クーロンの法則

考えてみよう　静電気力の大きさはどのような量で決まるのだろうか？

9.2.1 クーロンの法則

❶静電気力

　クーロンの法則は電荷間に作用する力に関する法則である．電荷間に作用する力を**静電気力**という．電気量が q_1［C］，q_2［C］の2つの電荷を考えよう．q_1，q_2が同種の電荷の場合の静電気力は斥力であり（図9-7A），異種の電荷の場合の静電気力は引力である（図9-7B）．

　図9-7では，q_1がq_2に作用している力を$F_{1\to2}$，q_2がq_1に作用している力を$F_{2\to1}$と表している．作用反作用の法則より，$F_{1\to2}$と$F_{2\to1}$とは大きさが等しく，互いに逆向きである．そこで，これらの力の大きさは，以後，F（$= F_{1\to2} = F_{2\to1}$）と表すことにする．次にFの大きさがどのように定まるのかを見ていこう．

❷クーロンの法則

　電気量がそれぞれq_1，q_2の2つの電荷が距離r［m］だけ離れているとき，これらの電荷間には互いに次のような大きさと向きをもった静電気力F［N］が作用する．この法則を**クーロンの法則**という．

$$\text{大きさ} \quad F = k\frac{|q_1 q_2|}{r^2}\text{［N］} \qquad\qquad \cdots\cdots (9.1)$$

向き　①電荷間を結んだ直線上

　　　②電荷が同種の場合は互いに斥力，電荷が異種の場合は互いに引力

　　　（図9-7）

　$q_1 q_2 > 0$の場合（q_1，q_2が同符号の場合）は斥力であり，$q_1 q_2 < 0$の場合（q_1，q_2が異符号の場合）は引力である．2つの電荷間に作用する静電気力の向きは電気量の積

A）同種（同符号）の場合　　　　**B）異種（異符号）の場合**

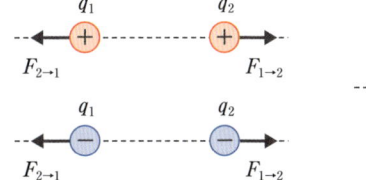 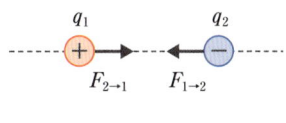

図9-7　クーロンの法則
A）同種（同符号）の電荷は互いに斥力を及ぼす．B）異種（異符号）の電荷は互いに引力を及ぼす．

183

の正負によって変わるが，ここでは，電気量の積に絶対値記号をつけて力の大きさのみを表した．

　静電気力の大きさは電気量の大きさの積に比例し，電荷間の距離の2乗に反比例する．k は電荷の周りの空間により異なる．真空中での k の値を特別に k_0 と書く．$k_0 = 9.0 \times 10^9$ N・m²/C² である[※2]．

❸クーロンの法則の適用例

　クーロンの法則の適用例として，水素原子内の陽子と電子との間の静電気力を計算してみよう．陽子と電子の電気量の大きさをともに $e = 1.60 \times 10^{-19}$ C，陽子と電子との間の距離を 5.3×10^{-11} m とすると，クーロンの法則より，水素原子内の陽子と電子との間の静電気力は 8.2×10^{-8} N と求まる．

9.2.2 クーロンの法則のベクトル表示

　クーロンの法則は力に関する法則なのでベクトルを用いて表される．電荷 q [C] の周りに複数の電荷がある場合に電荷 q が受ける静電気力は，それぞれの電荷が電荷 q に及ぼす静電気力の合力となる．2つ以上の電荷が任意の電荷 q [C] に作用する静電気力は，図9-8のように，ベクトルの和を使って求める．Q_1，Q_2 に作用する静電気力も同様にベクトルの和で求めることができる．

①注目している電荷 q [C] と，その周りにある電荷 Q_1 [C]，Q_2 [C] とを直線で結び，それぞれに関してクーロンの法則を用いて $\vec{F_1}$，$\vec{F_2}$ を求める．

②$\vec{F_1}$，$\vec{F_2}$ のベクトル和を計算（作図）する．

③注目している電荷 q に作用している静電気力を描きこむ．

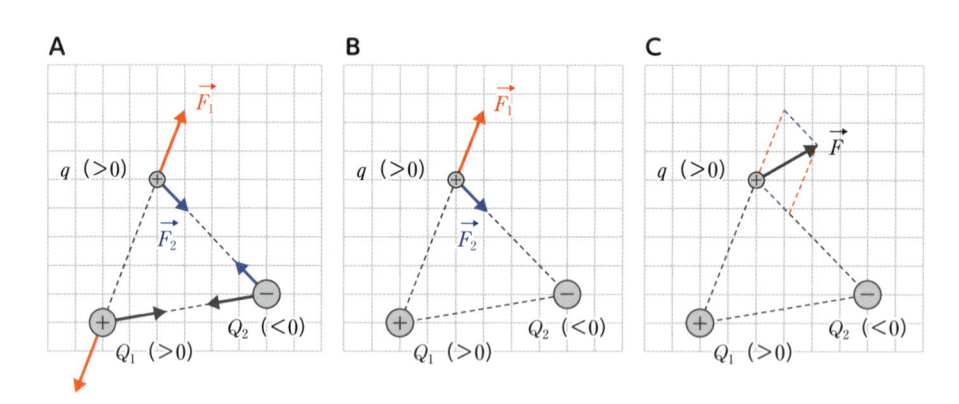

図9-8　2つの電荷からの静電気力の求め方

A）q，Q_1，Q_2 のそれぞれに作用する静電気力をクーロンの法則に従って描く．B）注目している電荷 q に作用する静電気力 $\vec{F_1}$，$\vec{F_2}$ のみを考える．C）$\vec{F_1}$，$\vec{F_2}$ のベクトル和 $\vec{F}$ を描く．

※2　詳細に表すと $k_0 = 8.987551792 \times 10^9$ N・m²/C² である．また，$k_0 = \dfrac{1}{4\pi\varepsilon_0}$ であり，ε_0 を**真空の誘電率**または**電気定数**という．

クーロンの法則（2つの電荷間における静電気力に関する法則）

大きさ　$F = k\dfrac{|q_1 q_2|}{r^2}$ [N]

（電気量の積の絶対値に比例し，電荷間の距離の2乗に反比例）

向き　①電荷間を結んだ直線上

　　　②電荷が同種の場合は互いに斥力，電荷が異種の場合は互いに引力

3つ以上の電荷がある場合は，注目している電荷に作用する静電気力の合力

確認問題▶ 問 一直線上にある3つの電荷を考える．点Pに
－2Cの電荷を置き，左側に2m離して＋1C
の電荷を置き，右側に3m離して＋3Cの電荷
を置いた．点Pに置かれた電荷に作用する静電
気力の向きを求めよ．

解答 右向き

9.3 電場

考えてみよう　　ある電荷の周りに電気量がゼロでない粒子を置く．粒子の電気量に応じて静電気力がはたらい
ていることが観察できるだろう．粒子の電気量をどんどんと小さくしていくと静電気力の大きさ
もどんどんと小さくなる．最終的に粒子の電気量が0Cになると静電気力は観察されなくなるが，
その場合，粒子の置かれた点には電気的な性質はないといえるのだろうか？

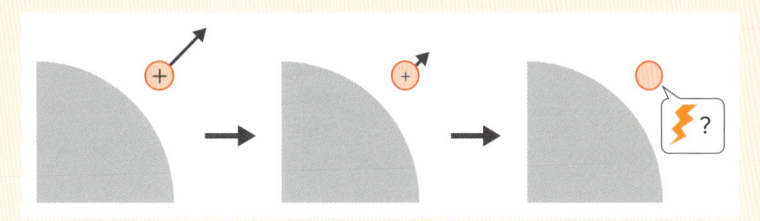

9.3.1 ▎電場

❶ファラデーの考え

　　ある電荷 Q [C] とその周りの別の電荷 q [C] との間に生じる静電気力について考
えよう．クーロンの法則によれば，電荷 q は離れた位置にある電荷 Q から静電気力を
受ける．静電気力は空間を隔てて伝わる力である．

　　ファラデーは，この空間に力にかかわる「何か」が張り巡らされていて，電荷 q は
この「何か」に引っかかって静電気力を受けると考えた．この「何か」は電場（また
は電界）という物理量として定義される．電場は静電気力の源である．

❷静電気力と電場

　ファラデーの考えによれば，電荷 Q はその周りの空間に電場 $\vec{E}$ を生じさせる．電荷 q はこの電場 $\vec{E}$ から静電気力を受ける．このとき，ファラデーの考えた電場 $\vec{E}$ を，クーロンの法則と辻褄が合うように，電荷 $+1\,\mathrm{C}$ あたりの静電気力に等しい値と定義する．静電気力はベクトル量なので，電場も同様にベクトル量として定義される．

❸電場の大きさ

　クーロンの法則より，距離 r [m] 離れた2つの電荷 q，Q に生じる静電気力の大きさは $|\vec{F}| = k\dfrac{|qQ|}{r^2}$ [N] である．ここで，$q = +1\,\mathrm{C}$ とすれば，電荷 Q の周りの電場 $\vec{E}$ の大きさは $|\vec{E}| = k\dfrac{|Q|}{r^2}$ [N/C] である．

❹電場の向き

　電場 E の向きは，$+1\,\mathrm{C}$ の電荷に作用する静電気力と同じ向きである．図9-9のように，電場は $Q>0$（正電荷）の場合は Q から離れる向きに生じ，$Q<0$（負電荷）の場合は Q に近づく向きに生じる．また，図9-10のように，電場の向きが同じでも，電荷 q の正負によって静電気力の向きが異なる．静電気力の向きは，$q>0$（正電荷）の場合は $\vec{E}$ と同じ向きであり，$q<0$（負電荷）の場合は $\vec{E}$ と逆向きである．

　いずれにしても $\vec{F}$ は $\vec{E}$ に比例していて，$|\vec{F}| = q|\vec{E}|$ と表すことができる．この式を変形すると $|\vec{E}| = \dfrac{|\vec{F}|}{q}$ となる．この式からも $\vec{E}$ が電荷 $+1\,\mathrm{C}$ あたりの静電気力の大きさに等しいことがわかるであろう．

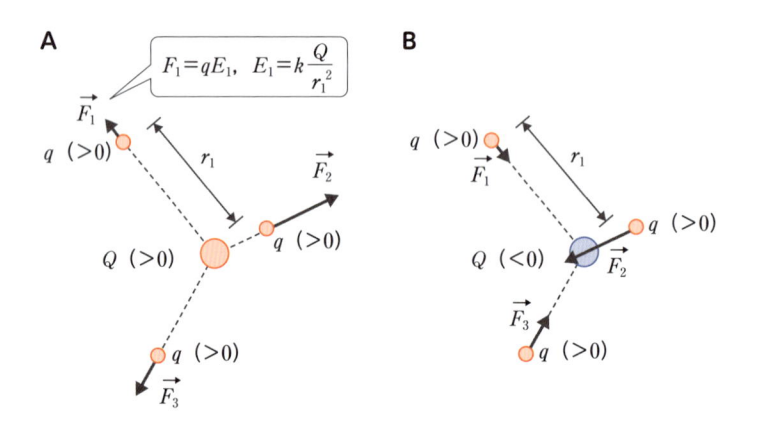

図9-9　電荷 Q の周りの電場
A）$Q>0$（正電荷）の場合．静電気力は電荷 Q から離れる向き．
B）$Q<0$（負電荷）の場合．静電気力は電荷 Q に近づく向き．

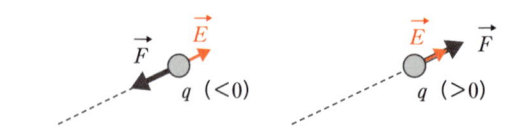

図9-10　ベクトルで表した静電気力 $\vec{F}$ と電場 $\vec{E}$

❺電場のベクトル和

　電荷Qが複数個ある場合の電場の求め方についても述べておこう．電場は1Cあたりの静電気力の値に等しいから，図9-8のように複数個の電荷がある場合の静電気力の求め方と同様である．すなわち，図9-8と同じように電場のベクトル和を求めればよい．

9.3.2 ┃ 電気力線

❶電荷の周りの電場

　図9-11Aは，電荷Q［C］の周りのさまざまな点に電場ベクトルを描き入れたものである．電場は電荷の周りに3次元的に広がっているため，電場ベクトルの全体像が捉えにくい．そこで，まず，図9-11Aから電荷を含む断面を切り出そう．図9-11Bは電荷を含む断面に電場を描き入れた図であるが，これでもまた様子が捉えにくい．図9-1の逆立った髪の毛のように，電場も何らかの線で表現してみよう．

❷電気力線

　電荷Qの周りの各点における電場ベクトルを個別に描くのではなく，各点における電場ベクトルをつなぎ合わせた曲線を考える．この曲線を**電気力線**という．電荷Qの周りには電気力線が張り巡らされていると考えるのである．電気力線は以下の①〜④の性質を基にして描かれる．また，電気力線の総数は電気量の大きさに対応させる．このことは，電場の大きさが電気量の大きさで決まることを意味する．

①電気力線は正電荷から出て負電荷で終わる（図9-9）．
②電場の大きさは電気力線の疎密で表す．電場の大きさは，電気力線が密のところでは大きく，疎のところでは小さい．
③電気力線の各点での接線がその点での電場ベクトルの方向を表す．
④電気力線は途中で切れたり，分裂・合流・交差したりすることはない．

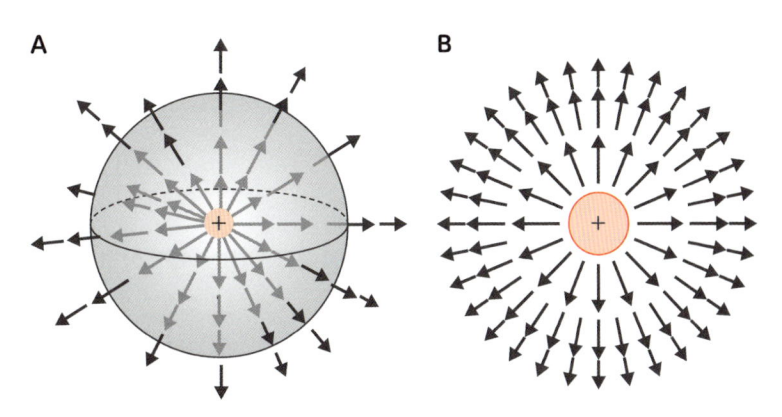

図9-11　電荷Qの周りの電場ベクトル
A）3次元的に広がった電場．B）電荷を含んだ平面で切り取った電場．

❸電気力線の例

図9-12は電気力線の例である．上で述べた規則によって描かれている．これらの例から，電気力線の性質を読み取ってほしい．

静電気力は電気力線に沿って作用するので，電場を電気力線で表すと目に見えない電場をイメージしやすくなるだけでなく，力学的な考察も容易になる．引力や斥力は，図9-12C，Dのように電気力線の縮みや伸びでイメージできる（10章も参照）．

また，図9-12Gはコンデンサーの極板に電荷が一様に分布した状態の断面に相当する．図9-12Hは図9-12Gの正電荷側の極板だけを取り出した状態の断面である．図9-12G，Hのように電荷を並べると，その周囲の空間には密度が一様な電気力線が生じる．つまり，このような電荷がつくる電場はいたる位置で同じ大きさ，同じ向きの電場である．このような電場を一様な電場という．

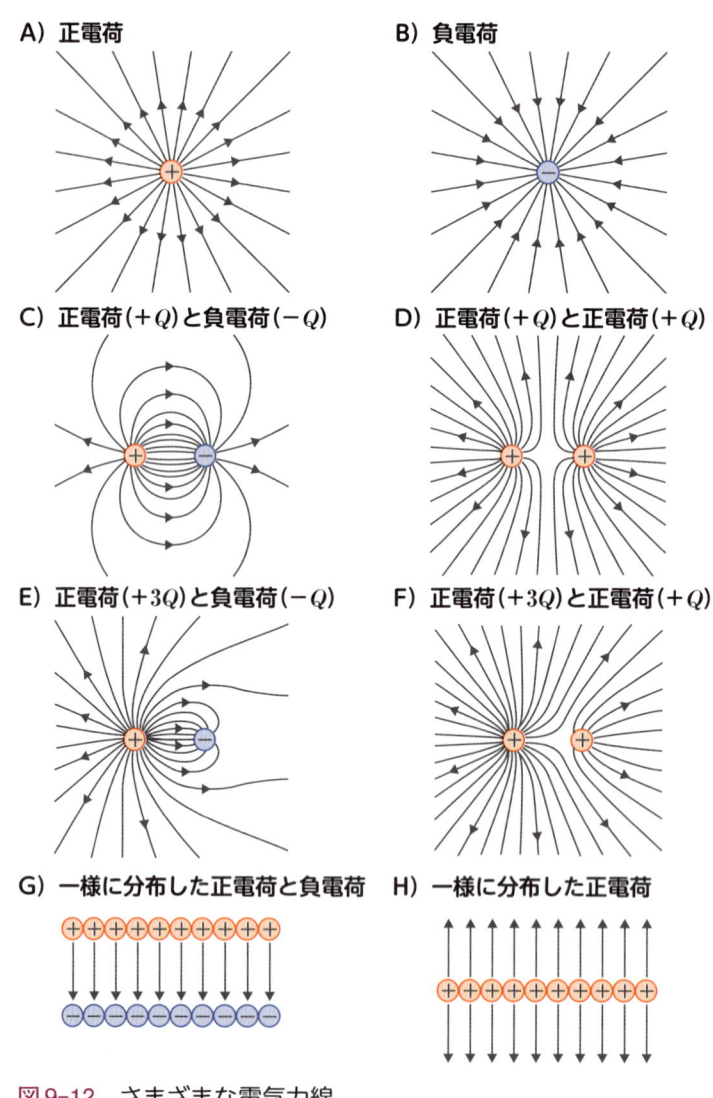

図9-12　さまざまな電気力線

要点まとめ

電荷 Q [C] の周りに生じる電場

大きさ $|\vec{E}| = k\dfrac{|Q|}{r^2}$ [N/C]

向き $\begin{cases} Q > 0：電荷 Q から離れる向き \\ Q < 0：電荷 Q に近づく向き \end{cases}$

電場 $\vec{E}$ と静電気力 $\vec{F}$ の関係 $\vec{F} = q\vec{E}$

電気力線：①正電荷から出て負電荷で終わる

②電場の大きさは電気力線の疎密で表す

③各点での接線がその点での電場ベクトルの方向を表す

確認問題 **問** 左側に負電荷，右側に正電荷を置いたら右図のような電気力線となった．電荷の絶対値が大きいのは正電荷か負電荷か．

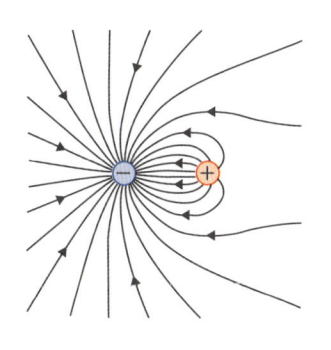

解答 負電荷

9.4 電位

考えてみよう 洗濯機や電子レンジなどの電気器具にはアース線がついているが，アースとは何だろうか？

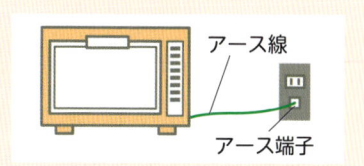

アース線

アース端子

9.4.1 静電気力による位置エネルギー

❶重力による位置エネルギー

　静電気力による位置エネルギーの説明に入る前に，3.2.2で学んだ位置エネルギーについて復習しておこう．質量 m [kg] の物体に力 F' [N]（$= mg$）を加え，重力 F [N]（$= mg$）に逆らってゆっくりと鉛直上向きに地面（基準面）から h [m] だけ移動させたとき，「物体は外部から W [J] の仕事をされた」という．このとき $W = F'h = mgh$ である．物体に加えられた仕事 W は位置エネルギー U として蓄えられる．このエネルギーを**重力による位置エネルギー**という（図9-13A）．

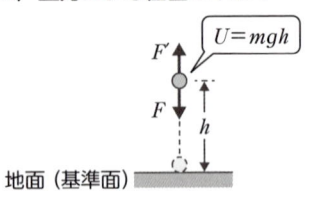
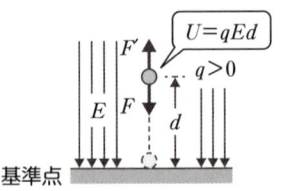

A) 重力による位置エネルギー **B) 静電気力による位置エネルギー**

図9-13 位置エネルギー

❷静電気力による位置エネルギー

同様に，静電気力にも位置エネルギーが定義できる．一様な電場 E [N/C] の中の電荷 q [C] はどの位置にあっても同じ静電気力 F [N] $= qE$ を受ける（図9-13B）．電荷に力 F' [N]（$= qE$）を加え，静電気力 F に逆らってゆっくりと基準点から d [m] だけ移動させたとする．このとき，電荷は W [J] $= F'd$ の仕事をされたことになる．この仕事 W は位置エネルギー U として蓄えられる．すなわち，$U = qEd$ である．これを**静電気力による位置エネルギー**，または**静電エネルギー**という．

9.4.2 ┃ 一様な電場中の電位

❶電位

電荷 $+1$ C あたりの静電エネルギーを**電位**と定義する．すなわち，電位 $V = \dfrac{U}{q} = Ed$ である．電位は大きさのみをもつスカラー量であり，電位の単位は J/C である．電位 V を用いると，静電エネルギーは $U = qV$ と表すことができる[3]．

図9-14A の右側のグラフは V と d の関係を図示したものである．V は d の一次関数であり，傾きは E である．また，図9-14A の左側のグラフは上の関係式 $U = qEd$ を図示したものである．この場合，傾きは qE である．

❷電位と力の向き

静電エネルギー（図9-14A左側）は重力による位置エネルギー（図9-14B）に対応しているので，電位も重力による位置エネルギーと対応させるとイメージしやすい．重力下での物体が，位置エネルギーの高い方から低い方へ向かう向きに力を受けるのと同様に，電場中での正電荷（$q > 0$）は電位の高い方（$V_{高}$）から低い方（$V_{低}$）へ向かう向き（$V_{高} \to V_{低}$）に力を受ける．ただし，電荷には正負があり，負電荷（$q < 0$）の場合は電位の低い方（$V_{低}$）から高い方（$V_{高}$）へ向かう向き（$V_{低} \to V_{高}$）に力を受ける．

❸静電エネルギーと力の向き

電荷の移動の向きと静電エネルギーの大小との関係も見ておこう．$U_1 = qV_{高}$，$U_2 =$

---

[3] $U = Fd = (qE)d = q(Ed) = qV$

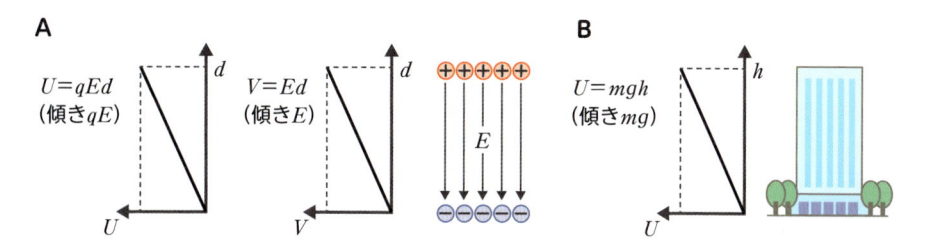

図9-14 静電気力による位置エネルギーと重力による位置エネルギー

A) 一様な電場Eにおける静電気力による位置エネルギー（左側のグラフ）と電位（右側のグラフ）．B) 重力による位置エネルギー．

$qV_低$とする[※4]．正電荷（$q>0$）の場合，$V_高 \rightarrow V_低$に対応して，電荷は$U_1 \rightarrow U_2$の向きに力を受ける．一方，負電荷（$q<0$）の場合，$V_低 \rightarrow V_高$に対応して，電荷は$U_2 \rightarrow U_1$の向きに移動する．$q<0$を考慮すると$U_1 < U_2$であるから，負電荷の場合もやはりUの大きい方から小さい方へ向かう向きに力を受ける．すなわち，<u>電荷はその正負によらず，静電エネルギーが大きい方から小さい方へ向かう向きに力を受ける</u>．

❹電位差

次に，回路に沿って電位の差（電位差）がある場合を考えてみよう．このとき，正電荷は電位の高い方から低い方へ向かう向きに力を受ける．負電荷は逆に，電位の低い方から高い方へ向かう向きに力を受ける．電荷が力を受けると移動する．電荷の移動は電流に他ならないから，電位差がある場合は電流が生じることを意味する．

❺電位差と電圧

ここで，8.1.3で学んだ**電圧**を思い出してみよう．電圧は電流を生じさせる原因であった．実は，電圧とは電位差のことなのである．電位の単位は電圧の単位と同じであり，ボルト（記号V）を用いる．したがってV = J/Cである．電位の単位Vを用いれば，電場の単位N/CはV/mと表すこともできる．

❻アース

最後に電位の基準点について考えてみよう．電位は位置エネルギーとして定義されているので，物理的には電位の基準点（$V = 0$ V）は自由に設定することができる．電気器具では，実用上，地球の電位を基準点とする．地球の電位を基準点にすることを接地する〔アース（earth）をとる，グラウンド（ground）をとる〕という．接地，アース，またはグラウンドという用語は基準点そのものを表す場合もある．図9-15は接地の電気用図記号である．電気器具にアース線がついているのは，電気器具に溜まった余分な電荷をアースに逃がすためである．

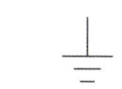

図9-15 接地の電気用図記号

※4 　この段階ではqの正負を定めていないので，U_1とU_2の大小関係は定まっていないことに注意．

9.4.3 点電荷の周りの電位

　点電荷 Q [C] の周りの電位を考えてみよう．電位は電荷 $+1$ C あたりの静電エネルギーである．静電エネルギーは静電気力 F [N] による仕事 W [J]，すなわち静電気力による位置エネルギー U [J] である．最初に静電エネルギーについて考えよう．

❶静電エネルギー

　図9-16のように電荷 Q の周りに電荷 q [C] を置く．一様な電場での静電エネルギーを求めた場合のように，点電荷のつくる電場での静電エネルギーも，$|F| = q|E| = k\dfrac{|qQ|}{r^2}$ に，q の移動距離 r を掛ければよさそうにみえる．しかし，点電荷 Q の周りの静電気力の大きさは Q からの距離によって変化するので，電荷 q を移動させると静電気力の大きさも変化してしまい，単純な掛け算では求めることができない．

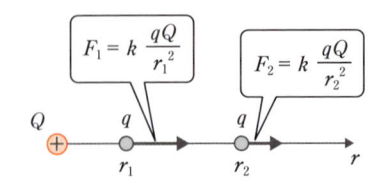

図9-16　電荷 Q の周りに置かれた電荷 q

q に作用する静電気力 F は qQ 間距離によって異なる．

❷静電エネルギーの求め方

　距離によって変化する力とその力による位置エネルギーとの関係は，3.2.3で学んだ弾性力と弾性エネルギーとの関係と同様である．弾性力 F とばねの変化量 x との関係を表した F-x 図の面積を利用して弾性エネルギーを求めたように，静電エネルギーも，静電気力 F と点電荷 Q からの距離 r との関係を表した F-r 図（図9-17）の面積を利用して求めることができる．

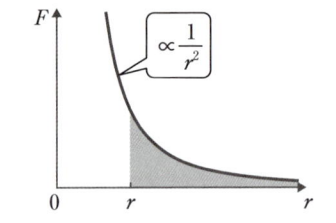

図9-17　点電荷からの距離 r に対する静電気力 F

F は r^2 に反比例する．静電エネルギー U は図中のグレーの面積で与えられる．

　ここで，静電エネルギー U の基準点（$U = 0$ となる点）を無限遠方とする．静電エネルギーは，電荷 Q からの距離が無限遠方から r まで q を移動させたときの仕事 W であり，図9-17のグレーの部分の面積で与えられる[※5]．

❸点電荷による静電エネルギー

　この面積を求めると静電エネルギー $U = k\dfrac{qQ}{r}$ が得られる．$qQ > 0$（q, Q が同符号）の場合は $U > 0$ であり，q を近づけると静電気力が増加する．$qQ < 0$（q, Q が異符号）の場合は $U < 0$ であり，q を近づけると静電気力が減少する．

[※5]　この面積は次の式で計算できる．$U = \int_{\infty}^{r}(-F)dr' = k|qQ|\int_{\infty}^{r}\left(-\dfrac{1}{r'^2}\right)dr' = k\dfrac{|qQ|}{r}$．$qQ > 0$ の場合は $U > 0$，$qQ < 0$ の場合は $U < 0$．

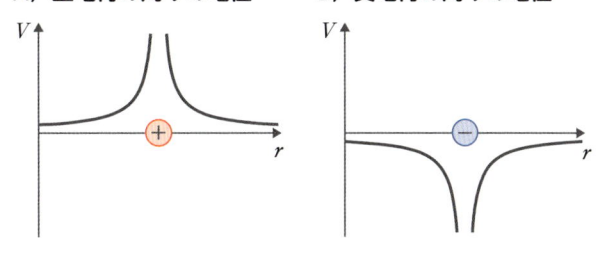

A) 正電荷の周りの電位　　B) 負電荷の周りの電位

図9-18　点電荷の周りの電位

❹点電荷の周りの電位

また，点電荷の周りの電位は $V = \dfrac{U}{|q|} = k\dfrac{|Q|}{r}$ となる．ここで，$|Q|$ を Q と書き直して電位 V を図示すると図9-18のようになる．電位 V の正負は点電荷 Q の正負と同じであり，電位 V は電荷からの距離 r に反比例する．

❺電位の求め方

電荷が複数個存在する場合の電位は $V = k\dfrac{Q}{r}$ を用いて各電荷についての任意の位置における電位を計算し，それらを足し合わせればよい．電位はスカラー量なので，ベクトル和を考える必要はない．

9.4.4 ▎等電位線

❶電位と山

図9-18をもう少し詳しく見ていこう．図9-18は点電荷の周りの電位を表しているわけではなく，点電荷を含むある1つの面で切り取った面での電位を表しているにすぎない．ちょうど，山の写真が山全体（山の立体図，図9-19B）を表しているのではなく，ある方向からの山の形を表しているにすぎないことと同様である（図9-19A）．

❷山の形と等高線

空間的に広がった山の全体像を平面上に表す方法に等高線図（図9-19C）というものがある．等高線とは同じ標高の位置を結んだ線である．山の等高線図の場合，中央

図9-19　山の形と等高線

A) 富士山の平面図（静岡県富士市から見た富士山）．B) 富士山の立体図（上空約7000 mから見た富士山）．立体的に見えるが，実はこの図もある方向から見た平面図にすぎない．写真提供：naka‐stock.adobe.com/jp．C) 富士山の等高線図．出典：地理院地図（国土地理院）．

ほど標高が高く，周辺に向かって標高が低くなる．

❸等電位面

電位は空間に広がる電気的な地形と考えることができる．そこで，地形図の等高線のように，点電荷の周りの電位を2次元のマップに描いてみよう．電位が等しい面を連ねてできる面を**等電位面**という．ただし，2次元マップに表した場合，等電位面は**等電位線**として描かれる．

❹一様な電場における電位

最初に，一様な電場における電位を考えてみよう．9.4.2で学んだように，正電荷と負電荷を図9-20A上図のように配置すると，その間の空間に一様な電場ができる（図9-20A下図）．正電荷と負電荷との間の空間に対してxy平面を設定し，この空間における電位の大きさをz軸方向に表すと図9-20Bのようになる．図9-20Bの図中の緑色の線が図9-20A下図に対応する．

❺一様な電場における電位の等電位線

図9-20Bから等電位線をつくってみよう．まず，図9-20Bにおいて電位が等しい位置を線で結び（赤線．例として2Vおきに結んだ），次に，それらの線をxy平面に投影する（青線，青破線）．このようにしてでき上がった図が図9-20Cの等電位線である．

❻一様な電場の中の電荷の運動

このような一様な電場の中で正電荷がどのように動くかを思い出してみよう．9.4.2で学んだように，一様な電場の中での正電荷はVが大きい方から小さい方へ移動する（図9-20A）．このことを，図9-20B, Cを利用して理解していこう．

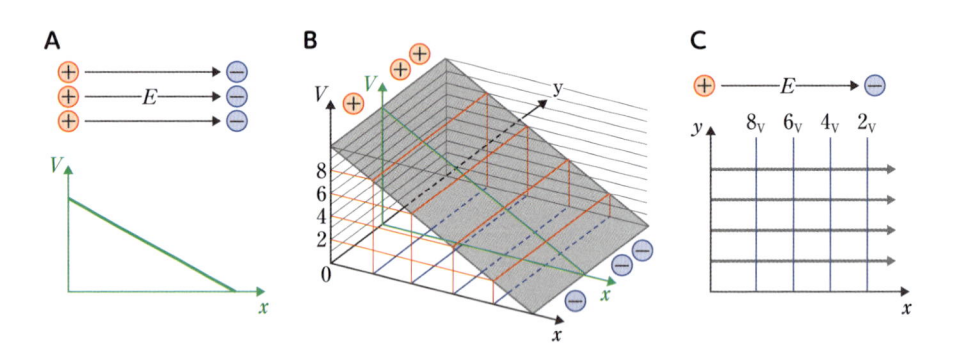

図9-20　一様な電場による電位，等電位線，電気力線

A）上図は電荷の配置．下図は一様な電場による電位[6]．B）一様な電場による電位Vの大きさをxy平面上の各点に対してz軸方向（V軸方向）に表した図（グレーのスロープ面がその場所の電位を表す）．緑色の軸と線がAの下図に対応．一様な傾きのスロープ上の等間隔に描かれた赤色の線は等電位線を表す．xy平面上の青色の線は，スロープ上の赤線をxy平面上に投影した線であり，等電位線をxy平面上に描いたもの．C）青色の線は一様な電場の等電位線，グレーの矢印線は電気力線を表す．

※6　9.4.2を参照．

❼等電位線と電気力線

　電場中の電荷の動きは，等電位線と電気力線との関係を理解すると容易に把握できる．等電位線と電気力線との関係について見ていこう．9.4.2で学んだように電場中の正電荷は静電気力を受けて電位の高い方から低い方へ移動する．逆に，電位が等しい場合，電荷は静電気力を受けず移動しない．電位が等しい2点間を移動させるための仕事はゼロである．

　つまり，電荷に作用する静電気力は等電位線の接線方向には作用せず，常に等電位線に垂直な方向に作用する．このような関係から，図9-20Cの青色の線とグレーの線とのように，等電位線と電気力線とは常に直交するように描かれる．

　ここまで理解できれば，電場中の電荷の動きは図9-20Bを利用して簡単に想像することができるであろう．つまり，電場中の正電荷の動きは，図9-20Bで表されるような「スロープ」を転がる小球と同じなのである．

9.4.5 | 点電荷の周りの等電位線

❶点電荷の周りの電位

　次に，正の点電荷の周りの電位を考えよう．9.4.3で学んだように，正の点電荷の周りの電位を，点電荷を通る直線上の位置の関数として示すと図9-21Aのようになる．次に，点電荷を通る平面を考える．この平面上の位置 (x, y) に対して，電位 V を z 軸方向に描くと，図9-21Bのような曲面になる．図9-21B中の x 軸と V 軸がつくる断面では，緑色の曲線が等電位であり，図9-21Aの曲線と同じものである．

❷等電位線と電気力線

　立体的な図9-21Bは，図9-21Cのように平面上に等電位線として表すこともできる．図9-21Cには，等電位線に加えて電気力線も記してある．一様な電場の場合と異なるのは，点電荷からの距離によって等電位線の間隔が異なることである．点電荷に近い位置では電場は強いので等電位線の間隔は狭く描かれ，点電荷から遠い位置では電場は弱いので等電位線の間隔は広く描かれる．

❸点電荷の周りの正電荷の運動

　図9-21Cのグレーの矢印は電気力線を表す．等電位線に対して直交している．上で説明したように，正電荷は電気力線に沿ってグレーの矢印の向きに力を受ける．図9-21Bで表された「曲線のスロープ」を転がる小球を想像すれば，点電荷の周りにおける正電荷の運動が理解できるであろう．

❹負の点電荷

　負の点電荷の場合も同様に考えることができる．負電荷の場合の図は図9-21D〜Fである．おのおの正電荷の場合の図9-21A〜Cに対応している．

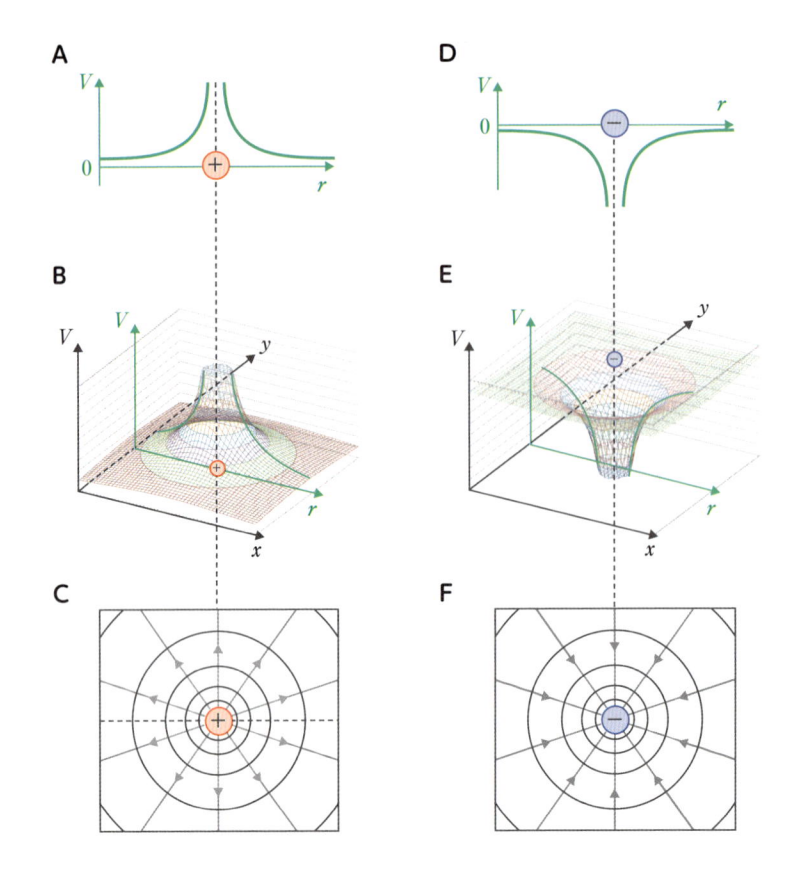

図9-21　点電荷の周りの電位，等電位線，電気力線

A〜C）正電荷の場合．D〜F）負電荷の場合．B，Eの緑色の線はおのおのA，Cに対応．C，Fの黒色の円は等電位線，グレーの矢印は電気力線を表す．

❺2個の電荷の周りの電位と等電位線

　最後に，電気量の大きさの等しい2個の電荷の周りの電位と等電位線も紹介しておこう．異符号の場合と同符号の場合を，それぞれ図9-22A〜C，D〜Fに示す．1個の点電荷の場合と同様に，点電荷に近い位置では等電位線の間隔が狭く描かれ，点電荷から遠い位置では等電位線の間隔は広く描かれている．また，電気力線（図9-22C，Fのグレーの矢印）が等電位線と直交していることが見て取れるだろう．

電位：単位電荷あたりの静電エネルギー　$V = \dfrac{U}{q}$ [J/C]

　例①：一様な電場Eにおける基準点からd離れた位置での電位　$V = Ed$

　　　　（電場Eの単位は [N/C] であるが，[V/m] とも表すことができる）

　例②：点電荷Qから距離r離れた位置での電位　$V = k\dfrac{Q}{r}$

電位差＝電圧

等電位面：電荷の周りの空間において，電位が等しい位置を結んだ面．

　　　　2次元の平面上に投影した場合は等電位線として表される．

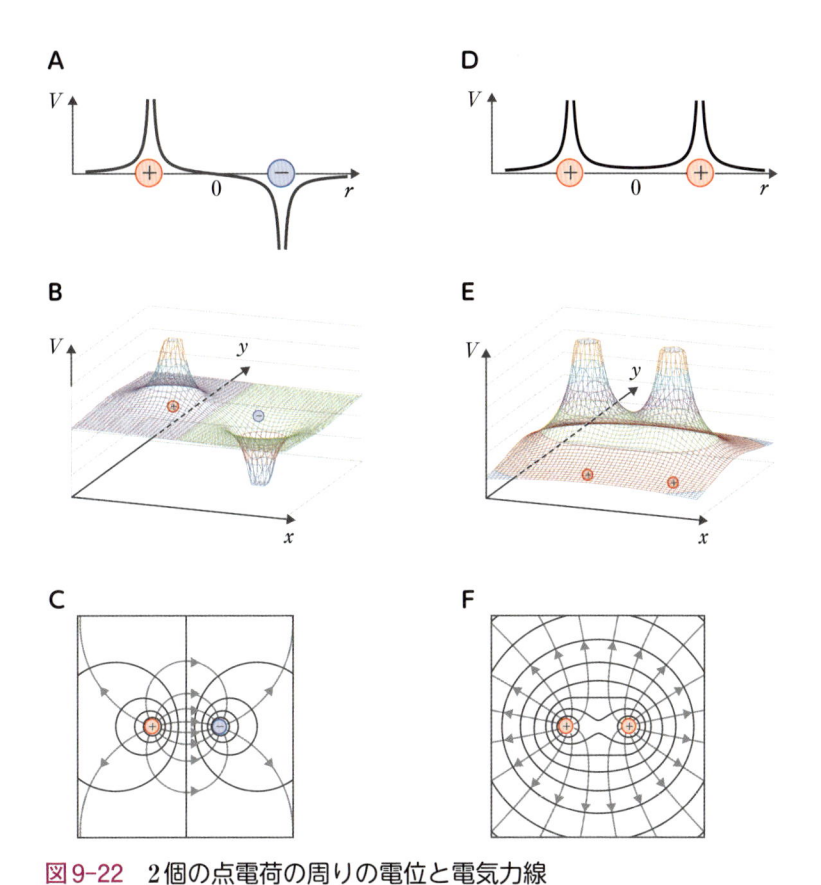

図9-22　2個の点電荷の周りの電位と電気力線

A〜C）2個の正電荷の場合．D〜F）正電荷と負電荷の場合．C, Fのグレーの矢印は電気力線を表す．

確認問題 **問** 大きさの等しい2個の異符号の電荷の周りについて，①電位が0 Vの位置はあるか．あるならどこか．②電荷 q に静電気力が作用しない位置はあるか．あるならどこか．大きさの等しい2個の同符号の電荷の周りについても同様に答えよ．

解答 （異符号の場合）① 正電荷と負電荷を結んだ直線の垂直二等分線上　② ない
（同符号の場合）① ない　② 正電荷同士（または負電荷同士）を結んだ直線の中点

コラム　電場と運動場

「電場」は電磁気学の鬼門である.「電場とは空間の性質である」といわれても,空間に具体的な何かがあるようには見えず理解が困難だからである. そもそも「場」という物理学用語はとても難しい. いったい「場」とは何か?

「場」という言葉は,「場の雰囲気が変わった」や「その場を制する」など,生活の中でも使うことがある※. そこで,まず,物理学からちょっとばかり離れて,生活の中の「場」を考えてみよう.

「場」は「ば」または「じょう」と読む.「○○ば」や「○○じょう」という言葉を探してみよう. 2字熟語でなくてもよい. すぐに10個くらいは思いつくだろう.「場」には「何かが行われる所」(広場,職場,市場,運動場,劇場など)や「そのときの状況」(山場,土壇場,正念場,修羅場,急場など)などの意味がある. ところで「電場」は英語で「electric field」だから「field」も考慮に入れてみよう. 上に挙げた「場」のつく言葉を英訳してみると次のようになる.

広場 = square, 職場 = workplace, 市場 = market, 運動場 = athletic field, 劇場 = theater, 山場 = (例えば) climax, 土壇場 = (例えば) last moment, 正念場 = (例えば) crucial period, 修羅場 = (例えば) shambles, 急場 = (例えば) emergency, ……

上に挙げた例の中では,fieldがつく言葉は運動場だけである. そこで「運動場」を取り上げて,その性質を考えてみよう. 運動場に人々が集まったところを想像してほしい. 人々はどのようにしているだろうか? きっと,思い思いの動きで運動を楽しんでいるのではないだろうか? 運動場という場所は,その場にいる人々に運動をさせるような性質をもっているのである.

これで,少しは電場のイメージがわいただろうか? ある現象や概念を想像するのがきわめて困難な場合,少しでも似ているもので代用するのは常套手段である. この手段を用いる場合に重要なのは,適切に「似ている」ところを抽出することである.「電場と運動場」の例では,何が似ているところだったのか,もう一度考えてみてほしい.

※この場合,変わったり制されたりしたのは場所ではなく,その場に居合わせた人の心や気持ちであることに注意してほしい. 参考までに,科学用語(特に化学で用いる)で「雰囲気」とは,ある特定の気体で満たされた状態や環境を指す. つまり,科学的に解釈すれば「場の雰囲気」とはその場所を満たしている気体のことである. したがって,「場の雰囲気が変わった」を文字どおり解釈すれば,場が変化したのではなく,その場所の気体が変化したことになる.

章末問題

1 水素原子の直径を 1.0×10^{-10} m とし，電子は原子核から半径分離れた円軌道を回っているとする．（→9.2.1）

①水素原子の中の陽子と電子との間の静電気力 F_e を求めよ．ただし，$e = 1.6 \times 10^{-19}$ C，$k = 9.0 \times 10^9$ N・m²/C² とする．

②電子1個に作用する重力 F_g を計算して F_e/F_g を求め，F_e が F_g に比べて非常に大きいことを確かめよ．ただし，電子の質量を 9.1×10^{-31} kg，重力加速度を $g = 9.8$ m/s² とする．

2 ①$+2.0$ C，-8.0 C に帯電させた金属の小球 A，B がある．1.0 m 離した AB 間に作用する静電気力は引力か，斥力か．また，その大きさを求めよ．ただし，$k = 9.0 \times 10^9$ N・m²/C² とする．（→9.2.1）

②次に，互いに接触させてから離した．小球を離すとき，電荷は等分配されるものとする．このとき，1.0 m 離した AB 間に作用する静電気力は引力か，斥力か．また，その大きさを求めよ．（→9.2.1）

3 右図のように，一辺が r [m] の正三角形の頂点 B，C のそれぞれに $+Q$ [C]，$-Q$ [C] の点電荷を置く．$Q > 0$ とする．（→9.1，9.2，9.3）

①頂点 A における電場の向きを求めよ．

②頂点 A における電位を求めよ．

③頂点 A に点電荷 Q [C] を置いた．この電荷に作用する静電気力の向きを求めよ．

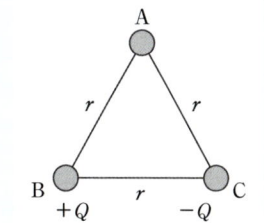

4 右図のように，電極 AB 間に一様な電場をつくった．図中の破線内に電気力線と等電位線を描け．（→9.3，9.4）

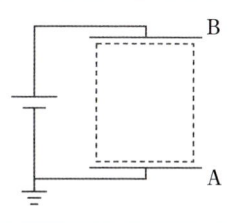

5 右図のように電極 AB 間に一様な電場をつくった. Aの電位を 0 V とする. AB 間距離は 10 cm, AB 間の電位差は 3.0 V である. 位置 P は A から 6.0 cm 離れている. (→9.4)

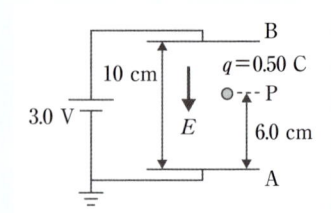

① 位置 P における電場の大きさを求めよ.

② 位置 P での電位を求めよ.

③ 位置 P に 0.50 C の電荷 q を置いた. 電荷 q の, 静電気力による位置エネルギーを求めよ.

④ 電荷 q が電場から 0.60 J の仕事をされて位置 P から位置 Q まで移動した. 電極 A と点 Q との間の距離を求めよ.

解答 ➡

10 電気と磁気

この章の目標

- 「磁気力の源」である磁場が存在すること，磁場は磁力線で表されることを理解する.
- 電流が磁場をつくることを理解する.
- 電流が磁場から力を受けることを理解する.
- 電磁誘導の法則を理解する.
- 交流とその性質について理解する.
- 電場・磁場の時間的・空間的変動が電磁波であることを理解する.

10.1 磁気と磁場

考えてみよう　磁石のN極同士／S極同士は反発し，N極とS極は引き合う. これは静電気力の＋，－電荷の関係とよく似ている. 磁気は電気と関係がありそうであるが，磁気の法則は電気の法則とどのように似ているだろうか？

10.1.1 磁石と磁気力

❶永久磁石

　棒磁石やU字型磁石，黒板や鉄製の棚などに紙を貼りつけるための丸い板状の**磁石**（図10-1）を触ったことのない人はいないだろう. これらを**永久磁石**という. 黒板やスチール棚に磁石が張りつくのは，磁石を近づけると鉄が磁石になるからである. また，縫い針を磁石で同じ方向に何度もこすることで縫い針を磁石にすることもできる.

❷磁化と磁性体

　磁石を近づけることで物質が磁石の性質を帯びることを磁化という. 磁化の様子は物質によって異なる. 鉄のように強く磁化され磁石になるものを**強磁性体**，磁石を

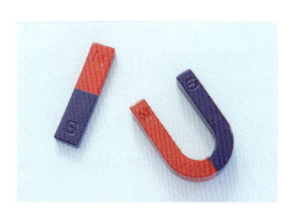

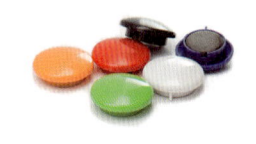

図10-1　永久磁石
写真提供：アメリ／PIXTA（上），hin255／PIXTA（下）

表10-1　磁性体の分類

強磁性体	常磁性体	反磁性体
・鉄 ・コバルト ・ニッケル ・$Nd_2Fe_{14}B$（ネオジム磁石）	・ステンレス（Fe-Cr合金） ・白銅（Ni-Cu合金） ・白金 ・酸素	・銅 ・水 ・食塩 ・セロファン ・シャープペンの芯（黒鉛）

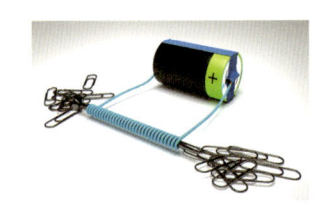

図10-2　電磁石

写真提供：harunyigit – stock.adobe.com/jp

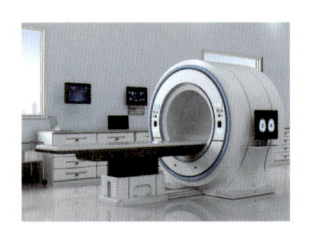

図10-3　MRI検査装置

被検者が入る大きな円筒が巨大なコイルになっている．写真提供：phonlamaiphoto – stock.adobe.com/jp

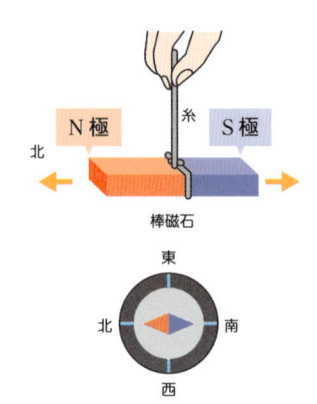

図10-4　方位磁針

磁石が南北に向く性質を利用したもの．

近づけると弱く磁化されるものを**常磁性体**，磁石を近づけると反発する向きにわずかに磁化されるものを**反磁性体**という（表10-1）．

❸電磁石

　一方，コイルに電流を流すと磁石をつくることができる．これを**電磁石**という．釘などの周りに銅線を巻き，電流を流して図10-2のような電磁石をつくる実験をしたことがある人は多いだろう．MRI検査では，被検者が図10-3のような大きな電磁石の内側に入って画像撮影することを知っている人もいるかもしれない．また，方位磁石の**N極**が北を，**S極**が南を指す（図10-4）のは，実は地球が巨大な電磁石であり（→10.2.3），北極の方にS極，南極の方にN極があるからである．

❹磁気力についてのクーロンの法則

　磁石にはN極とS極があり，N極とN極，S極とS極は反発し，N極とS極は引き合う（図10-5）．これは電荷の性質と非常によく似ている．そこで，「正負の電荷」と同様，「NとSの**磁荷**」というものを考えることができる．クーロン（8章※1参照）は，棒磁石を用いて磁荷間に働く**磁気力**（磁力）を調べ，静電気力におけるクーロンの法則（→9.2）と同様，2つの磁荷間に働く磁気力の大きさは磁荷の大きさの積に比例し磁荷間の距離の2乗に反比例することを発見した．

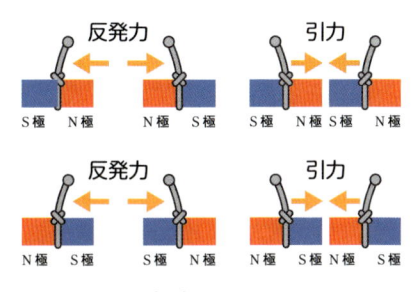

図10-5 磁気力

磁石のN極とN極，S極とS極は反発し，N極とS極は引き合う.

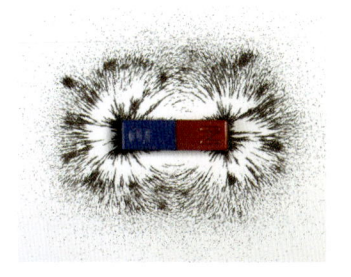

図10-6 磁石の周りの磁場

磁石の周りに砂鉄をまくと模様ができる→磁場の様子がわかる．写真提供：iStock.com/Wittayayut

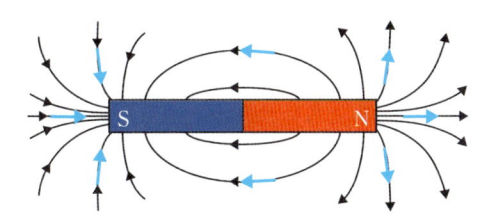

図10-7 磁場と磁力線

10.1.2 ▎磁場と磁力線

❶磁場

　磁石の周りに砂鉄をまくと砂鉄が磁気力に引きつけられて模様ができる（図10-6）. 磁荷の周りの空間には「磁気力の源＝**磁場**（磁界ともいう）」ができているのである. これは電荷が「静電気力の源＝電場」（→9.3）をつくるのに似ている. 電場と同様, 磁場も大きさと方向をもつベクトル量である.

❷磁力線

　図10-6の, 磁石の周りに砂鉄がつくる模様から磁場の様子を見ると, N極とS極を結ぶ無数の線のようである. そこで, 磁場を視覚的に表すために, 図10-7のように, 空間のおのおのの点における磁場の方向を結んでできる「**磁力線**」を導入しよう. 磁力線には次の①〜④の性質がある.

①磁力線はN極から出てS極で終わる（またはN極から無限遠へ, 無限遠からS極へ）.

②磁場の大きさを磁力線の疎密で表す. 磁力線が密だと磁場の大きさは大きく, 疎だと小さい.

③各点での磁力線の接線がその点での磁場ベクトルの方向を示す.

④磁力線は途中で途切れたり, 分裂・合流・交差したりすることはない.

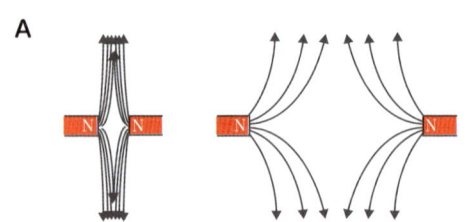

A

同種磁荷は反発する ⇄ 磁力線は疎になる傾向がある

B

異種磁荷は引き合う ⇄ 磁力線は短くなる傾向がある

図10-8　磁力線の伸び縮みする性質によって磁気力を視覚的に表現できる

A) 同種磁荷では磁力線が密から疎になろうとする⇄同種磁荷間には反発力が働く.
B) 異種磁荷では磁力線が短くなろうとする⇄異種磁荷間には引力が働く.

❸磁力線と磁気力

　　以上の磁力線の性質は，9.3.2で学んだ電気力線の性質と同様である．また図10-8のように，N極同士，S極同士は反発し，N極とS極は引き合うという性質が，「磁力線は疎になる傾向がある」「磁力線は短くなる傾向がある」という性質を考えると理解しやすい．すなわち電気力線と同じように磁力線にも伸び縮みする性質をもたせると，静電気力同様，磁気力を視覚的に表現できるということである．

> **要点まとめ**
> ・磁石のN極同士，S極同士は反発し，N極とS極は引き合う
> ・磁場：磁石の周りに広がる「磁気力の源」
> ・磁力線：空間のおのおのの点における磁場の方向を結んでできる線

確認問題▶ 問 右図の磁荷の周りの磁力線を図示せよ.

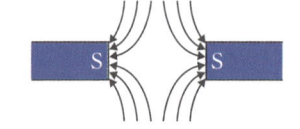

解答 図10-8Aの矢印を反対向きにすればよい.

10.2 電流と磁気

考えてみよう　前節で述べたように地球が大きな電磁石だというのならば，地磁気はどのようにできるのだろうか？それは電流と磁気のどのような関係によるのだろうか？

10.2.1 ┃ 電流と磁場

　　上に述べたように磁荷（N，S）と磁場（磁力線）の性質は，電荷（＋，−）と電場（電気力線）と非常によく似ている．では電気と磁気には違いはないのだろうか.

❶ N，S単独の磁荷は存在しない

棒磁石を真ん中から切ってみよう（図10-9）．磁石を切ると断面に新たにN極とS極ができて2つの磁石になってしまう．N極，S極を単独で取り出すことはできない．実は，N，S単独の磁荷というものは存在しないのである．電場をつくる電荷と違い，磁場をつくる源となる磁荷が存在しない．これは電気と磁気の大きな違いである．

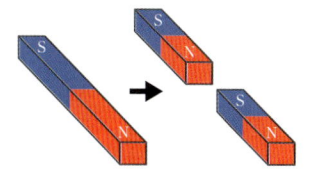

図10-9　磁石を半分に切ると……

❷ 電流が磁場をつくる

それでは磁荷の正体は，磁場をつくる源となるものは一体なんだろうか．ここで電磁石のことを思い出そう．電磁石ができるということは，電流が流れると磁場ができるということを意味する．すなわち，磁場をつくるものは電流である．

10.2.2 ▍直線電流の周りの磁場

❶ 右ねじの法則

直線状の導線を流れる電流の周りに磁石を置いて，周りにできる磁場を調べてみよう．図10-10のように，磁力線は電流を中心とした同心円状で，磁場の向きは「右ねじ[1]が進む向きを電流の向きとしたときの右ねじが回転する向き」になる（**右ねじの法則**ともいう）．「親指を伸ばして右手を握ったとき，親指の向きが電流の向き，他の指の向きが磁場（磁力線）の向きを表す」と覚えてもよい．

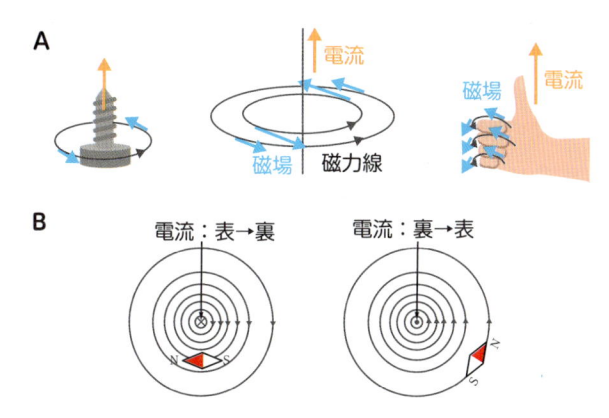

図10-10　直線電流の周りの磁場：右ねじの法則

A）磁場の向きは，右ねじが進む向きを電流の向きとしたときの右ねじが回転する向き．B）磁力線は電流を中心とした同心円状．電流の向きを反転すると磁場（磁力線）の向きも反転する．⊙は紙面垂直裏から表，⊗は表から裏への電流を表す（⊙は紙面垂直上向き，⊗は紙面垂直下向きを表す記号としてよく使われる）．

※1　右回り（時計回り）に回すと締めつけられるねじ．ペットボトルのキャップなど身の周りの大抵のねじは右ねじである．左ねじもたまに使われる（自転車の左側ペダルのねじなど）．

❷磁束密度

十分に長い直線電流がつくる磁場の大きさは電流 I [A] に比例し，導線からの距離 r [m] に反比例する．式で書くと，真空中では

$$B = \frac{\mu_0 I}{2 \pi r} \qquad \cdots\cdots (10.1)$$

と書ける．(10.1) 式では**磁束密度 B** という量を用いた[※2]．歴史的経緯から，磁気の法則を式で書き表すときには，磁場に対応する量として磁束密度 B という量を使う．磁束密度の単位は [N/(A・m)] ＝ [T]（テスラ）[※3] である．比例係数 $\mu_0 = 1.257 \times 10^{-6}$ N/A^2 を**磁気定数**または**真空の透磁率**という．

10.2.3 ▌円形電流による磁場

❶円形電流の周りの磁場と磁力線

円形の導線に電流が流れているときの周りの磁力線を描いてみよう．円形導線の各点に非常に短い直線電流が流れているものと考えれば，その周りの磁力線は，各点に右ねじの法則を適用して図10-11のようになる．図10-11を円形導線の真横から眺めたもの（図10-12B）を，磁石がつくる磁力線（図10-12A）と比べてみよう．非常によく似ていることがわかるだろう．

❷円形電流がつくる磁場の例①：原子の磁石

10.2.1で，磁場をつくるのは電流であると述べた．では，電流を流さなくても永久磁石にはN極とS極があり，磁場が発生しているのはなぜだろうか．原子の中では原子核の周りを電子が回っており[※4]，円形電流が流れているとみなせる．このような電子の軌道運動が図10-12Bのような磁力線をつくり，原子をミクロな磁石にする．永久磁石（強磁性体）とは，鉄・コバルト・ニッケルといった金属の一つひとつの原子のつくる磁場の向きが一方向に揃った状態なのである．

❸円形電流がつくる磁場の例②：地磁気

地磁気も円形電流によるものである．地球中心部の外核という部分は，鉄など自由電子をもつ金属が高温のため液状になっている（図10-13）．液状金属の流動運動により生じる円形電流が地球を巨大な電磁石にするといわれている．

※2 通常磁束密度は B で表し磁場は H で表す．真空中では磁場ベクトル $\vec{H}$ と磁束密度ベクトル $\vec{B}$ とは方向は同じであり，大きさには比例関係（$B = \mu_0 H$）がある．物質中では μ_0 をその物質の透磁率 μ に置き換える必要があるが，比透磁率 μ/μ_0 は磁性体以外では1とみなして構わない．本書では $\vec{B} = \mu_0 \vec{H}$ としてよい場合しか扱わないので，以下磁気の法則はすべて磁束密度 B で記述する．

※3 アメリカで交流電源による電力事業を推進したセルビア出身の発明家，ニコラ・テスラ〔Nikola Tesla（1856-1943）〕の名にちなむ．発明王エジソンとは不倶戴天の敵同士であった．

※4 11.3.4で学ぶように電子が原子核の周りをグルグル回っているというイメージは正確ではないが，電子がつくるミクロな磁石の起源は電子の角運動量（回転運動の勢いを表す量）である．

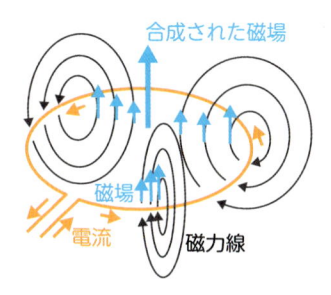

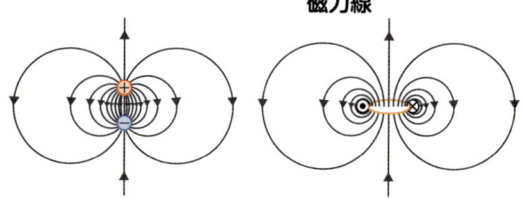

図10-11　円形電流の周りの
磁場と磁力線

図10-12　磁石と円形電流の磁力線の比較

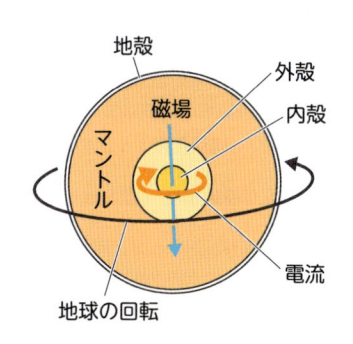

図10-13　地球内部の構造

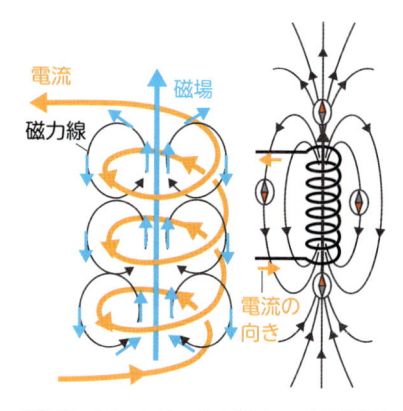

図10-14　ソレノイドのつくる磁場

❹円形電流がつくる磁場の例③：ソレノイド

　電磁石は通常，導線を円筒状に何回も巻いたコイル（**ソレノイド**という）からなっている．これは円形導線を間隔をあけて何層にも重ねたものとみなすことができる．ソレノイドに電流を流すと，おのおのの円形電流から生じる図10-11のような磁場が重なり合い，ソレノイドの内部に大きな磁場をつくり出すことができる（図10-14）．直径に比べ十分長いソレノイドの内部では磁場は一様であることが知られている．ソレノイド内部の磁束密度の大きさは電流の大きさIとソレノイドの単位長さあたりの巻き数nに比例し，

$$B = \mu_0 n I \qquad \cdots\cdots (10.2)$$

で表される．

10.2.4 ▎磁力線の性質

❶磁力線と電気力線の性質の比較

　ここで，電気力線と磁力線の重要な違いについて指摘しておこう．電荷がつくる電

207

気力線は正電荷から出て負電荷へ入る（または，正電荷から出て無限遠方へ伸びるか，無限遠方から来て負電荷へ入る）．一方，磁力線は電流を中心とした同心円状，すなわち閉じた曲線になる．これはN，S単独の磁荷は存在せず，磁場をつくる源は電流であることと対応している．したがって10.1.2で挙げた磁力線の性質の①は，

> ①磁力線は電流を中心に同心円状にできる（電気力線と違って磁力線は閉曲線になる）．

と修正しなくてはならない．

電場と電気力線，磁場と磁力線の性質の，似ている点と違いを表10-2にまとめておく．

表10-2　電場と電気力線，磁場（磁束密度）と磁力線の性質のまとめ

空間に広がった静電気力の源＝電場	空間に広がった磁気力の源＝磁場（磁束密度）
電場：電気力線で表す	磁場（磁束密度）：磁力線で表す
電荷が電場（電気力線）をつくる	電流が磁束密度（磁力線）をつくる
①電気力線は正電荷から始まり負電荷で終わる（または正電荷から始まり無限遠方へ伸びる，無限遠方から来て負電荷で終わる）．	①磁力線は右ねじの法則の向きに電流を中心とした同心円状（閉曲線）になる．
②電場の大きさを電気力線の疎密で表す．	②磁場（磁束密度）の大きさを磁力線の疎密で表す．
③電気力線の各点での接線がその点での電場ベクトルの向きを表す．	③磁力線の各点での接線がその点での磁場（磁束密度）ベクトルの向きを表す．
④電気力線は途中で途切れたり，分裂・合流・交差したりすることはない．	④磁力線は途中で途切れたり，分裂・合流・交差したりすることはない．

①〜④は本文中に挙げた磁力線の性質．

- N，S単独の磁荷は存在しない
- 電流が磁場をつくる
- 右ねじの法則：電流を中心とし，右ねじの進む向きを電流の向きとしたとき右ねじが回転する方向に磁場ができる
- 直線電流がつくる磁束密度の大きさ：$B = \dfrac{\mu_0 I}{2\pi r}$
- 円形電流がつくる磁力線：磁石の磁力線と形がよく似ている

   磁石の正体：原子内の円形電流がつくる磁場

   電磁石：導線を何回も巻いたコイル（ソレノイド）に電流を流す

   ソレノイド内部の磁束密度　$B = \mu_0 n I$

確認問題 ▶ **問** 無限に長い 1 A の直線電流が流れる導線から 1 cm 離れた点における磁束密度の大きさを求め（ちなみにこれは赤道での地磁気と同程度の大きさである），方向を図示せよ．

解答 (10.1) 式より $B = (1.257 \times 10^{-6} \times 1) / (2 \times \pi \times 1 \times 10^{-2}) = 2 \times 10^{-5}$ T（テスラ）．方向は図 10-10A を参照．

10.3 磁場が電流に及ぼす力

考えてみよう モーターが回転する原理とオーロラが極地付近で発生する原因は，実はどちらも磁場が電流に及ぼす力が関与している．それぞれの現象は磁場が電流に及ぼす力によってどのように起きているのだろうか？

10.3.1 磁場が電流に及ぼす力

前節で，電場（電気力線）と磁場（磁力線）の対応関係を学んだ．また，「電場をつくるのは電荷」（→ 9.3）であり，「磁場をつくるのは電流」である（→ 10.2）ことも学んだ．これらに 9.3 で学んだ「電場が電荷に力を及ぼす」ことをあわせて考えると，「磁場が電流に力を及ぼす」ことが想像できる．実際に，図 10-15 のように電流が流れる導線を磁石に近づけると電流が力を受けて導線が動くことがわかる．

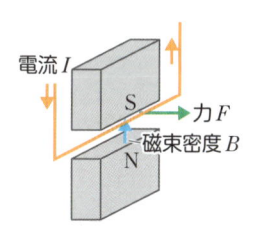

図 10-15 電流は磁場から力を受ける

❶ フレミングの左手の法則

電流が磁場から受ける力の向きは図 10-16 に示すように電流と磁場それぞれの方向に対し垂直になっており，これらの関係は**フレミングの左手の法則**[5] として知られている．力の大きさは電流と磁場の大きさに比例する．長さ l の導線に流れる電流 I がそれと垂直な磁束密度 B の磁場から受ける力の大きさは，

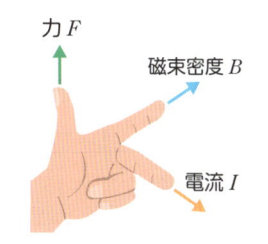

図 10-16 フレミングの左手の法則

$$F = IBl \qquad \cdots\cdots (10.3)$$

と書ける．それぞれの量の単位 F [N]，I [A]，l [m] から，B は単位電流・単位長さあたりの力として表されること（9.3.1 で学んだ「電場が電荷あたりの力で表される」こととよく似ている）と，10.2.2 で学んだ磁束密度 B の単位 [N/(A・m)]（= [T]）が

※5 イギリスの物理学者で真空管の発明者，ジョン・フレミング（Sir John A. Fleming, 1849-1945）が考案した．

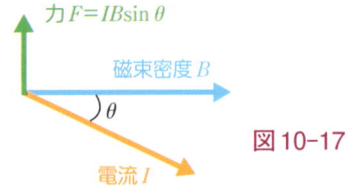

図10-17 フレミングの左手の法則（導線と磁場が角度 θ をなすとき）

力 $F = IB\sin\theta$
磁束密度 B
θ
電流 I

理解できる. 図10-17のように導線と磁場が角度 θ をなすときは,

$$F = IBl\sin\theta \qquad \cdots\cdots (10.4)$$

となり, $\theta = 0$ すなわち電流が磁場と平行なときは力を受けないことがわかる.

❷モーター

図10-18のように, 磁束密度 B の磁場中に置いたコイル $abcd$ に電流 I を流すことを考えよう. 図10-18Aの辺 ab および辺 cd を流れる電流 I （Aではオレンジ色の矢印で, Bでは◉⊗で示した）は常に磁場に垂直なので, コイルには常に力 F が加わる. 図10-18Bからわかるように, 辺 ab・辺 cd を流れる電流にはたらく力はコイルを回転させる向きにはたらく（辺 bc・辺 da を流れる電流にはコイルを回転させる力ははたらかない）. コイルが180°回転したときに電流の向きが逆転するように工夫しておくと[6], コイルは電流が流れている限り回転し続ける. これがモーターの原理である.

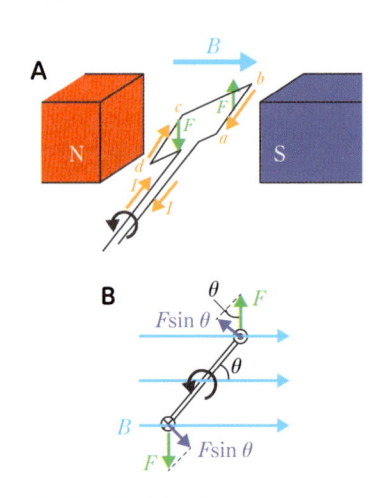

図10-18 モーター
磁束密度 B の中のコイルに電流 I を流すと電流 I が力 F を受けてコイルが回転する（コイルに垂直な方向の力の大きさは $F\sin\theta$）. ◉ は紙面垂直裏から表, ⊗ は表から裏への電流を表す.

10.3.2 ローレンツ力

❶電荷を持つ粒子が磁場中を運動するとき磁場から受ける力

電荷をもつ粒子が磁場中を運動すると, 速度と磁場両方に垂直の方向に力を受ける. この力を**ローレンツ力**[7]という. 電気量 q をもつ粒子が, 磁束密度 B の磁場に垂直な方向に運動し, その速さが v のとき, ローレンツ力の大きさ f は

$$f = qvB \qquad \cdots\cdots (10.5)$$

※6 図10-18ではコイルが半回転するごとに力の向きが反対になるため, 一方向に回転し続けることができない. 実際のモーターでは, 「整流子」と「ブラシ」という部品を使って半周ごとに電流の向きを切り替えることで一方向に回転し続けるようにしている.

※7 正確には空間に電場と磁場が両方あるものとして, それぞれから電荷をもつ粒子が受ける力の和をローレンツ力と称する. 本文中では「ローレンツ力は仕事をしない」と述べたが, 正確には「電場がない場合のローレンツ力は仕事をしない」となる. オランダの物理学者ヘンドリック・ローレンツ（Hendrik A. Lorentz, 1853-1928）の名に由来する.

となる．粒子の速度と磁場が角度 θ をなしているときは，(10.4) 式と同様に考えて，

$$f = qvB\sin\theta \qquad\qquad \cdots\cdots (10.6)$$

となる．または磁場ベクトルに平行な速度成分に対しては力が及ばず，磁場に垂直な速度成分に対してのみ力が及ぶと考えてもよい〔速度はベクトルなので任意の向きに分解できること（→2章）を思い出そう〕．

❷電荷の符号とローレンツ力の向き

ローレンツ力の向きは，粒子の電荷が正ならば図10-19で中指の指す向きを粒子の速度の向き（＝電流の向き）と読みかえればよい．粒子の電荷が負のときは，粒子の速度と電流とは互いに向きが反対なので，中指の指す向きを粒子の速度の向きと反対にしなくてはならないことに注意しよう．

ローレンツ力 F
磁束密度 B
電流 I

図10-19 ローレンツ力についてのフレミングの左手の法則
電荷が正ならば電荷の速度 v と電流 I とは同じ向き，電荷が負ならば反対．

❸ローレンツ力と電流が磁場から受ける力の関係

導線中の電流は電子の流れであるから，個々の電子が受けるローレンツ力の総和が10.3.1で学んだ電流にはたらく力であるとみなすことができる．

❹ローレンツ力は仕事をしない

ローレンツ力は粒子が運動する向きに垂直なので，粒子に対して仕事をしない（→3.1.1）．すなわち加速も減速もせず粒子の速さが変化しないので運動エネルギーが変化しない．

❺サイクロトロン運動

一様な磁束密度 B の磁場中で質量 m，電気量 q (>0) をもつ粒子が磁場に垂直な面内で速さ v で運動することを考えよう．ローレンツ力は速度の向きに垂直なので，粒子は速さ v のまま，力の向きに常に曲げられながら運動するだろう．速度の向きに常に垂直な力は向心力であるから，粒子は図10-20のような等速円運動（→2.5）をする．これをサイクロトロン運動とよぶ．向心力＝ローレンツ力なので，$m\dfrac{v^2}{r} = qvB$ よ

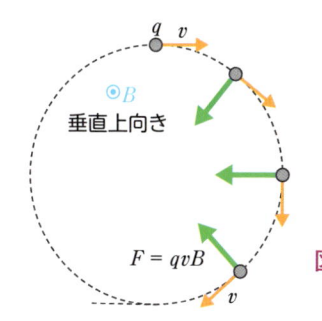

q v
$\odot B$
垂直上向き
$F = qvB$
v

図10-20 電気量 q (>0) をもつ粒子が磁場に垂直に速さ v で入射した場合の運動

り円運動の半径は $r = \dfrac{mv}{qB}$ と表される．これはサイクロトロン半径とよばれる．また，円運動の周期 T は1周回転するのにかかる時間なので円周を粒子の速さで割って，

$$T = \frac{2\pi r}{v} = \frac{2\pi m}{qB} \qquad \cdots\cdots (10.7)$$

となる．これはサイクロトロン周期とよばれ，粒子の速さ v によらず，粒子の質量，電荷の大きさ，磁束密度の大きさで決まる．(10.7) 式から，磁束密度の大きさが同じなら，電荷と質量の比 $\dfrac{q}{m}$ が等しい粒子は同じ周期で円運動をすることがわかるだろう． $\dfrac{q}{m}$ をその粒子の比電荷という．

❻粒子が磁場に対し斜めに進む場合のローレンツ力

　電荷をもつ粒子が磁場に対し斜めに進む場合の運動はどうか．磁場に垂直な面内ではローレンツ力によりサイクロトロン運動をする．一方，磁場に平行な方向ではローレンツ力ははたらかず，速度は変化しない．したがって粒子は図10-21Aのように磁場に垂直な面内で回転しながら，図10-21Bのように磁場に平行な向きに等速直線運動をする．両者を合わせて，粒子は図10-21Cのように磁場に沿ってらせん運動をする．磁力線の接線方向が磁場の向きであることを思い出すと，粒子はあたかも磁力線に巻きつきながら磁力線に沿ってらせん運動するように見える．

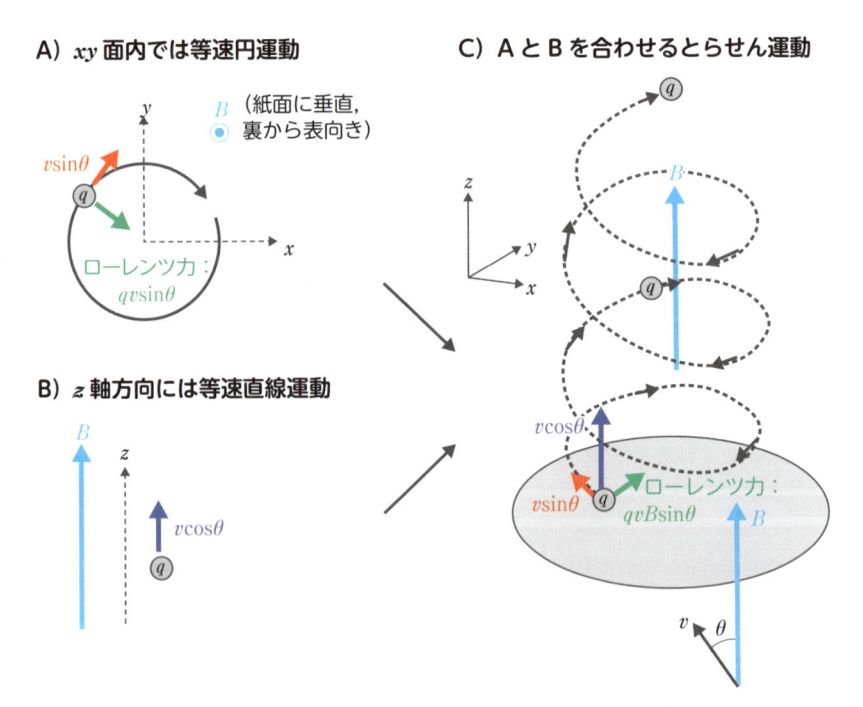

A) xy 面内では等速円運動

B) z 軸方向には等速直線運動

C) A と B を合わせるとらせん運動

図10-21　電荷をもつ粒子が磁場に対し斜めに入射した場合の運動

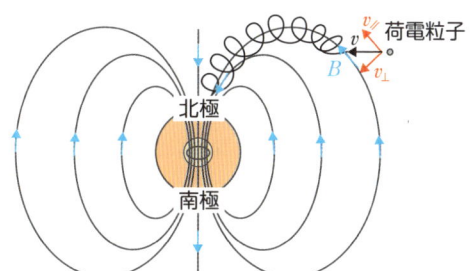

図 10-22　地球がつくる磁力線の周りでの
電荷をもつ粒子の運動

❼オーロラの原理

最後に，考えてみよう に書いた，オーロラが極地付近でしか観測できない理由を説明しよう．オーロラとは，大気圏外からやってきた電荷をもつ粒子が大気中の窒素分子などに衝突し，分子が発光する現象である．太陽表面の爆発で発生し吹き飛ばされたイオンなどの粒子（太陽風という）は地球付近にやってくると，図10-22のように地球の磁力線に沿ってらせん運動し，極地付近で大気圏に突入する．低中緯度地域にはほとんどやって来ない．だからオーロラは極地付近でしか見えないのである．

- 磁場中の電流にはたらく力

  方向：フレミングの左手の法則で表される — 磁場と電流両方の向きに垂直

  大きさ：$F = IBl$

  $$F = IBl\sin\theta \quad （電流と磁束密度が角度 \theta をなすとき）$$

  電流が磁場と平行なときは力を受けない

- 電荷をもつ粒子が磁場中を運動するとき磁場から受ける力：ローレンツ力

  方向：フレミングの左手の法則で表される — 磁場と電荷の速度（電流）両方の向きに垂直

  大きさ：$f = qvB$

  $$f = qvB\sin\theta \quad （粒子の速度と磁束密度が角度 \theta をなすとき）$$

  磁場に平行な速度成分に対してはローレンツ力ははたらかない

  ＝ローレンツ力は仕事をしない

確認問題　問　磁束密度 $B = 1\,\mathrm{T}$（テスラ）の一様な磁場がある空間に，電子（電気量 $-1.6 \times 10^{-19}\,\mathrm{C}$，質量 $9.1 \times 10^{-31}\,\mathrm{kg}$）が磁場に垂直に速度 $v = 1000\,\mathrm{m/s}$ で入射したときのサイクロトロン周期を求めよ．

解答　(10.7) 式より $T = (2\pi \times 9.1 \times 10^{-31})/(1.6 \times 10^{-19} \times 1) = 3.6 \times 10^{-11}\,\mathrm{s}$．速度 v には依存しないことに注意．

10.4 磁場が電流をつくる—電磁誘導

コイルと磁石を使うと電流や電圧を発生させることができる．大きな電流・電圧を発生させるためにはどうすればよいだろうか．

10.4.1 ファラデーの電磁誘導の法則

❶磁石とコイルで電流をつくる

10.2で学んだように「電流が磁場をつくる」というならば，逆に「磁場から電流を生み出すこと」はできないだろうか．コイル・磁石・LED（発光ダイオード）を組み合わせて図10-23のような装置をつくってみよう．コイルとLEDをつなげたものが，磁石の上にただ乗っているだけでは何も起こらない．しかし，磁石を素早くコイルから離した瞬間や，逆に磁石を素早くコイルに近づけ

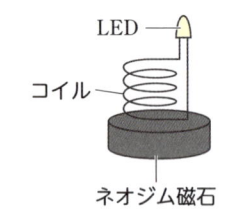

図10-23 磁場から電流をつくる装置

た瞬間に，コイルに電流が流れLEDが光る．コイルに電流が流れるのはコイルを貫く磁場が変化したときである．

❷電磁誘導の法則

上の実験でわかることは，コイルを貫く磁場が変化するとコイルに電流を流すような電圧が発生するということである．磁場の変化により電圧が発生する現象を**電磁誘導**といい，発生する電圧を**誘導起電力**という．また，回路が閉じていれば誘導起電力によって電流が流れる．これを**誘導電流**という．ファラデー（8章※14参照）は，「回路を貫く磁束の変化の割合が大きいほど，誘導起電力（電圧）が大きくなる」ことを発見した．これを**ファラデーの電磁誘導の法則**という．

❸磁束

磁束とは，閉回路の内側の面を貫く磁束密度に，閉回路の内側の面の面積をかけたものである．ただし面積にかけるのは面に垂直な磁束密度の成分である．図10-24Aのように一様な磁束密度Bの磁場が面積Sの回路を垂直に貫いていれば，磁束Φ はファイ $\Phi = BS$となる．図10-24Bの

A) 磁束密度が面に垂直な場合

磁束密度 B

回路（面積 S）

磁束 $\Phi = BS$

B) 磁束密度が面の法線と角度θをなす場合

磁束密度 B

θ

磁束 $\Phi = BS\cos\theta$

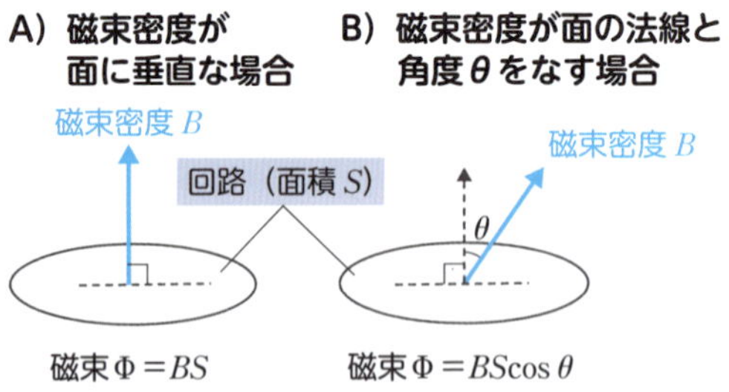

図10-24 磁束

ように磁束密度が面の法線に対して角度θで傾いていれば，磁束Φは$\Phi = BS\cos\theta$となる．また，回路がN回巻きのコイルであれば磁束は1つの閉回路の場合のN倍となる．

10.4.2 ┃ 誘導起電力の向き

電磁誘導の法則を，誘導起電力の向きと大きさに分けて説明しよう．

❶レンツの法則

誘導起電力の向きは**レンツの法則**によって決まる．レンツの法則とは，「電磁誘導による誘導起電力は<u>磁束の変化を妨げるような電流（誘導電流）を生じさせる</u>」というものである．

❷磁束が増加するとき

図10-25Aのように，閉回路を上向きに貫く磁束が増加するとき，時計回りに誘導電流が流れる．このとき右ねじの法則により下向きに回路を貫く磁場が生じ（→10.2.3），磁束の増加を打ち消そうとする．

❸磁束が減少するとき

図10-25Bのように上向きの磁束が減少するときには，これを打ち消す上向き磁場が生じるように，反時計回りの誘導起電力が発生する．

❹磁束・誘導電流・誘導起電力の方向

図10-26のように磁束Φと誘導電流Iおよび誘導起電力Vの向きを定義する．これに従えば，誘導電流Iと誘導起電力Vの符号は，図10-25Aの場合はどちらも負，図10-25Bの場合はどちらも正となる．

A) 回路を貫く磁束が増加（磁石の N 極を近づける）

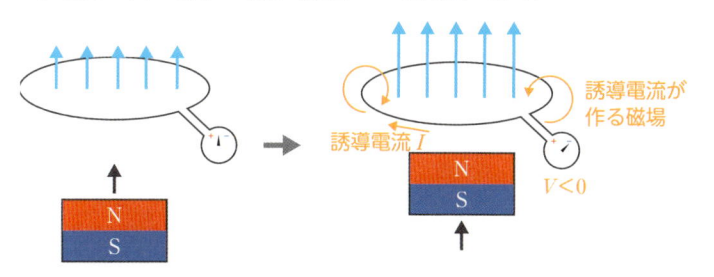

B) 回路を貫く磁束が減少（磁石の N 極を遠ざける）

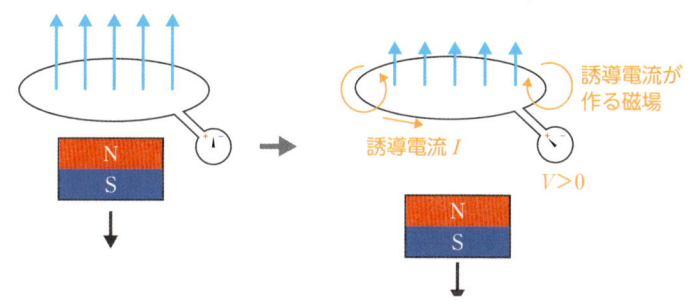

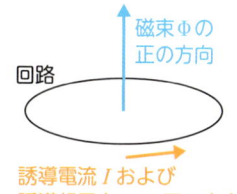

図10-26 磁束と誘導電流・誘導起電力の方向の定義

図10-25 誘導起電力の向き

磁束の変化を打ち消す磁場が発生するような誘導電流が流れる向きに電圧が生じる（青い磁場ベクトルの変化を橙色の磁場ベクトルが打ち消すように誘導電流が流れる）．

10.4.3 ┃ 誘導起電力の大きさ

時間Δtの間に磁束が$\Delta\Phi$だけ変化したとすると，発生する誘導起電力の大きさ$|V|$ = $\left|\dfrac{\Delta\Phi}{\Delta t}\right|$である（今は大きさのみ扱っているので絶対値記号をつけて書いておく）．このように誘導起電力の大きさは，磁束が時間に対して変化する割合（いわば「磁束が変化する速さ」）に比例する．

10.4.4 ┃ 電磁誘導の法則の式による表現

❶電磁誘導の法則の式

10.4.2と10.4.3で述べたことをまとめて式で表すと，電磁誘導の法則は

$$V = -\frac{\Delta\Phi}{\Delta t} \qquad\qquad \cdots\cdots (10.8)$$

となる．（10.8）式のマイナス符号は，「磁束の変化を妨げる向き，すなわちレンツの法則で定められる向き」を意味している．誘導起電力Vと磁束Φの向きは図10-26に示したとおりである．

誘導起電力の大きさは「磁束が変化する速さ」に比例し，図10-25で磁石を素早く近づけたり遠ざけたりして磁束を速く変化させるほど大きな誘導起電力を発生させることができる．また，磁束が変化する速さが同じならば，磁束密度Bやコイルの巻き数N，閉回路の面積Sを大きくして磁束を大きくすることで誘導起電力を大きくすることができる．

❷導線が動く場合の電磁誘導

図10-27のように，一定の均一な磁場の中で，抵抗Rを直列につないだコの字型の導線の上を，金属棒が速さvで転がることによっても誘導起電力や誘導電流は発生する．なぜなら金属棒が転がると，閉回路の面積が変化し閉回路を貫く磁束が変化するからである．コの字型導線の幅をlとすると，単位時間あたりの閉回路の面積の変化はlvである．したがって単位時間あたりの閉回路を貫く磁束の変化$-\dfrac{\Delta\Phi}{\Delta t} = Blv$となるため，誘導起電力$V = -Blv$である．すなわち大きさ$Blv$で時計回りの向きに（図10-26を参照のこと）誘導起電力が発生する．閉回路の抵抗Rより，誘導電流は$I = V/R = Blv/R$である．

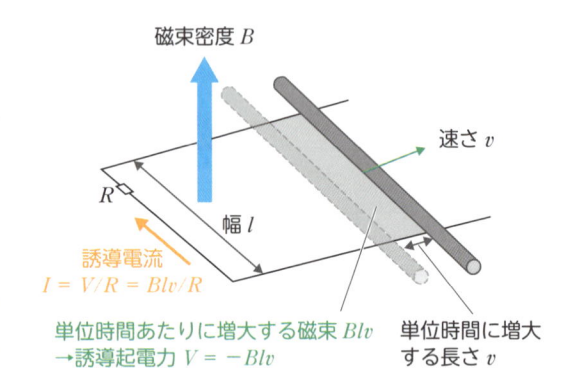

図10-27　導線が動く場合の電磁誘導
一定の均一な磁場の中でコの字型の導線の上を金属棒が速さvで転がることで，閉回路の面積が変化していくことにより閉回路を貫く磁束が変化し，誘導起電力や誘導電流が発生する．

10.4.5 ▍発電機

❶電磁誘導による発電

　図10-28のようにコイルを一様な磁場中で角速度ω（→2.5.3）で回転させるとしよう．コイルの断面積S，コイル面の法線と磁束密度Bのなす角θ（$=\omega t$）とすると，図10-24Bと同様に考えて，コイル面を垂直に貫く磁束Φは，$\Phi = BS\cos\theta = BS\cos\omega t$となる（図10-28B）．磁束$\Phi$は時間に対して角振動数$\omega$で変動する．磁束$\Phi$と「磁束$\Phi$が変化する速さ$\dfrac{\Delta\Phi}{\Delta t}$」の関係は2.6（単振動）で学んだ変位と速さの関係と同様に考えることができるので，$\Phi = BS\cos\omega t$なら，$-\dfrac{\Delta\Phi}{\Delta t} = BS\omega\sin\omega t$である[8]．したがって誘導起電力$V$の大きさは，$V = BS\omega\sin\omega t$となる．また，図10-28の回路の抵抗$R$に流れる電流$I$は$I = \dfrac{V}{R} = \dfrac{BS\omega}{R}\sin\omega t$となる．誘導起電力（電圧）および電流の大きさや向きは時間に対し周期的に変動する．時間に対して向きが周期的に変動する電圧・電流を**交流電圧・交流電流**という（→10.5.1）．

❷発電機とモーターの関係

　発電機は図10-28のように磁場中で力学的エネルギーを加えてコイルを回転させ，誘導電流という形で電気エネルギーを得るものである．一方，図10-18のようなモーターは磁場中のコイルに電流を流して（電気エネルギーを加えて），回転という形で力学的エネルギーを得るものである．発電機とモーターは，どちらも磁場中のコイルを利用してエネルギーを変換する関係になっている（図10-29）．

❸発電所の発電

　発電所の発電にはいろいろな方式があるが，水力・火力・原子力・風力発電とも，力学的エネルギー（コイルの回転）から電磁誘導により電気エネルギーを得る点で共通している．

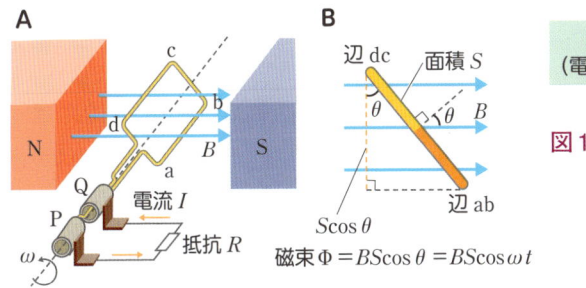

図10-28　発電機
コイルを回転させると電流が発生する．

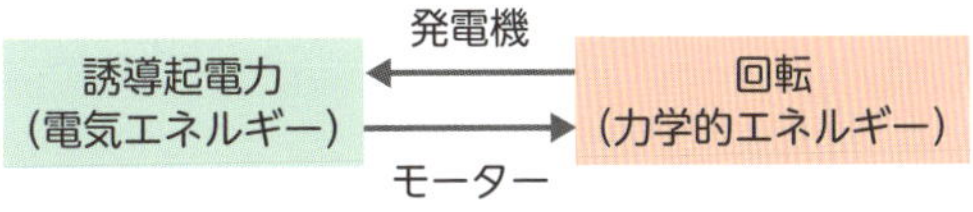

図10-29　発電機とモーターの関係

---

[8]　正確には微分を使うと導くことができる．$\cos\omega t$をtで微分すると$-\omega\sin\omega t$になるので，（10.8）式の$-$符号に注意すると$V = BS\omega\sin\omega t$となる．

10.4.6 変圧器

❶電磁誘導による電圧の変換

図10-30のように2つのコイルを並べ，一方のコイルに交流電圧 V_1 を加えて交流電流 I_1 を流し（1次コイルという），時間変動する磁場（磁束）を発生させる．この時間変動する磁場はもう1つのコイル（2次コイルという）を貫くため，電磁誘導により2次コイルに誘導起電力 V_2 と誘導電流 I_2 が発生する．すなわち導線でつながっていなくても，別のコイルに電圧を発生させることができる．

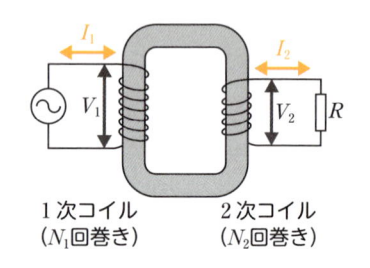

図10-30　電磁誘導による電圧の変換

1次コイルに交流電流を流すと，1次コイルに時間変動する磁場（磁束）が発生し，2次コイルをも貫くため電磁誘導により2次コイルに誘導起電力が発生する．

❷変圧器の構造

1次コイルと2次コイルの巻き数を変えておくと，1次コイルに加えたのと異なる大きさの電圧を2次コイルに発生させることができる．これが**変圧器**である（図10-31）．発電所で発電した電力は変電所ごとに電圧を変えながら送電され，最後は電柱の上の変圧器（柱上変圧器）で100 Vまたは200 Vに変圧されて各家庭などへ供給される．実際の変圧器は図10-31のように N_1 回巻きの1次コイルと N_2 回巻きの2次コイルを共通の鉄芯に巻いた構造になっている．それぞれのコイルに生じる電圧 V_1，V_2 とコイルの巻き数 N_1，N_2 との間には，$V_1/V_2 = N_1/N_2$ の関係がある．

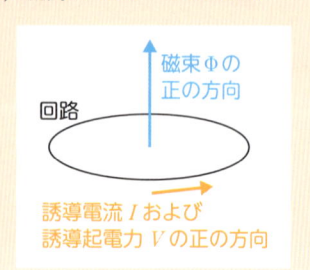

図10-31　変圧器

2つのコイルを共通の鉄芯に巻きつけて，1次コイルに発生した磁束を効率よく2次コイルに伝えている．

 要点まとめ

・磁束：
閉回路の内側の面に垂直な磁束密度の成分に，閉回路の内側の面の面積をかけたもの．
一様な磁束密度 B の磁場が面積 S の回路を垂直に貫いていれば磁束 Φ は $\Phi = BS$．磁束密度が面の法線に対して角度 θ で傾いていれば，磁束 Φ は $\Phi = BS\cos\theta$．

・ファラデーの電磁誘導の法則：
回路を貫く磁束 Φ が時間変化するとき，回路には磁束の時間微分に比例する誘導起電力 V が発生する．

$$V = -\frac{\Delta\Phi}{\Delta t}$$

磁束 Φ の正の方向

回路

誘導電流 I および誘導起電力 V の正の方向

> ただし誘導起電力 V の向きは，右ねじが進む向きを磁束の正の方向としたとき，ねじが回転する方向を正の向きとする．
>
> ・発電機：
>
> コイルを一様な磁場中で回転させると電磁誘導により電流を発生させることができる．
>
> ・交流：
>
> 電圧・電流の向きが周期的に時間変化する．
>
> ・変圧器：
>
> 2つのコイルを並べ，1次コイルに交流を流し，発生した振動磁場が2次コイルを貫くことで電磁誘導により2次コイルに電圧が発生する．1次コイルと2次コイルの巻き数を変えておくと，電圧を変換することができる．

確認問題 ▶ **問** 直径 10 mm，50回巻きのコイルに 100 mT の磁束密度の磁場がかかっている．

①50回巻きのコイルであることに注意して，コイルを貫く全磁束を求めよ．

②一定の速さで0.1秒間かけて磁場をゼロにしたとき，発生する誘導起電力を求めよ．

解答 ① $\Phi = \pi \times (5 \times 10^{-3})^2 \times 50 \times 100 \times 10^{-3} = 3.9 \times 10^{-4} \text{ T·m}^2$
② $V = -(0 - 3.9 \times 10^{-4})/0.1 = 3.9 \times 10^{-3} \text{ V} = 3.9 \text{ mV}$

10.5 交流とインピーダンス

考えてみよう 交流電圧は時間に対して変化しているはずなのに，家庭の電源コンセントの交流電圧は「100V」のように一定値が記されている．この 100 V とはどのような意味なのだろうか？

10.5.1 交流電圧・交流電流

❶直流と交流

乾電池から得られる電圧・電流は，大きさや向きが常に一定で時間変化しない直流である（図10-32A）．一方，10.4.5で学んだように発電機によって発生する誘導起電力・誘導電流は時間とともに周期的に振動する（図10-32B）．時間に対して向きが周期的に変動する電圧・電流は交流電圧・交流電流である．発電所から家庭の電源コンセントに送られてくるのは交流である．

❷周期・周波数（振動数）

電圧・電流が1回振動するのに要する時間が周期 T であり，その逆数すなわち単位時間あたりの振動の回数が**周波数**（振動数）f[9] である．また，角振動数 ω とすると

※9 電気工学の世界では振動数でなく周波数という言葉を使うことが多い．

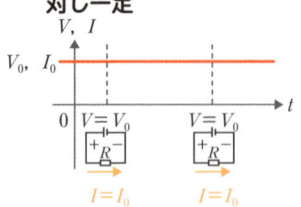
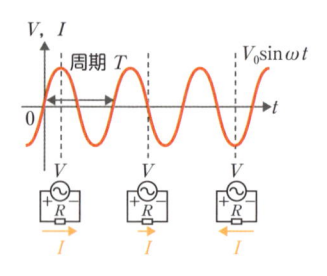

図10-32　直流と交流
抵抗のみの回路に直流電圧（A），交流電圧（B）を加えた場合の，抵抗を流れる電流と抵抗に加わる電圧．

ωとfの間には$\omega = 2\pi f$の関係がある．これらは5章で学んだ波の場合と同様である．交流周波数は東日本では50 Hz，西日本では60 Hzが採用されている．

10.5.2 ┃ インピーダンス

❶交流と抵抗

図10-32において，抵抗Rに$V(t) = V_0 \sin\omega t$で表される交流電圧を加えるとき，抵抗を流れる電流は$I = V/R = V_0 \sin\omega t/R = I_0 \sin\omega t$となる．

❷交流とコイル

図10-32の回路にさらにコイルを直列につないでコイルに交流電流が流れる場合を考えよう．コイルに直流電流を流した場合，コイルには抵抗Rはないので電圧降下はなく，ジュール熱も発生しない．一方，交流電流を流すと，コイルに時間変動する磁場が生じるため誘導起電力が生じる．この誘導起電力はコイルに流れる交流電流による磁場の変化を打ち消すように発生する．ということは誘導起電力が交流電流の変化を妨げるので，交流電流は流れにくくなる．すなわち，交流に対してコイルは電流を流れにくくするようにはたらく．

❸交流とコンデンサー

次にコンデンサーを直列につないでコンデンサーに交流電流が流れる場合を考えよう．8.5.3で学んだように，コンデンサーに直流を流すとコンデンサーが充電されていき，電極間電圧が電源電圧と等しくなると回路に電流は流れなくなる．一方，交流では，電圧の向きが周期的に変わるため，そのたびごとにコンデンサーは充電・放電をくり返す．これは電源電圧による電流を打ち消すような作用をする．すなわち，交流に対してコンデンサーは電流を流れにくくするようにはたらく．

❹インピーダンス

交流に対しては，抵抗Rだけでなくコイルやコンデンサーも電流を流れにくくするはたらきをする．そこで，直流における抵抗Rと区別するために，交流における電流

を流れにくくするはたらきを**インピーダンス**とよび，Zで表す.

❺交流回路

図10-33のような交流電源と抵抗R，コイルL，コンデンサーCが直列に接続された交流回路（LCR回路）を考えよう．交流電源の電圧を$V(t) = V_0 \sin\omega t$として，図10-33の回路に最大値I_0の電流が流れたときのインピーダンスは

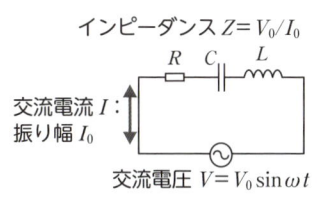

インピーダンス $Z = V_0/I_0$

交流電流 I :
振り幅 I_0

交流電圧 $V = V_0 \sin\omega t$

図10-33 LCR回路

$$Z = \frac{V_0}{I_0} \qquad \cdots\cdots (10.9)$$

で定義される．直流におけるオームの法則と同じ形をしていることからわかるように，インピーダンスの単位は［Ω］である．図10-33のような回路では電力の消費があるのは抵抗Rのみである．コイルとコンデンサーでは電力の消費はなく，ジュール熱は発生しない.

10.5.3 ▌交流の実効値

❶交流における電力

交流電源と抵抗Rのみの回路を考えよう．抵抗Rの両端に交流電圧$V(t) = V_0 \sin\omega t$を加えると，電流

$$I(\mathrm{t}) = I_0 \sin\omega t, \quad \left(I_0 = \frac{V_0}{R} \right) \qquad \cdots\cdots (10.10)$$

が流れる．抵抗Rで消費される電力Pは，

$$P(t) = IV = I_0 V_0 \sin^2\omega t = \frac{V_0^2}{R} \sin^2\omega t = IR^2 \sin^2\omega t \quad \cdots\cdots (10.11)$$

となる．これは時間に対して変動するが，$\sin^2\omega t$の値は0から1の間で変化し，その時間に対する平均値はちょうどピーク値の半分$\frac{1}{2}I_0 V_0$となる．電力Pの時間平均は，$\frac{1}{2}I_0 V_0 = \frac{I_0}{\sqrt{2}} \times \frac{V_0}{\sqrt{2}}$と表せる．ここで，電圧$V_e = \frac{V_0}{\sqrt{2}}$，および電流$I_e = \frac{I_0}{\sqrt{2}}$を，交流電圧・電流の**実効値**と定義する.

❷実効値の計算

実効値を用いると，オームの法則や電力の計算を直流と同様に扱うことができる．家庭用コンセントで電圧100 Vと表示されているのは，この実効値V_eのことである．電化製品に電源100 V，消費電力600 Wなどと書いてあるのは，$V_e = 100$ Vで時間平均600 Wの電力を消費するという意味である．家庭用コンセントの100 Vは実効値であり，電圧$V(t)$の最大値・最小値は$\pm V_0 = 100 \times \sqrt{2} = \pm 141$ Vということになる.

- 交流の周期・周波数・角振動数

  周期：T　周波数（振動数）：$f = \dfrac{1}{T}$　角振動数：$\omega = 2\pi f$

- インピーダンス Z：交流における，電流を流れにくくするはたらきをするもの

- コンデンサー・コイル：交流に対しては，電流を流れにくくするはたらきがある（抵抗 R と違い電力の消費はない）

- 実効値：電圧 $V_e = \dfrac{V_0}{\sqrt{2}}$，および電流 $I_e = \dfrac{I_0}{\sqrt{2}}$（$V_0$, I_0 は電圧・電流の最大値）

確認問題 **問** 最大値 200 V の交流電圧の実効値はどれだけか．

解答 最大値 $V_0 = 200$ V なので，$V_e = 200/\sqrt{2} = 141$ V

10.6 電磁波

考えてみよう 電磁波は波長の違いによって電波，光（可視光線），紫外線，X線や γ 線（ガンマ）などに分類されるが，電気や磁気とどう関係しているのだろうか．

10.6.1 磁場・電場の時間変動

これまでに学んだ，「電流が磁場をつくること」，「磁場の時間変動が誘導起電力を生じること」を思い出そう．

❶ 電磁波の発生

図 10-34A のように，時間変動する磁場があるとする．すると磁場の周囲には電磁誘導の法則によって誘導起電力が生じる（→10.4）．この誘導起電力も時間変動するので，磁場の周りに時間変動する電場が発生していることになる．一方，図 10-34B のように，時間変動する電場があるとする．これ

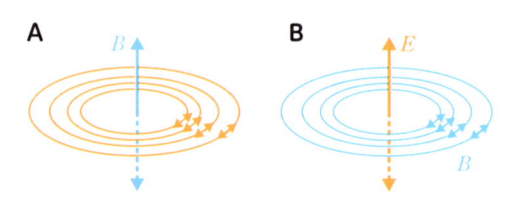

図 10-34　電磁波の発生
A）時間変動する磁場の周りには時間変動する電場ができる．　B）時間変動する電場の周りには時間変動する磁場ができる．

は交流電流が流れているようなものなので，時間変動する電場の周りには振動磁場が発生する．時間変動する磁場の周りには図 10-34A のように時間変動する電場ができる．時間変動する電場の周りには図 10-34B のように時間変動する磁場ができる……．こうして電場と磁場の振動は空間に波として伝わっていく．これが**電磁波**である．

❷ マクスウェルによる電磁波の予言

マクスウェル[※10]は電磁気学の基本法則を4つの方程式にまとめた．その方程式の解

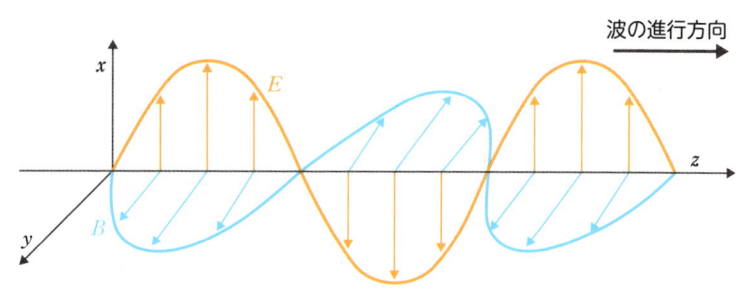

図 10-35　電磁波の伝播
電場 E は x 方向，磁束密度 B は y 方向に振動しながら z 方向に進行する電磁波を表している．

析から，電磁波の存在を予言し，電磁波が図10-35のように電場と磁場が互いに直交する横波として伝播していくことを示した．またその速さが実験的に知られていた光の速さ約 3.00×10^8 m/s（$= 30$ 万 km/s）と等しいことも示し，これにより光の正体は電磁波の一種であることを予言した．電磁波の存在は後にヘルツ（2章※10参照）により実験的に確かめられた．

10.6.2 ┃ 電磁波の分類

❶電波

　図10-36に示したように，電磁波は波長 λ の違いによって分類される．波長がおよそ 1 m 以上（$c = f\lambda$ の関係から振動数 f がおよそ 3×10^8 Hz 以下）のものを**電波**とよび，通信やラジオ・テレビ放送などに利用される．

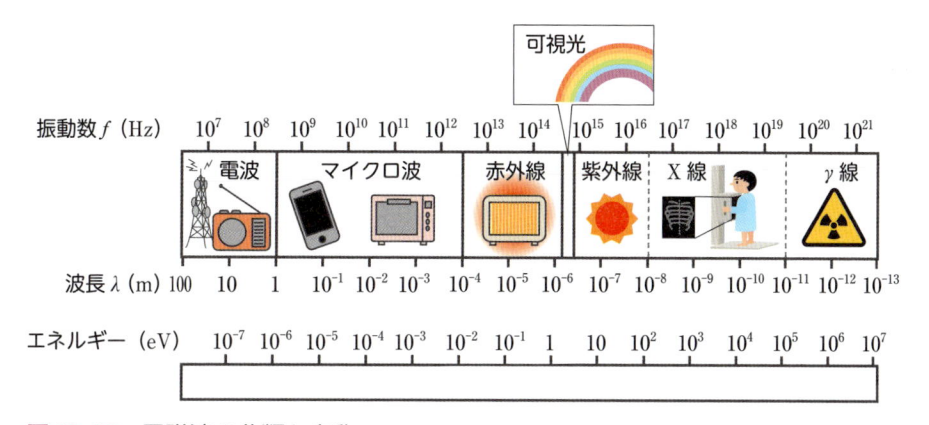

図 10-36　電磁波の分類と名称
エネルギーの単位 eV（電子ボルト）は11.2.2を参照．紫外線・X線・γ線は波長のみでは明確に分類されないので境界線は目安である．

❷マイクロ波

波長がおよそ$1 \times 10^{-4} \sim 1$ m（振動数およそ$3 \times 10^8 \sim 3 \times 10^{12}$ Hz）の電波は特に**マイクロ波**とよばれる．携帯電話やスマートフォンに使われるマイクロ波は波長0.1〜0.3 m程度（振動数およそ$1 \times 10^9 \sim 3 \times 10^9$ Hz）である．電子レンジに使われるマイクロ波は日本では振動数2.45×10^9 Hzと定められている．電子レンジで食品を温めることができるのは，マイクロ波のエネルギーが主に食品に含まれる水に吸収され，水分子の運動を激しくさせるためである．

❸赤外線・可視光・紫外線

波長約$7.7 \times 10^{-7} \sim 1 \times 10^{-4}$ m（振動数およそ$3.9 \times 10^{14} \sim 3 \times 10^{16}$ Hz）の電磁波が**赤外線**である．人間の目は波長約$3.8 \times 10^{-7} \sim 7.7 \times 10^{-7}$ m（振動数およそ$3.9 \times 10^{14} \sim 7.9 \times 10^{14}$ Hz）の電磁波を感じることができる．すなわちこの波長領域の電磁波が光（可視光）である．それより波長が短いと**紫外線**である（波長約$1 \times 10^{-8} \sim 3.8 \times 10^{-7}$ nm，振動数約$7.9 \times 10^{14} \sim 3 \times 10^{16}$ Hz）．

❹X線・γ線

X線や**γ線**は波長約1×10^{-8} m以下（振動数約3×10^{16} Hz以上）の電磁波である．X線は1895年にレントゲン[11]によって発見された，透過力のある電磁波であり，レントゲン写真やX線CTなどの画像診断やがんの放射線治療などに使われる．γ線は放射性物質から出る放射線で，最も波長が短い電磁波である．同じ電磁波であっても，X線やγ線は携帯電話の電波や可視光に比べて人体に大きな作用を与えるのがなぜかは12章で学ぼう．

- ・電磁波：電場と磁場の振動は波として伝わっていく
  ①振動電場（電流）が振動磁場をつくる→②電磁誘導により振動磁場が振動電場をつくる→③振動電場が……（以下くり返し）
- ・電磁波の速さ：$c = 3 \times 10^8$ m/s（光速と同じ）
- ・電磁波は横波
- ・電磁波は波長によって分類される：電波・マイクロ波・赤外線・可視光・紫外線・X線・γ線などはすべて電磁波である（光の正体は電磁波）

確認問題 ▶ **問** 電子レンジに使われるマイクロ波の波長を求めよ．（→ 10.6.2）

解答 $\lambda = c/f = (3 \times 10^8) / (2.45 \times 10^9) = 0.122$ m

---

※11　ヴィルヘルム・コンラート・レントゲン（Wilhelm Conrad Röntgen, 1845-1923）：ドイツの物理学者．1895年にX線を発見し，1901年に第1回ノーベル物理学賞を受賞した．

コラム　生活の中で使われる電磁誘導

　生活の中で使われる，電磁誘導を利用した機器にはどのようなものがあるか？

A) **IHクッキングヒーター**：IHとはinduction heatingすなわち誘導加熱の略である．図10-37Aのように調理器のコイルに交流を流し振動磁場を発生させると，電磁誘導により金属の鍋の底に誘導電流が流れる．誘導電流が鍋に流れるとジュール熱が発生し，加熱調理ができる．したがって土鍋や木の容器では使えない．

B) **非接触型ICカード**：電気的に接続していなくても，10.4.6に述べたように電磁誘導により離れたコイルに信号電圧を発生させることができる．非接触型ICカードでは，図10-37Bのようにカードに内蔵されたコイルと改札機やレジ側のコイルとの間で電気信号や電力をやり取りする．

C) **ワイヤレス充電**：スマートフォンなどは電源ケーブルをつながなくても充電パッドに置くだけで充電することができる．充電パッドには送電用コイルが入っていてこれに電流を流すことで振動磁場が発生する．スマートフォンには受電用コイルが入っており，スマートフォンを充電パッドに置くと電磁誘導により受電用コイルに電流が流れる．これをバッテリーに蓄えることで充電ができるのである（図10-37C）．

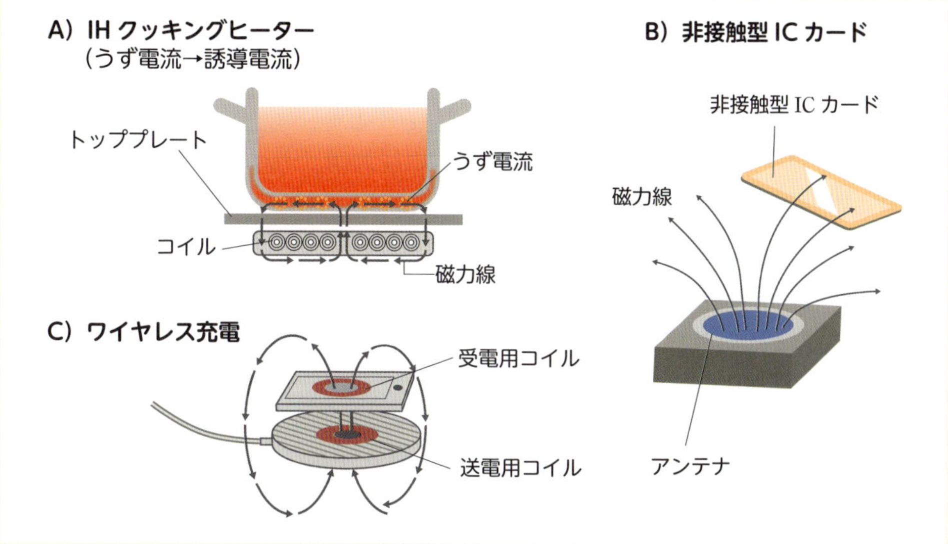

A) IHクッキングヒーター
（うず電流→誘導電流）

トッププレート
うず電流
コイル
磁力線

C) ワイヤレス充電

受電用コイル
送電用コイル

B) 非接触型ICカード

非接触型ICカード
磁力線
アンテナ

図10-37　生活の中で使われる，電磁誘導を利用した機器

1 長さ10 cmあたり100回巻きの十分長いコイルに1 Aの電流を流したとき，ソレノイドの内部に発生する磁束密度の大きさを求めよ．（→ 10.2.3）

2 互いに平行な直線導線に同じ方向に電流が流れているとき，導線の間にはたらく力の向きを図示せよ．また，電流が反平行の場合についても答えよ．（→ 10.2.2，10.3.1）

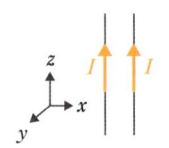

ヒント 一方の電流がもう一方の電流の位置につくる磁場を図示し，磁場と電流との間にフレミングの左手の法則を適用する．

3 50 cm離れた互いに平行な1 Aの電流が流れる無限に長い導線間にはたらく，1 mあたりの力の大きさを求めよ．（→ 10.2.1，10.3.1）

4 ①陽子を10^4 Vの電圧で加速した．陽子の速さvを求めよ．（→ 9.4.2）

②陽子を①の速さvで，一様な磁束密度Bの磁場中に入射した．磁場の向きは入射速度の向きと垂直であった．このとき，陽子を半径2 mの円軌道上を回転させるのに必要な磁束密度Bの大きさはどれだけか．また，そのときの円運動の周期を求めよ．（→ 10.3.2）

5 右図のように一様な磁束密度Bの磁場中にそれと垂直に長方形の回路を置き，回路の中央P，Qに金属棒を渡す．金属棒を矢印の向きに動かすと，回路には誘導電流が流れるが，誘導電流の向きはP→Q，Q→Pのどちらか．金属棒を矢印と反対向きに動かした場合は変わるだろうか．（→ 10.4.4）

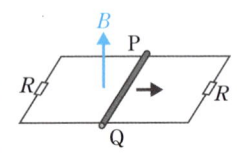

6 図10-31の変圧器において電力の損失がないとして，1次コイル・2次コイルに流れる電流I_1，I_2とコイルの巻き数N_1，N_2との間の関係式が$I_1/I_2 = N_2/N_1$となることを示せ．（→ 10.4.6）

7 実効値100 Vの交流電源に接続したとき600 Wの電力を消費する電熱器がある．この電熱器のインピーダンスはどれだけか．（→ 10.5.2，10.5.3）

8 マクスウェルは，真空中の電磁波の速さ c は電気定数 ε_0 （→9.2.1）と磁気定数 μ_0 （→10.2.2）を用いて $c = \dfrac{1}{\sqrt{\varepsilon_0 \mu_0}}$ と表されることを明らかにした．この値が（単位も含めて）真空中の光の速さと一致することを確かめよ．（→9.2.1, 10.6.1）

ヒント $\varepsilon_0 = 8.854 \times 10^{-12}$ F・m^{-1}, $\mu_0 = 1.257 \times 10^{-6}$ N/A^2 を代入し，[F] ＝ [C] / [V] ＝ [C^2] / [N・m]，[A] ＝ [C] / [s] の関係を用いる．

解答 ➡

11 原子と量子

この章の目標

● 電子・電気素量・原子核の実在を証明した実験事実を理解する.

● 光の粒子性を理解し，その性質で説明できる現象を知る.

● 電子が示す波動性（物質波）と量子条件の関係を理解する.

11.1 原子の構成要素

考えてみよう 原子は小さく，その存在を画像で確認するには高性能の電子顕微鏡が必要である．では，20世紀初頭の物理学者たちは，何を根拠として原子の構造を知ったのだろうか？ 見て構造を確認できないならば，古代ギリシャ[※1] の原子論と同じではないか．〔写真は大阪大学の電子顕微鏡と，撮影されたシリコン（Si）結晶．黒い点がシリコン原子〕

写真は日本電子株式会社ウェブサイト（https://www.jeol.co.jp/solutions/applications/details/1704.html）より転載.

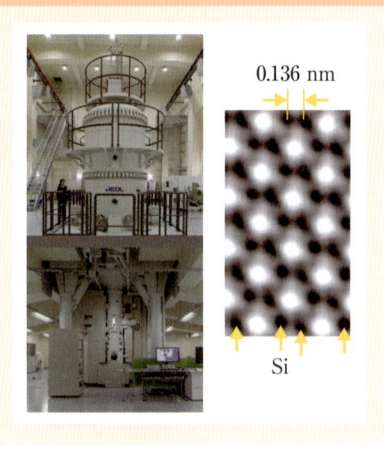

11.1.1 電子の発見

❶電子の発見

19世紀後半に電極のついた真空のガラス管がつくられた．電極に高電圧をかけると，マイナス電極から何かが放出されてプラス側のガラスに衝突し，**図11-1A** のようにガラスが蛍光を発した．この何かが**電子（electron）**であった．この発見以降，さまざまな実験が電子の性質を明らかにしていった.

❷電子の比電荷

特に重要な実験は**比電荷**e/m の測定であった．トムソン[※2]は**図11-1B** に示す真空の

[※1] 古代ギリシャの原子論を確立した哲学者とされるのは，デモクリトス（B.C.460頃–370頃）である．彼は，不生・不滅・無性質・分割不可能な物質単位 atom を考えた.

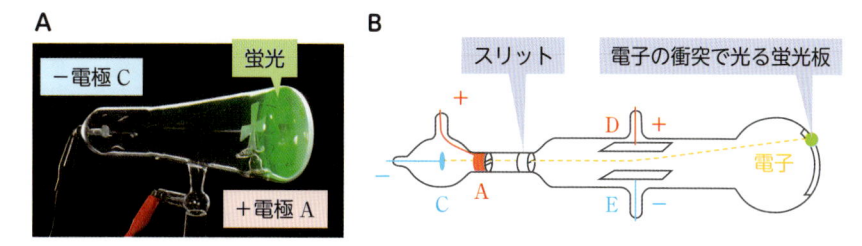

図 11-1　電子の実験に用いられた真空のガラス

A）電子は左の−電極Cから出て，C付近の電場で右に加速され，＋電極A側のガラスに衝突する．©コーベットフォトエージェンシー／内田洋行．B）トムソンがe/mの測定に使った真空のガラス管．電極DEがつくる下向きの電場によって電子の軌道が上に曲がったので，電子は負電荷をもつことがわかる．さらに図にはないが，コイルを管の外に置いて，管内に磁場もつくって曲がりを計測した．

ガラス管を使い，電子の通過路に磁場や電場をつくった．すると，電子は電場や磁場から力（→ 10.3.2「ローレンツ力」）を受けて方向を変えた．この変化量から比電荷を$e/m \approx -10^{11}$ C/kg と計算できた．また，電極の材質や電圧を変えて測定してもe/mが変わらなかったので，新発見の粒子は1種類であると考えられた．

❸電子の質量

さらにトムソンは，気体分子が電子を放出して＋イオンとなる現象から，電子と水素イオンの電気量は絶対値が等しいと考えた．電子の比電荷の大きさは既知であった水素イオンの比電荷と桁違い（約10^3倍）であったので，電子の質量は桁違いに小さいことになる．

11.1.2 ▌電気素量の発見

❶電子1個の電荷

1個の電子の電気量（電荷）を測定したのはミリカン[3]であった．図11-2に示す容器内で油滴を帯電させて，油滴の電気量を測定したのである．精密測定の結果，すべての油滴の電気量が誤差0.5％で，ある量の自然数倍であった．この「ある量」は電子1個の電荷の絶対値eで，自然数は中性原子が失った電子の数であった．この電気量は8章で述べた，これ以上分割できない**電気素量**（→ 8.1.1）である．

❷離散的な電気量

8章・9章では電気量をどのような値もとりうる実数で表現してきた．これは，電磁気の法則は最小単位の有無とは無関係に成立するからであり，電気素量eもクーロンを単位とする実数で表現した．ただし現実に存在するすべての電気量は電気素量の整

※2　Sir Joseph John Thomson（1856-1940）：イギリスの物理学者．気体の電気伝導に関する研究により1906年ノーベル物理学賞．12章で説明する安定同位体（→ 12.2.2）も発見した．教え子の7名がノーベル賞を受賞．

※3　Robert Andrews Millikan（1868-1953）：アメリカの物理学者．電気素量の計測（図11-2）と光電効果の研究（図11-7）により1923年ノーベル物理学賞．

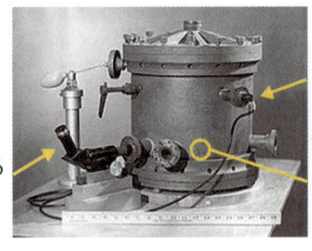

電極の電圧を変えると
油滴にかかる力が変わる

油滴の動きを測る
顕微スコープ

金属容器内に
霧状の油滴を生成する

図11-2　ミリカンが使った実験装置

容器内で霧状の油滴を帯電させる．すると，容器内の静電場によって油滴は
上下運動する．計算方法は省くが，この動きから個々の油滴がもつ電気量を
計算できた．

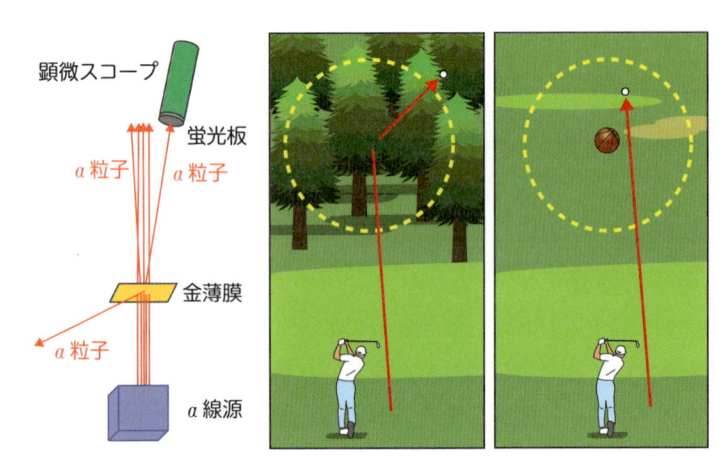

顕微スコープ

蛍光板

α 粒子　　α 粒子

金薄膜

α 粒子

α 線源

図11-3　ラザフォードの散乱実験

ラザフォードは，ラジウムが発する α 線を厚さと材質が異なるさまざまな薄
膜に当て，散乱による角度変化を調べた．この実験を原子を林に，α 粒子を
ゴルフボールに見立てて考えてみよう．林に打ち込まれたボールは，茂っ
た葉や小枝に進路を阻まれ，方向を変えるだろう．しかし実際の原子は，空
気（軽い電子）の中に重いバスケットボール（原子核）が浮かんでいるよ
うな構造であった．そのため，ほとんどのボール（α 粒子）が直進して通り
抜け，少数がはね返されたのである．

数倍で，とびとびの値だけである（これを「離散的な値をとる」ともいう）．

11.1.3 ▌ 原子核の発見

❶ ラザフォードの実験

　　直進する粒子などが物質内の原子などから力を受けて，方向を変えることを散乱と
いう．ラザフォード[※4]は図11-3に示す実験で，金薄膜を透過する α 粒子の方向の変化
（散乱角度）を調べた．大部分の α 粒子は10°以内の散乱角度で薄膜を通り抜けたが，

※4　Ernest Rutherford, 1st Baron Rutherford of Nelson（1871-1937）：ニュージーランド出身の物理学者．元素の崩壊，放
　　射性物質の化学に関する研究により1908年ノーベル化学賞．散乱実験以前に12章で述べる α 線・β 線・γ 線を命名し，
　　半減期を発見した．さらに α 線はヘリウムイオン He^{2+}（$=\alpha$ 粒子）の流れ，β 線は電子の流れであることも発見した．

大きな角度で散乱される α 粒子が稀に観測された．この大きな散乱角度は，原子より
はるかに小さく α 粒子より重い（実際は 195/4 倍）核が，静電気力の斥力で α 粒子をは
ね返したのだと解釈できた．この核が**原子核**である．この実験は歴史上最も美しい実
験の 1 つとして挙げられることが多い．それは，原子核と α 粒子間に静電気力を仮定
して散乱角度を計算すると，実験結果とぴったり一致したからである．

確認問題 **問** 金の原子核による α 粒子の散乱の様子を示した図として，最も適切なものを以下
から選べ．ただし，黄色い破線内は 1 つの原子が占める領域，黒い実線は α 粒子
の軌跡を模式的に表しているとする．

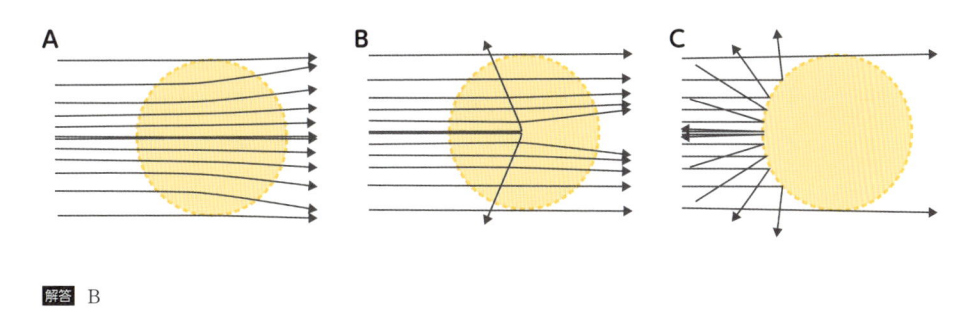

解答 B

❷ラザフォードの原子模型

原子を構成する 2 つの要素（電子と原子核）が確定し，**ラザフォードの原子模型**と
よばれる形[※5]が考えられた．この模型では図 11-4 のように正の電気量をもつ重く小さ
な原子核の周りを電子が静電気力で引きつけられて運動する．

❸電子の軌道

電子の運動を円運動とすると，円運動の式（→2.5.4）と静電気力の式（→9.2.1）を
使うことができる．ここからは 1 個の電子をもつ水素原子で計算する．電子の質量と

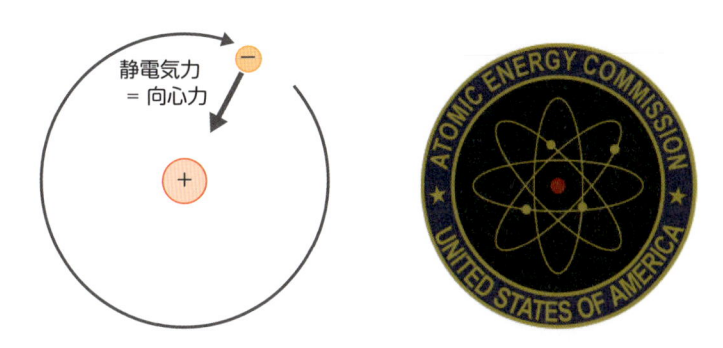

図 11-4 ラザフォードの原子模型
左：電子が 1 個の水素原子の模型．右：多電子の原子模型をモチーフとした，旧アメリカ原子力委員
会の紀章．©Jack Ryan Morris，クリエイティブ・コモンズ・ライセンス：CC BY-SA 4.0（https://
commons.wikimedia.org/wiki/File:Seal_of_the_United_States_Atomic_Energy_Commission.svg）

※5　物理現象を物理学の理論で説明できる構造や図などを，物理モデルまたは物理模型という．

速さを m と v，円軌道の半径を r，静電気力の係数を k とすると，向心力は $m\dfrac{v^2}{r}$，静電気力は $k\dfrac{e^2}{r^2}$ である．図 11-4 のモデルでは，電子にはたらく向心力は静電気力に等しく

$$m\frac{v^2}{r} = k\frac{e^2}{r^2} \qquad \cdots\cdots (11.1)$$

である．ここで m，k，e は既知の値なので，この（11.1）式は v と r の関係式である．

❹ 原子のエネルギー

続いて水素原子のエネルギー E を計算する．E は電子と原子核間の静電エネルギー[6] $-k\dfrac{e^2}{r}$ と電子の運動エネルギー $\dfrac{1}{2}mv^2$ の和で，

$$E = -k\frac{e^2}{r} + \frac{1}{2}mv^2 \qquad \cdots\cdots (11.2)$$

である．ここで，（11.1）式から得られる mv^2 を（11.2）式に代入すると，

$$E = -\frac{1}{2}k\frac{e^2}{r} \qquad \cdots\cdots (11.3)$$

となる．値がマイナスなのは，原子核から離れた位置でエネルギーゼロの電子は，エネルギーを失うことで原子核の近くに留まることを意味する．

要点まとめ

- 電子の比電荷の測定により，電子が微小質量の粒子であることが確定した．
- 電子電荷の測定により，電気素量が確定した．
- α 粒子の散乱角度を調べる実験により，原子核の存在が示された．
- 電子と原子核の存在が確定し，ラザフォードの原子模型が考えられた．

11.2 量子がつくる不思議な現象

考えてみよう　電気量が離散的だからといって，他の物理量までが離散的でとびとびの値をとるとは考えにくい．例えば，エネルギーが離散的でないと説明できない現象など，ありえないではないか？

11.2.1 ▎熱放射の不思議

❶ 熱放射の不思議

空間を隔てた物体に熱が伝わる「放射」という現象は，物体が熱エネルギーを電磁波として放射することで起きる（→4.3.4）．この電磁波を**熱放射**という．物質が高温であれば振動数の大きい電磁波を多く出すので，熱放射を光として見ることができる．19 世紀末の製鉄所では鉄の温度を，熱放射の色から目視で推測していた（図 11-5）．

※6　静電エネルギーは，陽子と電子が完全に離れた $r = \infty$ でゼロと定義する（→9.4.3）．

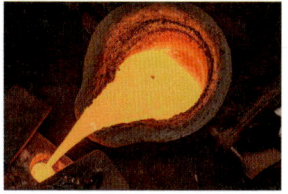

図 11-5　高温の鉄からの熱放射（発光）

高温（1600 K）では白く輝き，やや低温（1300 K）で黄，さらに低温（1000 K）では赤く見える．写真提供：warut‐stock.adobe.com/jp（左），Валерий Моисеев‐stock.adobe.com/jp（中央），makspogonii‐stock.adobe.com/jp（右）．

そしてさらに鉄の品質向上のため，装置を使って光のスペクトル（→7.2.3）を測定して温度測定の精度を高めることにした．ところが測定結果は，当時の物理理論に合わなかったのである．これは当時の物理学者にとって，予想外の不思議な現象であった．

❷エネルギー量子

この現象に対して，物質が光を放射して失うエネルギーと，光を吸収して得るエネルギーが，ある量の自然数倍であると仮定して計算すると，理論計算と測定結果が一致した．この量 E を**エネルギー量子**[7]といい，光の振動数を ν[8]とすると $E = h\nu$ であった．ここで h は**プランク定数**[9]とよばれる定数で $h \approx 6.626 \times 10^{-34}$ J・s である．

11.2.2 ┃ 光電効果の不思議

❶光電効果の不思議

光電効果は，磨いた金属面に光を照射すると電子が飛び出す図 11-6 の現象である．光の振動数に限界値 ν_0 があり，ν_0 以下の振動数の光を照射しても電子は飛び出さない．飛び出さない理由は光のエネルギーの不足だと考えがちである．ところが，光の

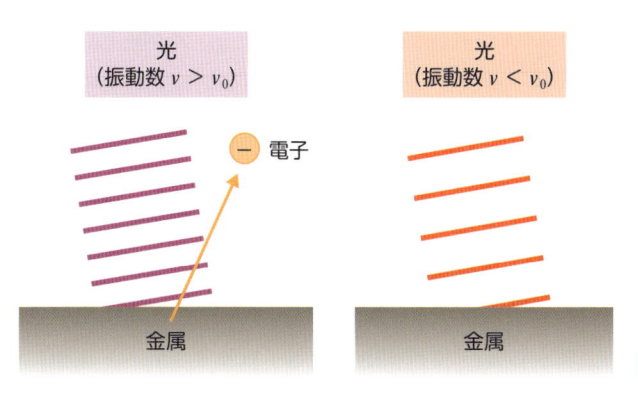

図 11-6　光電効果

光（振動数 $\nu > \nu_0$）　電子　金属

光（振動数 $\nu < \nu_0$）　金属

※7　物理量がある基準量の整数倍の値をとる場合に，この基準量を量子という．

※8　原子分野の慣習で振動数は，f ではなくニューと読むギリシャ文字を使う．

※9　Max Karl Ernst Ludwig Planck（1858-1947）はドイツの物理学者．エネルギー量子の発見により 1918 年ノーベル物理学賞．

照射量を増して大きなエネルギーを照射しても，振動数が小さい光（$\nu \leqq \nu_0$）では電子が放出されない．振動数に限界値ν_0があることは，当時の理論では説明できない不思議な現象であった．

❷光量子仮説

この現象を説明したのはアインシュタイン[10]であった．彼が提案した**光量子仮説**では，光をエネルギー

$$E = h\nu \qquad \cdots\cdots (11.4)$$

をもつ粒子のような存在と考え，**光子**（photon）とよぶ．光子は粒子のように1個の電子や分子に一瞬で全エネルギーを与える（光子は消滅するので「吸収された」ともいう）．1個の光子はそのエネルギーを，波として伝わる範囲全体に与えるのではなく，範囲内の1個の電子や分子にピンポイントで与えるのである．

❸光電効果の説明

振動数の限界値ν_0に相当する光子のエネルギー$h\nu_0$は，1個の電子を金属から引き離すエネルギーである．振動数がν_0より小さい光子では，エネルギー不足で電子は金属から出ることができない．照射量に比例して増えるのは光子の数であり，照射量を増しても個々の光子のエネルギーが不足していると電子は放出されない．これが光電効果の「不思議」を解消する説明である．

この過程で放出される電子の最大運動エネルギーK_{max}は，光子のエネルギー$h\nu$から$h\nu_0$を引いた量

$$K_{max} = h(\nu - \nu_0) \quad (\nu > \nu_0 \text{の場合}) \qquad \cdots\cdots (11.5)$$

のはずである．

❹光量子仮説の実証

ミリカンは，図11-7Aの直流回路を用いて（11.5）式が正しいことを示した．図の配線では，通常は電流が流れない．しかし，金属面に振動数の高い光を照射すると回路に電流が流れる．これは，＋の金属面から光電効果で放出された電子が－電極に達するからである．

ここで金属と電極間に逆電圧をかけて電場で電子を減速すると，運動エネルギーの大きかった電子だけが電極に到達できる．電圧を上げていくと電流は減少していく．そして電流がゼロになる電圧から，最大運動エネルギーK_{max}を計算する．このギリギリの電圧では，金属からK_{max}で放出された電子は減速され，－電極に達するところで運動エネルギーがゼロになるのである．

---

[10]　Albert Einstein（1879-1955）：ドイツ生まれの物理学者．光量子仮説に基づく光電効果の理論的解明により1921年ノーベル物理学賞．相対性理論の提案者でもある．

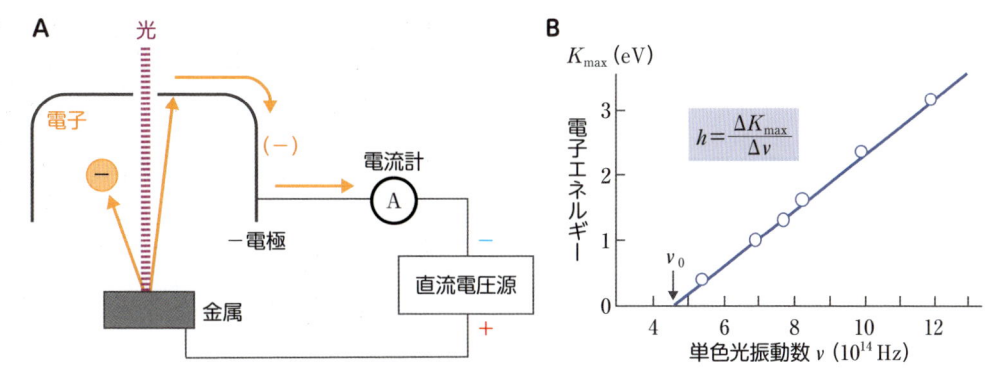

図11-7 光電効果によるプランク定数の測定

A) 測定に用いた直流回路では，金属を囲むマイナス電極と金属の間は接続されていない．しかし金属に光を照射し，放出された電子が電極に吸収されると，空間を電荷が移動したことにより回路に電流が流れる．B) 光の振動数 ν に対する電子の運動エネルギー K_{max} の測定結果．

　　光の振動数 ν を変えて K_{max} を測った結果を描いたグラフが図11-7Bで，（11.5）式が予想した直線になった．特に直線の傾きが，熱放射から得られたプランク定数 h と定量的に一致したことが，光量子仮説の証明となった．

❺電子ボルト

　　図11-7Bの縦軸の単位 eV（**電子ボルト**）はエネルギーの単位で，原子・原子核関連のエネルギーに対して J（ジュール）より一般的に使われる．1 eV は電子が 1 V の電位差で加速されて得るエネルギーで，$1\,\mathrm{eV} \approx 1.602 \times 10^{-19}\,\mathrm{J}$ である．この単位は，電気量をもたない光子に対しても使う．

確認問題 **問** 図11-7B に示した点○はミリカンが実測した測定点である．ここから直線の傾き $4.1 \times 10^{-15}\,\mathrm{eV} \cdot \mathrm{s}$ が得られた．この値を $1\,\mathrm{eV} = 1.6 \times 10^{-19}\,\mathrm{J}$ を使って J・s に単位換算し，11.2.1 に示されたプランク定数と比較しなさい．

解答 $(1.6 \times 10^{-19}) \times (4.1 \times 10^{-15}) = 6.6 \times 10^{-34}\,[\mathrm{J \cdot s}]$ となり，プランク定数と一致する．

11.2.3 ┃ 光の不思議

❶粒子性と波動性の両立

　　7章では光が示す波の性質を説明した．ところが光は粒子的性質も示す．波は物体ではなく伝播する変化なので，光がこれら2つの性質を示すことを不思議だと考える人は多い．しかし原子サイズでは，波の性質と粒子的性質は両立するのである．

❷星空の不思議

　　光の粒子性を認めないならば，われわれに夜空の星が見えることは，説明のつかない不思議な現象となる．それは，数光年彼方にある星からわれわれの小さな瞳に入る

光のエネルギーは微弱で，網膜上の光感応タンパク質を活性化できないからである．

しかし実際の光は粒子性を示し，光子は1個の分子に一瞬で全エネルギーを与える．この，波の性質だけでは不可能なエネルギーの集中が，光感応タンパク質の活性化を可能にしている．光が粒子性をもたなかったら，われわれは星空を見上げただろうか（図11-8）．

図11-8　星空
写真提供：yu-ki_d7500 – stock.adobe.com/jp

11.2.4 ▌電子が示す波動性の不思議

❶物質波

光量子説の約20年後に，粒子である電子が波動性をもつという，物質の概念を覆す説が発表された．そして間もなく，この波動性は複数の実験で確認された．この波を**物質波**，あるいは発見者の名から**ド・ブロイ波**[11]という．波として伝わる物理量の説明は本書の範囲を超えるので，重要な量である波長だけを示しておく．この波長 λ を**ド・ブロイ波長**といい，物質の運動量を $p = mv$，プランク定数を h とすると，

$$\lambda = \frac{h}{p} \qquad\qquad \cdots\cdots (11.6)$$

である．

❷電子が示す波動性

電子が波動性を示す例が図11-9の実験で，光の二重スリット実験（→7.4.2）に相当する．ここでは波の性質と粒子の性質が混在するので，多くの人にとっては理解し難い，不思議な現象に思えるかもしれない．

左下の電子源から出た電子は2つの開口部を通る．開口部では電場が電子の方向を変え，2つの開口部を通った物質波は検出部で重なる．測定を始めると，検出器は一個一個の電子を検出する．そして検出を長時間続けると，図11-9のような縞模様が現れてくる．この縞模様は干渉縞（→7.4.2）であり，縞模様の間隔はド・ブロイ波長を使った計算結果と一致する．

※11　Louis-Victor Pierre Raymond, 7e duc de Broglie（1892-1987）はフランスの物理学者．電子の波動的特性の発見により1929年ノーベル物理学賞．

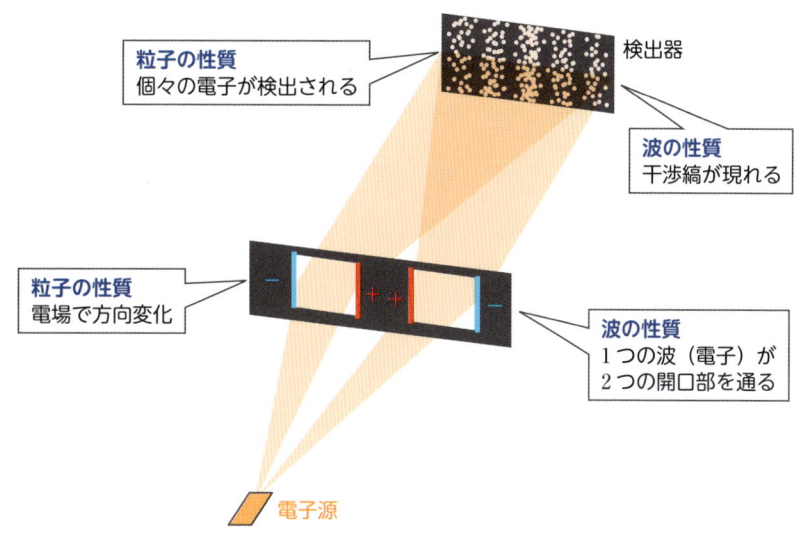

図 11-9　電子の干渉
検出器は 1 個の電子が到達した位置を 1 個の点として記録する．検出面では 2 つの開口部を通った物質波が干渉し，干渉縞ができる．

確認問題▶ 問　ド・ブロイは電子も光子と同じ式に従うと考えた．光子に対する，(11.6) 式に相当する式を導きなさい．ここで，光子のエネルギー $E = h\nu$，光速度 $c = \lambda\nu$，さらに相対性理論（本書の範囲外）から得られる光子の運動量 $p = E/c$ を用いなさい．

解答　粒子の運動量を $p = E/c$，エネルギーを $E = h\nu$ とすると，$p = h\nu/c$
速度 $c = \lambda\nu$ から得られる $\nu/c = 1/\lambda$ を右辺に代入すると $p = h/\lambda$
これを λ について解くと $\lambda = h/p$

要点まとめ

- 原子程度の大きさでは，物質も光も波の性質と粒子的性質を示す．
- 光子のエネルギー　$E = h\nu$　　　　ν：光の振動数
  　　　　　　　　　　　　　　　　　　h：プランク定数
- ド・ブロイ波長　　$\lambda = \dfrac{h}{p}$　　　　p：物質の運動量

11.3　量子と原子モデル

考えてみよう　　電子は波動性を示す．ならば，楽器の弦振動や気柱共鳴に相当する現象を，電子も起こしているだろう．楽器の意味を拡張するならば，自然界は楽器だらけというイメージもありうるのではないか？

11.3.1 ┃ 量子条件とエネルギー準位

❶量子条件

　ラザフォードモデルから得た (11.3) 式は，水素原子のエネルギー E と電子の軌道半径 r の関係式であり，この式だけでは r を決定できない．ならば，別の原理が存在し，原子の大きさ（図11-10）を決めているはずである．

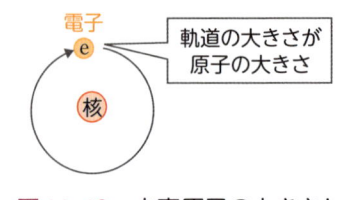

電子

軌道の大きさが原子の大きさ

核

図 11-10　水素原子の大きさと電子の軌道半径

　ボーア[12]は，この原理にプランク定数が関係すると考えた．電子の質量 m，速さ v，軌道の半径 r の積がプランク定数 h と同じ単位になることから，以下の式を提案したのである．

$$mvr = n\frac{h}{2\pi} \qquad \cdots\cdots (11.7)$$

この式が示す条件を**量子条件**といい，自然数 n は**量子数**とよばれる．

❷水素原子の電子の軌道

　この (11.7) 式と，ラザフォードの原子模型から得た (11.1) 式から v を消去すると r を計算できる．計算結果はやや複雑だが，

$$r = \left[\frac{h^2}{mke^2(2\pi)^2}\right]n^2 \qquad \cdots\cdots (11.8)$$

である．n が決まればこの式から r を決定できる．

❸水素原子のエネルギー準位

　さらにこの r を水素原子のエネルギーを示す (11.3) 式に代入すると，量子数 n の水素原子のエネルギー E_n が得られる．

$$E_n = -\left[\frac{m}{2}\left(\frac{2\pi ke^2}{h}\right)^2\right]\frac{1}{n^2} \qquad \cdots\cdots (11.9)$$

　E_n を水素原子の**エネルギー準位**といい，水素原子がとりうる状態のエネルギーを示す．最もエネルギーの低い $n=1$ の状態を基底状態といい，通常の水素原子はこの状態にある．これに対して $n\geqq2$ の状態を励起状態という．水素原子の大きさは基底状態の電子軌道の大きさである[13]．

　エネルギー準位は，図11-11 の左図のように図示する．水平の線は，その高さのエネルギーをもつ水素原子の状態を表す．そしてそれぞれの状態に対しては，「高いエネルギー準位」や「低いエネルギー準位」といった表現が用いられる．

---

[12]　Niels Henrik David Bohr (1885-1962)：デンマークの物理学者．原子構造と原子からの放射に関する研究により 1922 年ノーベル物理学賞．

[13]　数値は章末問題**3**，より正確な解釈は 11.3.4 の[20]を参照．

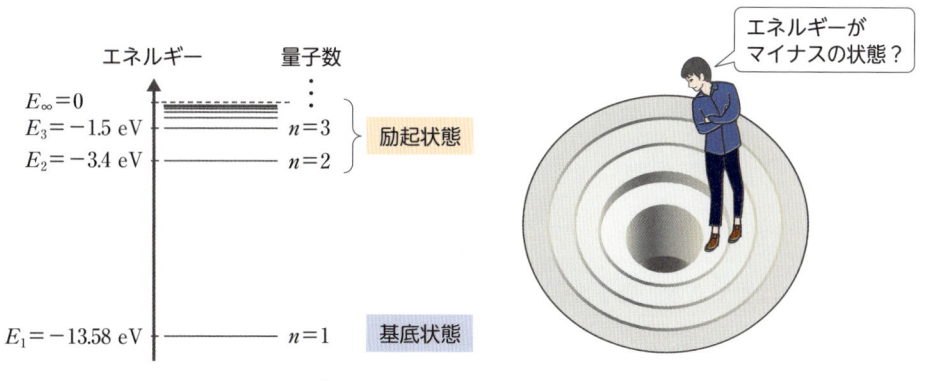

図11-11　水素原子のエネルギー準位
左図が示すエネルギー準位の高低を，床から掘った穴の深さのように考えると，穴の底が基底状態である．

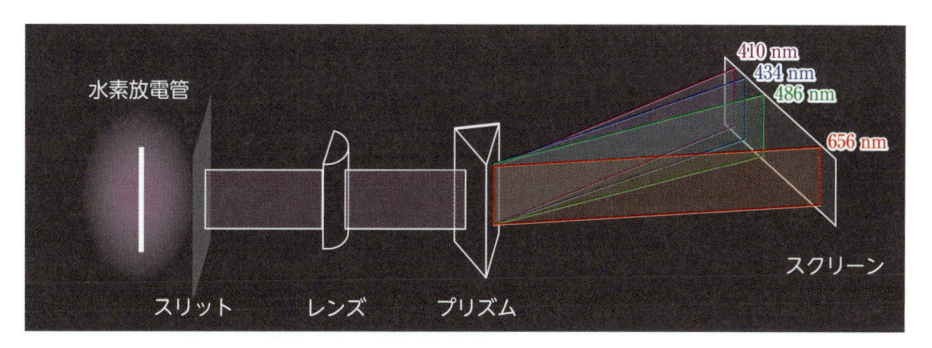

図11-12　水素原子が放射する光の分光測定
バルマーは水素放電管から放射される可視光が，4つの波長の光からなることを発見した．

11.3.2 ▌光子の放射と吸収

❶水素原子が放射する光

　　ガラス管内を低圧水素ガスで満たして放電させると光を出す[14]．バルマー[15]はこの光を分光測定し（図11-12），可視光領域に4つの波長の光があることを発見した．そしてさらに4つの波長を自然数の3, 4, 5, 6に対応させると，4桁の精度で計算できる経験式を示した．この自然数には意味があるはずだが，その意味は不明であった．

　　この式を整えると，光の波長λは2つの自然数nとn'を含む下式で記述できた．

$$\frac{1}{\lambda} = \frac{R}{n^2} - \frac{R}{n'^2} \qquad \cdots\cdots (11.10)$$

　　右辺のRは$R = 1.097 \times 10^7 \text{ m}^{-1}$で，**リュードベリ定数**[16]とよばれる．バルマーが測定した4つの光の波長は$n = 2$で$n' = 3, 4, 5, 6$であった[17]．

※14　放電管内では，高電圧で加速された電子が水素原子に衝突し，励起状態の水素原子をつくる．

※15　Johann Jakob Balmer（1825-1898）：スイス生まれの数学者．水素原子が放射する光の波長を計算する経験式を1885年に発表．ドイツの高校教師であった．

※16　Johannes Rydberg（1854-1919）はスウェーデンの物理学者．1つの自然数n'を含むバルマーの式を，2つの自然数nとn'を含む式とすることで，より単純な式に変形した．

❷振動数条件

　　ボーアはこの光を，水素原子が高いエネルギー$E_{n'}$の準位から低いエネルギーE_nの準位に移る際に放射された光子だと考えた．光子のエネルギー$h\nu$は2つの準位のエネルギー差であり，

$$h\nu = E_{n'} - E_n \qquad \cdots\cdots (11.11)$$

のはずである．光子の振動数νを含むこの式を**振動数条件**という．この式を定数hcで割ると（cは光速），左辺は$h\nu/hc = 1/\lambda$なのでリュードベリの式（11.10）の左辺$1/\lambda$と一致する．次に量子条件から得られた（11.9）式を使って右辺を計算しよう．

❸リュードベリの式との一致

　　リュードベリの式で，青緑の光に対応する2つの自然数は$n' = 4$，$n = 2$であった．この自然数4と2を（11.9）式のnに代入すると，2つの準位のエネルギーE_4とE_2を計算できて以下になる．

　　　高いエネルギー準位（$n = 4$），　$E_4 = -0.85$ eV
　　　低いエネルギー準位（$n = 2$），　$E_2 = -3.39$ eV

　　（11.11）式の振動数条件から，放射される光子のエネルギーはこれらの差で，$h\nu = E_4 - E_2 = 2.54$ eVである．このエネルギーをもつ光子の波長は$\lambda = \dfrac{c}{\nu} = \dfrac{ch}{E_4 - E_2} = 486$ nmであり，リュードベリの式（11.10）が示す実測値の波長とぴったり一致する．ボーアの量子条件は正しかったのである．

❹光子の放射と吸収

　　バルマーが観測した青緑の光は，図11-13Aの下向きの矢印が示すエネルギー準位の変化に伴って放射された光子であった．これに対して図11-13Bの上向きの矢印が示すのは，低いエネルギー準位にある水素原子が，光子を吸収して高いエネルギー準位の状態に変わる変化である．この光子の吸収は，エネルギー準位間のエネルギー差と光子のエネルギーが等しい場合に起きる[18]．同じ準位間であれば，放射と吸収の光子のエネルギーは同じである．

確認問題 ▶ **問** 水素原子が高いエネルギー準位から低いエネルギー準位に移る際に，最も小さなエネルギーの光子を放射する変化は，以下のどれか．

　　a）$n = 5$から$n = 3$　b）$n = 6$から$n = 1$　c）$n = 4$から$n = 3$　d）$n = 5$から$n = 4$

解答 d）$n = 5$から$n = 4$

---

[17]　後に紫外線領域に$n' > 6$に対応する光も観測され，これらはまとめてバルマー系列とよばれる．さらに$n = 1$に対応する系列が紫外線領域に，$n = 3$に対応する系列も赤外線領域に確認された．

[18]　光電効果で放出される電子は，ゼロ以上のどのようなエネルギー値もとれる．そのため，吸収されて光電効果を起こす光の振動数に対する制限は，限界値のみである．

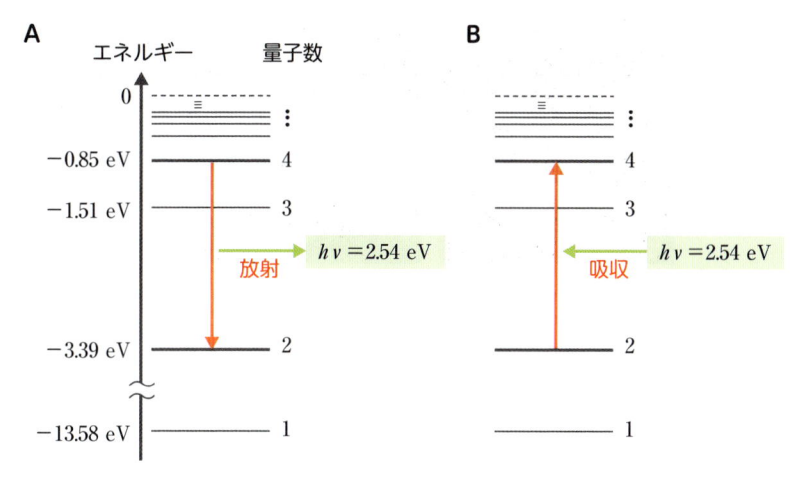

図11-13 光子の放射と光子の吸収

図11-12は放射された光のスペクトル，光の吸収が起きた後のスペクトルは図11-16（後述）．

11.3.3 ▍光スペクトル

❶電子の層

水素原子より大きな中性原子では，多数の電子が原子核のまわりにいくつかの層となって存在している．量子数 $n = 1$ の軌道は原子核に最も近い層で，K殻とよばれる．次の層 $n = 2$ の軌道でL殻，さらに外側の $n = 3, 4, \cdots\cdots$ の層は，M殻，N殻，$\cdots\cdots$ と名づけられている．

この層構造は模式的に，図11-14のような同心円で表現されることが多い．

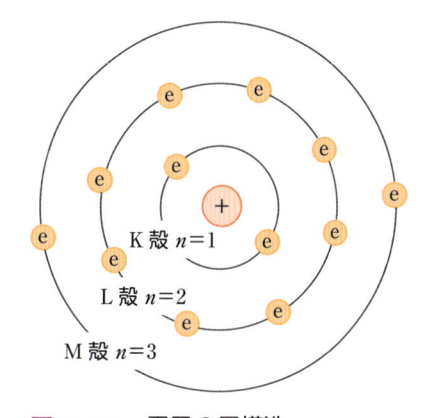

図11-14 電子の層構造

❷エネルギー準位は物質に固有

原子核の電荷と電子数は元素ごとに異なる．そのため，元素のエネルギー準位は固有の値をとり，元素はそれぞれ固有の波長の光を放射・吸収する[19]（図11-15）．

さらには分子にも放射・吸収する波長の光に固有の特徴がある．われわれの眼は，この光の波長の違いを色の違いとして認識しているのである．

❸太陽光のスペクトル

7.2.3で示した太陽光のスペクトルは物質による光の放射・吸収の例で，連続スペク

※19 図11-1の蛍光は，電子の衝突によって励起状態の分子ができ，この分子が低いエネルギー準位に移る際に放射する光子である．

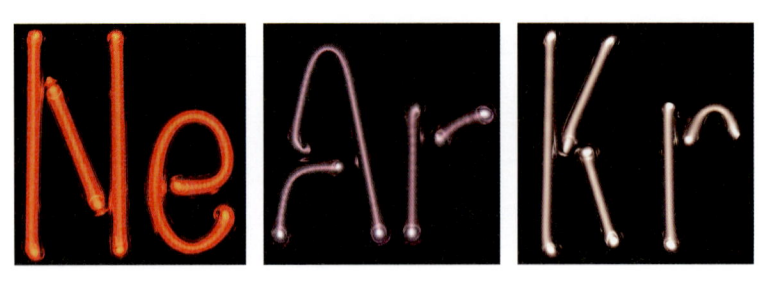

図 11-15　単原子分子の光放射

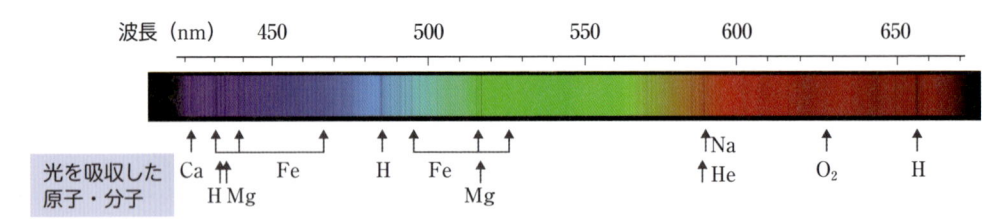

図 11-16　地上で観測した太陽光のスペクトル

下に示した原子と分子が，暗い線の波長の光を吸収した．スペクトルの写真は，京都大学大学院理学研究科附属天文台ウェブサイト（https://www.kwasan.kyoto-u.ac.jp/general/facilities/dst/）より転載．

トルの中に暗いフラウンホーファー線が見える（図11-16）．連続スペクトルは，約6000℃の太陽表面から放射される熱放射（→11.2.1）である．そして暗い線は，太陽大気（コロナ）内のさまざまな原子と地球大気のO_2がそれぞれに固有の波長の光を吸収し，地表に届く光が弱くなった結果である．

11.3.4 ▍電子を波と考えた原子模型

❶ 物質波と原子模型

水素原子の電子を，円軌道上を伝わる物質波であると考えよう．物質波が円軌道の円周より長く続くとすると，1周後，2周後，3周後……の波が同じ位置で重なって干渉することになる．同じ位置でこれらの波の進み（位相）が揃っていないと，＋の変化と－の変化が打ち消し合ってしまう．長く続く波が同じ位置で重なり合う様子を図11-17に示す．位相が揃うのは，1周の長さ（$2\pi r$）が，波の位相が戻る長さ（波長λ）の自然数倍の場合，つまり

$$2\pi r = n\lambda \qquad\qquad \cdots\cdots (11.12)$$

である．

このλに，11.2.4で学んだ物質波の波長を代入しよう．（11.6）式を$\lambda = \dfrac{h}{mv}$として

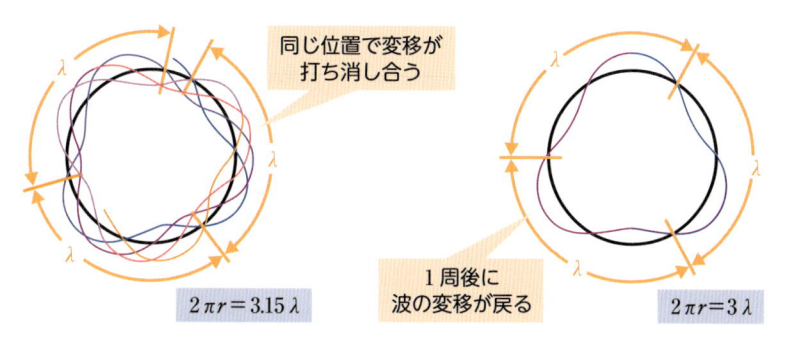

同じ位置で変移が打ち消し合う

$2\pi r = 3.15\lambda$

1周後に波の変移が戻る

$2\pi r = 3\lambda$

図11-17 1周で位相がずれる物質波（左）と位相が戻る物質波（右）

（11.12）式に代入して変形すると，以下のボーアの量子条件になる．

$$mvr = n\frac{h}{2\pi} \qquad \cdots\cdots (11.13)$$

量子条件とはつまり，原子内に物質波が存在できる（波が消えない）条件である．

　ボーアが仮定した量子条件は，水素原子が放出する光の波長を説明し，物質波がこの条件の理論的根拠となった．ただし，本書の範囲外になるが，現在では平面内の円軌道は否定され，電子を3次元空間に広がる立体的な定在波と考えている[20]．

❷定在波の条件

　ここでは物質波が5章で学んだ波の理論で理解できることを確認する．5章では長さlの弦を往復する波を扱い，以下の条件で定在波となることを示した〔(5.6) 式〕．

$$2l = n\lambda \qquad \cdots\cdots (11.14)$$

　この式は，（11.12）式の円軌道の長さ$2\pi r$を，弦を往復する長さ$2l$に換えた式である．弦楽器の弦の振動はこの定在波であり，その結果，弦楽器は弦の長さで決まる音程の音だけを出す．

　弦楽器と原子を同一視することはできないとしても，ともに定在波が存在することによる共通の性質を示すのである．

※20　立体的な定在波でもエネルギー準位は (11.9) 式のままである．立体的な定在波では，原子核から電子までの半径方向も定在波になり，波として伝わる広がりをもつ．量子条件から計算した軌道半径（章末問題❸）はその平均値である．

要点まとめ

【水素原子のエネルギー準位】

・電子は，自然数を含む量子条件を満たす．

・エネルギーは離散的な値をとり，$\dfrac{1}{n^2}$ に比例するエネルギー準位となる．

【光の放射と吸収】

・水素原子が放射する光の波長 λ は，自然数 n と n' を使った式で表される．

$$\frac{1}{\lambda} = R\left(\frac{1}{n^2} - \frac{1}{n'^2}\right)$$

R：リュードベリ定数

n'，n：光放射前と後の状態の量子数

・原子や分子が放射・吸収する光の波長は，それぞれに固有の値をとる．

コラム　パルスオキシメーター

　図11-18に示すパルスオキシメーターは，動脈血の酸素飽和度を表示する．酸素飽和度とは，血液が取り込める酸素の最大量を100％として，実際に取り込んでいる量を示した値である．この値から，動脈血に酸素を取り込む能力を知ることができる．

　パルスオキシメーターは，2種類の波長の光が指を透過する際の，それぞれの吸収量を測定している．光を吸収する分子も2種類で，血液中のHb（ヘモグロビン）とHbO$_2$（酸素と結びついたヘモグロビン）である．Hbは赤色光を，HbO$_2$は赤外光を多く吸収する．この2種類の光の血液による吸収を測定すると，吸収の割合からHbとHbO$_2$の割合がわかり，酸素飽和度を計算できる．この装置は，血液の微妙な色の変化を，客観的な数値として測っているのである．

　指には動脈血と静脈血が流れており，動脈血は脈動によって増減する．そのため，脈動による吸収量の増減を見ると，動脈血だけの酸素飽和度がわかる．この増減の周期から心拍数も計算できて，同時に表示している．

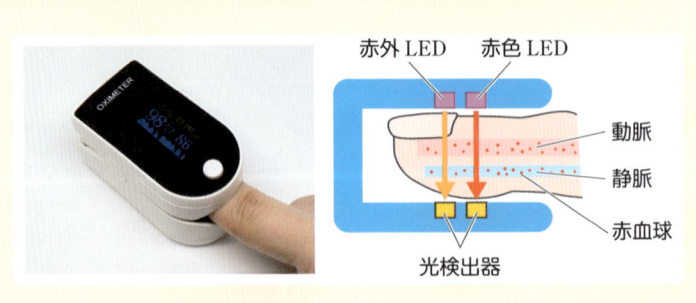

図11-18　光の吸収を利用するパルスオキシメーターとその構造

以下の章末問題で行う計算には，下記の近似値を使いなさい．

電気素量　　　　　$e \approx 1.60 \times 10^{-19}$ C

静電気力の係数　$k \approx 9.0 \times 10^9$ N・m^2/C^2

電子の質量　　　$m \approx 9.1 \times 10^{-31}$ kg

プランク定数　　$h \approx 6.6 \times 10^{-34}$ J・s $\approx 4.1 \times 10^{-15}$ eV・s

1 図11-1Bに示した装置でトムソンは，電子線の通過路に電場と磁場を同時に加えた．このとき電子線・電場・磁場の方向はそれぞれ互いに直交していた．下向きの電場の強さを$E = 1.5 \times 10^4$ V/m，紙面の裏から表に向かう磁場の強さを$B = 6 \times 10^{-4}$ Tとすると，電子線は曲がらずに直進した．（→11.1.1）

①電子の速度vを求めなさい．電子が受ける電場による力の大きさはeE，磁場による力の大きさは evB である．（→9.3.1，10.3.2）

②陰極Aと陽極Cの電位差は1800 Vであった．電子の運動エネルギーは，この電位差による加速で得られたとして，電子の比電荷 e/m を計算しなさい．（→9.4.2）

2 a粒子が金原子核によって散乱される実験を考える．この実験でa粒子が金原子核に最も近づいた距離をbとすると，金原子核の半径はbより小さかったはずである．散乱前後でa粒子の運動エネルギーは変わらず，1.3×10^{-12} Jであったとする．また，a粒子の電気量は$+2e$，金原子核の電気量は$+79e$なので，両者間の距離がbであるときの静電エネルギーは$2 \times 79e^2 k/b$である．（→11.1.3）

①bを計算しなさい．

②この値は，金原子の半径（1.4×10^{-10} m）の約何分の1か．また金原子核の半径（7×10^{-15} m）の約何倍か．

3 ボーアモデルでは，水素原子内の電子がとる円軌道の半径を（11.8）式から計算できる．特に基底状態（$n = 1$）における半径a_0をボーア半径という．

①a_0を計算しなさい．（→11.3.1）

②バルマーが計測した光のなかで最も波長が短い光は，$n = 6$の準位から放射された波長$\lambda = 410$ nmの光である．大雑把に考えると，この波長は波とし

11

原子と量子

ての光の広がり，円軌道の直径は励起状態の水素原子の大きさに対応する．
光の波長は円軌道の直径の約何倍か．（→11.2.3, 11.3.2）

4 多くの植物の葉は，太陽光の下で緑色に見える．その理由として正しい記述
はどちらか．（→11.3.3）

①葉の葉緑素は主として緑色の光を吸収して光合成を行うから．

②葉の葉緑素は主として緑色の波長以外の光を吸収して光合成を行うから．

解答 ➡

12 原子核と放射線

12.1 原子核

考えてみよう 　図は左から, 水分子, ヘリウム原子, そしてこの章で学ぶリチウム原子核の構造を示している. 中央に示した原子は, 正電荷をもつ小さな原子核の周囲に, 負電荷をもつ電子が波として広がる構造である. これに対して右に示した原子核の構造は, 中央に示した原子より, 左に示した分子に近いように見える. 分子の構造と, 原子核の構造とを比べて, 似ている特徴と違っている特徴はどのような点だろうか.

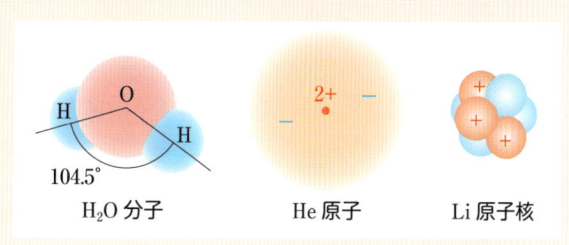

H_2O 分子　　　　He 原子　　　　Li 原子核

12.1.1 原子核の構成

❶核子

原子の中心にある**原子核**は, 正の電気素量 $+e$ をもつ**陽子**と, 電気量をもたない**中性子**という2種類の粒子の集合体である. 一般に陽子 (proton) を p, 中性子 (neutron) を n と表記し, これらを**核子**という.

❷質量数と原子番号

陽子と中性子はほぼ同じ質量をもち, 電子の質量は核子の約 1/1800 なので, 原子の質量はほぼ核子の数で決まる. そのため, 原子核の陽子数 Z と中性子数 N の和である核子数 $A = Z + N$ を**質量数**ともいう. 原子核の陽子数を, その原子核をもつ原子の**原子番号**という. 電気的に中性の原子であれば電子の数は原子番号に等しい.

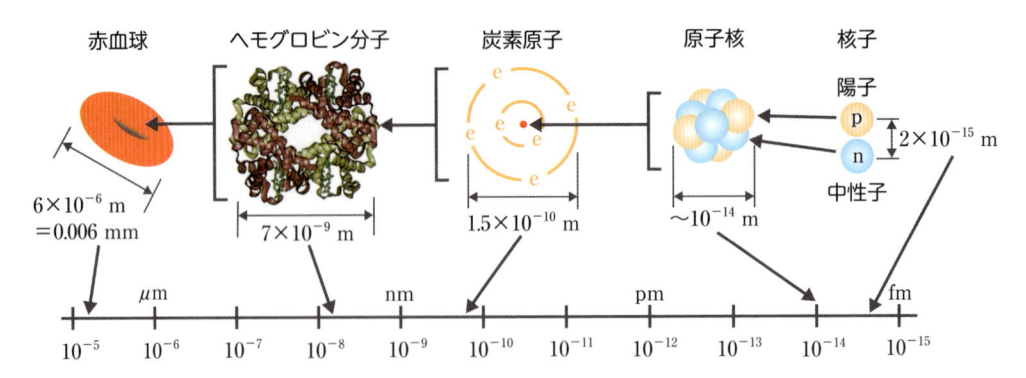

図12-1　細胞・分子・原子・原子核・核子の大まかな大きさ

❸核力

　陽子と陽子の間には正電荷による反発力がはたらくが，原子核はばらばらの核子に分かれない．それは，核子と核子の間には**核力**という，静電気力より強い力がはたらいているからである．核力には特殊な性質があり，核子同士が十分離れていると引力だが，近づきすぎると斥力になる．そのため，原子核内で隣り合う核子の中心間距離は約2×10^{-15} mになり，陽子と中性子はともに，半径が約10^{-15} mの剛体球のように描かれる．

❹原子核の大きさ

　図12-1は細胞から核子までの大きさを示している．この図で原子核の大きさに注目すると，原子核と原子の大きさには4桁の開きがあることがわかる．原子に対する原子核の大きさは，赤血球細胞に対する1個のヘモグロビン分子の大きさより小さいのである．

❺原子核の形

　原子には「結合の手」があり，この結合の手によって結合する相手の原子の数と方向が決まる．例えば水分子では，酸素原子に2つの水素原子が104.5°の角度で結合している．しかし核子に「結合の手」はなく，原子核は図12-1に示すように，小球が集まってできる大きな球状の塊になる．そして大きな球（原子核）の体積は，小球の数（核子数）にほぼ比例する．原子核は図12-1にあるヘモグロビン分子のような，隙間をもつ複雑な形状はとらない．

確認問題 　**問**　陰イオン$^{131}_{53}\mathrm{I}^-$の陽子数・中性子数・電子数を答えなさい．

解答　53, 78, 54

12.1.2 元素の同位体

❶元素

元素（element）は，中性原子（atom）の化学的性質の分類である．原子の化学的性質は電子の数で決まる．原子番号が同じであれば電子の数も同じで，同じ元素である．

❷同位体

同じ元素であって，原子核の中性子数が異なる原子があり，互いに**同位体（isotope）**とよぶ．同位体は多くの元素で天然に存在する．図12-2に示すのは同位体の表記で，元素記号の左上に質量数，左下に陽子数（＝原子番号）を記す．ただし，陽子数は元素記号からわかるので省く場合も多い．

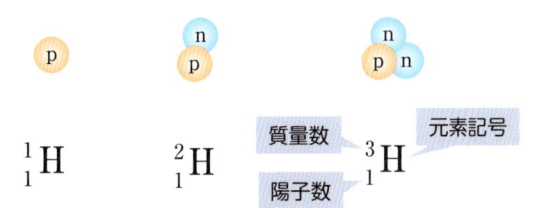

図12-2　同位体の表記

天然に存在する水素の同位体と，原子核の記号表示．陽子pは1個だが中性子nの数が異なる．読み方は元素名の後に質量数で，^3_1Hなら「水素3（英語ではhydrogen three）」と読む．

❸統一原子質量単位

原子核物理では質量をkgより**統一原子質量単位**uを使って表すことが多い[1]．1uの定義は^{12}Cの原子質量（原子核ではない）の$1/12$で$1\text{u} \approx 1.66 \times 10^{-27}\text{kg}$である．この単位を使うと，陽子と中性子の質量はそれぞれ1.00728uと1.00867uとなる．

❹原子量

統一原子質量単位と同じ定義で表した，元素ごとの平均質量を**原子量**という．原子量は質量の異なる同位体の，自然界全体の平均値である．例えば塩素は，^{35}Cl（34.97u）と^{37}Cl（36.96u）がそれぞれ75.8%と24.2%存在するので，塩素の原子量は$(34.97 \times 0.758) + (36.96 \times 0.242) = 35.45$である．原子量には単位をつけない[2]．

確認問題 ▶ **問** 天然銅のおよそ69%が^{63}Cu，31%が^{65}Cuである．それぞれの質量を62.93u，64.93uとして，銅の原子量を求めなさい．

解答　$62.93\text{u} \times 0.69 + 64.93\text{u} \times 0.31 = 63.55$

※1　質量を表すが，定義が比なので無次元量である．英語ではunified atomic mass unit.
※2　単位をつけないのは，統一原子質量単位の質量に対する比と考えるからである.

12.1.3 ▌原子核の質量とエネルギー

❶原子核の結合エネルギー

　原子核をばらばらの核子にするには，核力に逆らう力で仕事をする必要がある．この仕事に相当するエネルギーを**原子核の結合エネルギー**という．

　原子核内にある陽子間の静電エネルギーは原子のエネルギーより数桁大きい．なぜなら原子核は原子よりはるかに小さく，静電エネルギーは電荷間の距離に反比例する（→9.4）からである．そしてこの静電気力よりさらに強い核力によるエネルギーは，桁違いの大きさになる．

コラム　　**考古学に寄与する原子核物理と生物学**

　重い同位体を含む分子は深海に留まりやすく，軽い同位体を含む分子は気化しやすい．そのため，同位体の存在割合は，場所や状況によってわずかに異なる．この差異を検出することで，古代遺跡から出土した有機物の由来を判別できる．

　炭素同位体の存在比 $^{13}C/^{12}C$ は，植物によってわずかに異なる．植物の光合成は ^{13}C より ^{12}C をわずかに吸収しやすい．そしてこの吸収しやすさの差は，光合成の種類（コ

メやどんぐりのC3型，アワやヒエのC4型，など）に依存するからである．窒素にも ^{14}N の約 $1/300$ 存在する ^{15}N に割合の変化がある．植物→草食動物→肉食動物といった食物連鎖の段階で，やや重い ^{15}N と ^{13}C の割合がわずかずつ増えていく．

　図12-3は，同位体の存在割合 $^{13}C/^{12}C$ と $^{15}N/^{14}N$ の分析を考古学に応用した例である．出土した人骨や，土器に付着していた有機物から，古代人の食生活を推測できる．

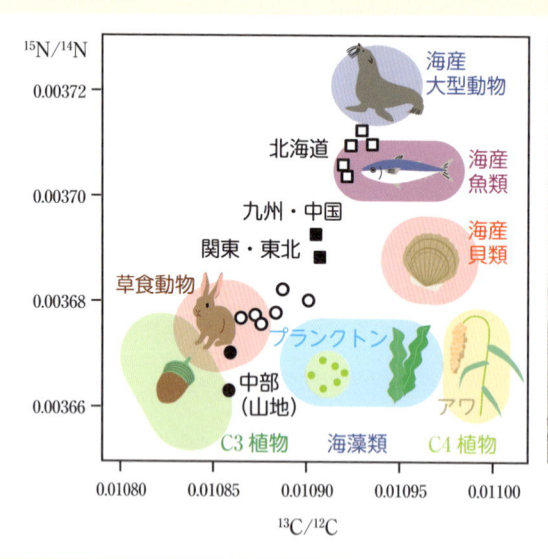

図12-3　**縄文人の骨に残存していたコラーゲンの安定同位体割合**

居住地による食生活の違いがわかる．南川雅男：安定同位体で古代人の食生態変化を読む．季刊「生命誌」，21（1998）をもとに作成．写真は東京都新宿区市谷加賀町二丁目の縄文遺跡発掘現場．新宿区教育委員会 提供．

❷質量欠損

アインシュタインの相対性理論によれば，物質の質量 m はエネルギー E と $E = mc^2$ の関係にあり（c は光速度），これを**質量とエネルギーの等価性**という．原子核のエネルギー状態は，ばらばらの核子のエネルギー状態より低いので，この等価性により原子核の質量は小さくなる．原子核の質量と，中性子と陽子がそれぞれ単独に存在する場合の合計質量との差を原子核の**質量欠損**という．図12-4はこの質量の変化を模式的に示している．

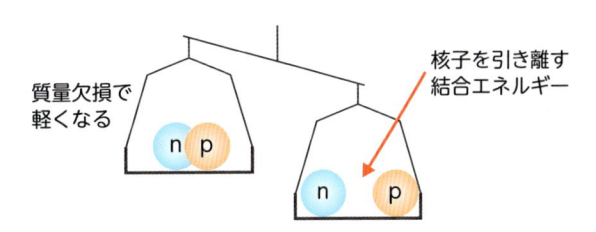

図12-4　質量欠損

図は仮想的な天秤で，より重い物体を乗せた側の皿が下がる．${}_1^2$H に結合エネルギーを与えると核子に分かれて質量が大きくなる．このとき重力 $F = mg$ も大きくなるので，天秤にかけることができれば傾くだろう．

　厳密には原子や分子の結合エネルギーも質量を変化させるが，変化が微量過ぎて測定できない．そのため，質量欠損という用語を用いるのは，結合エネルギーの大きい原子核のみである．

確認問題 ▶ **問1** ${}_2^4$He 原子核の質量は 4.00280 u である．${}_2^4$He 原子核の質量欠損は何 u か．

問2 ${}_2^4$He 原子から2つの電子を引き離すイオン化エネルギーは，約 79 eV である．このエネルギーを 1 u = 930 MeV として質量換算すると約何 u になるか．

解答 問1　陽子単体の質量は 1.00728 u，中性子単体の質量は 1.00867 u である（→ 12.1.2）．
He 原子核の質量欠損は，以下になる．
1.00728 u × 2 + 1.00867 u × 2 − 4.00280 u = 0.02910 u
問2　1 eV は 1/(930 × 10⁶) u である．したがって 79 eV は，
79/(930 × 10⁶) ≈ 8.5 × 10⁻⁸ u

原子核表記 ${}_Z^A$X　　　X：元素記号

　　　　　　　　　　　Z：陽子数

　　　　　　　　　　　A：質量数＝核子数

同位体：陽子数が同じで中性子数が異なる原子核

原子量：元素ごとの平均質量

質量欠損：原子核の質量と，核子が単独に存在する場合の質量の合計との差

考えてみよう 　放射性物質は放射線を放出する．この放出がもつ性質を，われわれが知るロウソクが光を発する性質と比較して考えてみよう．ロウソクの火は火が消えるまで一定の明るさだが，放射線の量も一定だろうか．ロウソクは一定速度で短くなっていくが，放射性物質も一定量ずつ減っていくのだろうか．

12.2.1 放射線の種類と透過性

❶放射線

　原子核が放射する粒子線（粒子の流れ）や電磁波は**放射線**とよばれる．粒子がヘリウム原子核（α粒子ともいう）であれば**α線**，電子であれば**β線**，電磁波であれば**γ線**という．さらに，原子から放射される電磁波である**X線**や，中性子の流れ，超高速のイオンの流れなども放射線という．X線はγ線より波長の長いものが多い．

❷放射線の透過力

　放射線は物質を透過する能力（**透過力**）をもつ．図12-5は放射線の種類によって透過力が異なることを示している．α線は透過力が弱く，紙を透過できない[※3]．β線は紙を透過するが木板を透過できない．X線とγ線は物質を透過することで減少していく．X線とγ線はα線やβ線より透過力が高く，透過するγ線を十分減少させるには5 cm厚以上の鉛ブロックを用いることが多い．

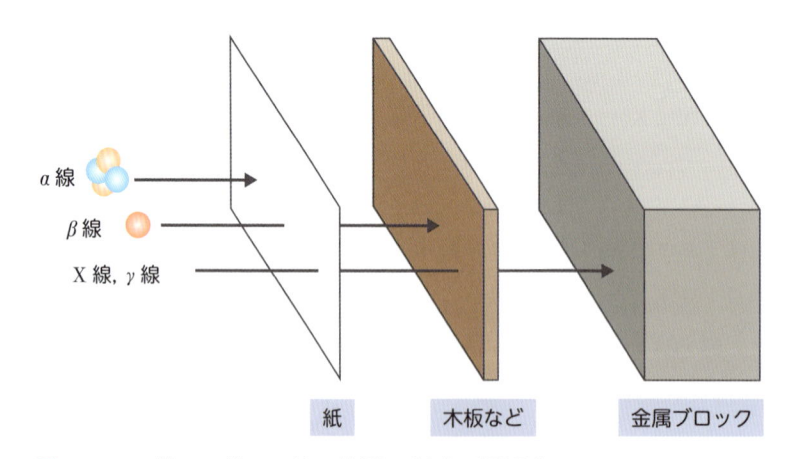

　α線　→

　β線　→

　X線, γ線　→

　　紙　　　木板など　　　金属ブロック

図12-5　α線・β線・γ線の物質に対する透過力

※3　ラザフォードの実験（→11.1.3）でα線が透過した金薄膜は，0.1μm程度の厚さであった．

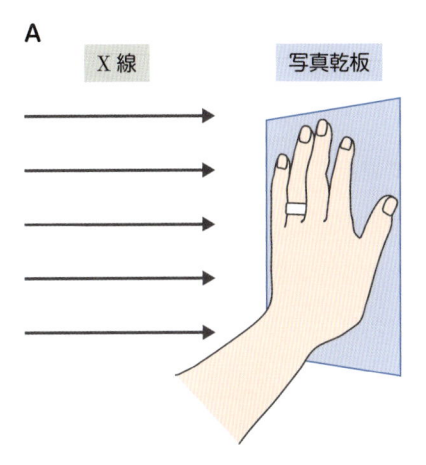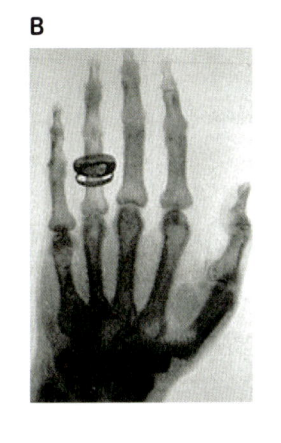

図12-6　手のX線写真

A）写真乾板の上に手を置いてX線を照射する．B）この方法で1896年にレントゲン[4]が撮影した友人の手．

❸ X線写真

X線は，ヒトの筋肉や脂肪を透過するが骨は透過しにくい．X線の発見当初から，この性質を使った医療診断が考えられ，図12-6の写真が撮影された．光（この場合はX線）が写真乾板に当たると，その部分が黒く変色する．図12-6Bの写真は写真乾板の白黒を反転させてプリントしたものである．

12.2.2 ┃ 放射性崩壊の種類

以下に例として示す原子核の中で$^{18}_{9}$F（フッ素）と$^{99m}_{43}$Tc（テクネチウム）は，生物学や医療分野で利用されることが多い．Tcの左肩に書かれた「m」は$^{99}_{43}$Tcが励起状態であることを示す．原子の電子状態と同様に原子核にも**基底状態**と**励起状態**があり，$^{99m}_{43}$Tcは励起状態の原子核である[5]．

❶ 放射性同位体

^{226}Ra（ラジウム）やカリウムの同位体^{40}Kなどは，放置しておくと原子核が変化し，その際に放射線を出す．このような変化を放射性崩壊という．自然に崩壊が進む同位体を**放射性同位体**（radio isotope），自然には崩壊しない同位体を**安定同位体**という．

❷ 放射性崩壊の種類

α線・β線・γ線を放出する放射性崩壊を，それぞれ**α崩壊・β崩壊・γ崩壊**という．γ崩壊は原子核の種類が変わらないので，単に**γ線放出**という場合も多い．

❸ 核子数と電気量

図12-7は，崩壊前後の原子核を，崩壊の種類別に示している．放射性崩壊の前後

※4　Wilhelm Conrad Röntgen（1845-1923）：ドイツの物理学者．X線の発見により1901年ノーベル物理学賞．

※5　本書の範囲外だが，核子も物質波の性質をもつため，原子核にもエネルギー準位がある．さらに，大きな原子核内では陽子数と中性子数が同程度になるが，これは本書の範囲外で高校化学で学習する「排他原理」がはたらいた結果である．

で，それぞれ核子数の合計をとると変化がない．また，電荷量の合計も変化しない．

❹ α崩壊

放射性崩壊は，化学反応式のような反応式で表現できる．^{226}Ra（ラジウム）がα崩壊後に^{222}Rn（ラドン）に変わる変化は

$$α崩壊の例 \quad ^{226}_{88}\text{Ra} \rightarrow ^{222}_{86}\text{Rn} + ^{4}_{2}\text{He} \quad \cdots\cdots (12.1)$$

と書く．この崩壊前後の核子数は，崩壊前は226，崩壊後は222 + 4であり，変わっていない．同様に崩壊前の電荷量は88eで，崩壊後は86e + 2eなので，やはり崩壊前後で変わっていない．

❺ β崩壊

β崩壊は原子核中の中性子が陽子に変化して電子を放出する現象である．下の例は，Mo（モリブデン）がβ崩壊してTc（テクネチウム）に変わる変化である．

$$β崩壊の例 \quad ^{99}_{42}\text{Mo} \rightarrow ^{99m}_{43}\text{Tc} + \text{e}^- \quad \cdots\cdots (12.2)$$

新たに電子が生まれるが，崩壊前後の核子数は99と99で変わっていない．崩壊前後の電荷量は42eと43e − 1eで，やはり変わっていない．

電子を放出するβ崩壊は厳密にはβ⁻崩壊という．この他に原子核中の陽子が中性子と陽電子[6] e$^+$に変化するβ$^+$崩壊，さらに原子核中の陽子が電子を吸収して中性子になる電子捕獲もβ崩壊である．β$^+$崩壊と電子捕獲は以下の反応式になる．

$$β^+崩壊の例 \quad ^{18}_{9}\text{F} \rightarrow ^{18}_{8}\text{O} + \text{e}^+ \quad \cdots\cdots (12.3)$$

$$電子捕獲の例 \quad ^{40}_{19}\text{K} + \text{e}^- \rightarrow ^{40}_{18}\text{Ar} \quad \cdots\cdots (12.4)$$

❻ γ線放出

(12.2) 式が表す^{99}Moの例のように，α崩壊やβ崩壊直後の原子核は多くの場合励起状態にある．励起状態の原子核が基底状態に移る過程で放出する光子がγ線である．

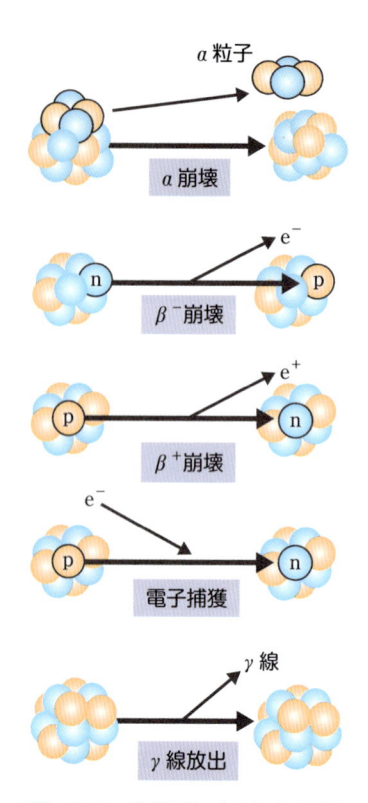

図12-7　崩壊前（左）と崩壊後（右）の原子核

縁取りされた核子は崩壊に関与する核子で，崩壊前後で核子のままである．核子の電荷が変化する崩壊では電子や陽電子の出入りがあり，崩壊前後で電荷の合計は変わらない．

※6　陽電子（positron）は電子と同じ質量と逆符号の電気量をもつ粒子で，e$^+$と表記する．医療診断に用いられるPETはpositron emission tomography の略．

$^{99}_{43}$Tc の励起状態である $^{99m}_{43}$Tc が γ 線を放出する反応式は以下になる.

γ 線放出の例　　$^{99m}_{43}$Tc $\rightarrow$ $^{99}_{43}$Tc $+ \gamma$　　　　　　　　　　……（12.5）

確認問題 ▶ 問 ^{40}K は天然カリウム中に0.0117％の割合で存在する放射性同位元素である. ^{40}K は下記の割合でいずれかの β 崩壊をする. 以下の反応式中の（　）に入る自然数は何か.

89％が β^- 崩壊　　　　　$^{40}_{19}$K $\rightarrow$ $\{\ \}$Ca $+$ e$^-$

11％が電子捕獲　　　　　$^{40}_{19}$K $+$ e$^-$ $\rightarrow$ $\{\ \}$Ar $+ \gamma$

0.001％が β^+ 崩壊　　　$^{40}_{19}$K $\rightarrow$ $\{\ \}$Ar $+$ e$^+$

解答 $^{40}_{19}$K $\rightarrow$ $^{40}_{20}$Ca $+$ e$^-$
$^{40}_{19}$K $+$ e$^-$ $\rightarrow$ $^{40}_{18}$Ar $+ \gamma$
$^{40}_{19}$K $\rightarrow$ $^{40}_{18}$Ar $+$ e$^+$

12.2.3 ▌ 放射性崩壊の半減期

❶ 放射性物質

　　放射性同位元素を含む物質を**放射性物質**という. また, 放射性物質内で起きる1秒あたりの放射性崩壊数を**放射能**という（後述）. 放射性同位体は一定割合で原子核崩壊して別の元素に変わり, 放射性同位体の数は減少していく. 放射能は放射性同位体の数に比例し, 放射性同位体と同じ割合で時間とともに減少していく.

❷ 半減期

　　放射性同位体の数が半分に減少する時間 T を**半減期**という. 放射性同位体は図12-8のように, 半減期ごとに $1/2 \rightarrow 1/4 \rightarrow 1/8 \rightarrow$ ……と減少していく. 放射性同位体の半減期はさまざまで, 数万年のものもあれば, 数万分の1秒のものもある.

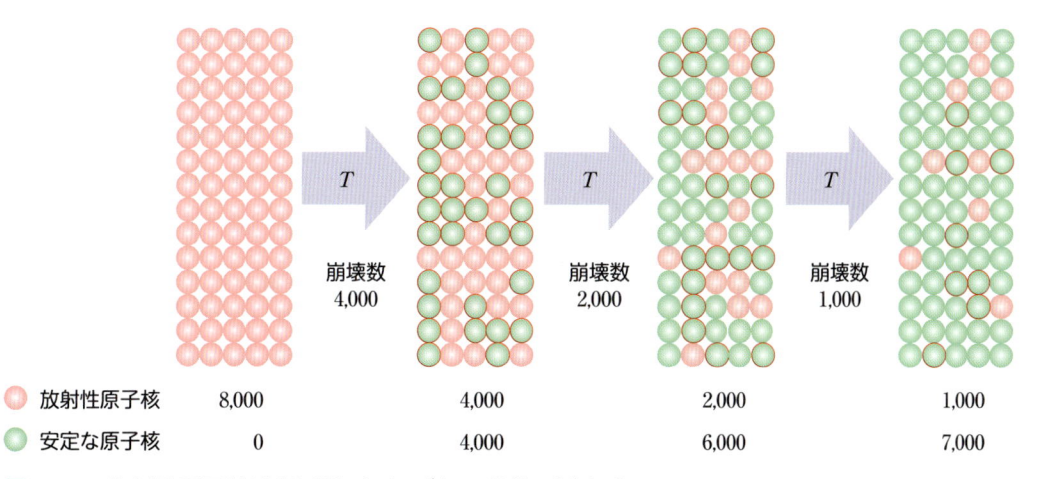

🔴 放射性原子核	8,000	4,000	2,000	1,000
🟢 安定な原子核	0	4,000	6,000	7,000

図12-8　放射性原子核は半減期（T）ごとに半分に減少する

❸ 指数関数的減少

放射性同位体の数 N を時間 t の関数 $N(t)$ で表すと，以下の指数関数になる．

$$N(t) = N(0) \left(\frac{1}{2} \right)^{t/T} \qquad \cdots\cdots (12.7)$$

右辺の指数部 t/T は，時間 t が半減期 T 何回分かの回数であって，$(1/2)^{指数部}$ は $1/2$ をこの回数分乗じた量である．

確認問題 **問** 医療診断に用いる ^{18}F の半減期は110分であり，^{18}F を110分間放置すると，その量は $1/2$ に減少する．では半減期の半分である55分間放置した場合は何分の1になるか．以下の a〜d から正しいものを選べ．

a) $1/1$ b) $1/\sqrt{2}$ c) $1/2$ d) $1/4$

解答 b) $1/\sqrt{2}$

12.2.4 ▍物質への放射線の作用

❶ 電離作用

放射線は物質中の原子から電子を跳ね飛ばしてイオンをつくる作用（**電離作用**）を示す．このイオン化がきっかけとなって物質中で化学反応が起きたり，大きな分子が壊れたりする．

紫外線は物質によっては電離作用を示すが，放射線には含まれない．可視光はエネルギーが低いので，電離作用を示さない[7]．

❷ 放射線の種類と電離作用

α 線や β 線などの粒子は電子を跳ね飛ばしながら進む．そして粒子が通過した跡にはイオンがつくられる．また X 線と γ 線は1つの原子に吸収され，その原子をイオン化する．原子を離れた電子のエネルギーが高い場合は，この電子がさらに周囲の原子をイオン化する．

❸ 被曝

生体が放射線に晒されることを**被曝**（ひばく）という．**図12-9** に示すように，DNA などの重要生体分子で電離が起き，その分子が破壊されることがある．また，細胞内の H_2O がイオン化されると反応性の高い化合物ができる．この反応物が移動して DNA と反応を起こし，DNA を破壊することもある．細胞は DNA 修復機能をもつが，不完全な修復が疾患をもたらすことがある．

---

[7] 光感応タンパク質の活性化（→11.2.3）は分子の構造変化であり，イオン化（電離）より小さなエネルギーで起きる．

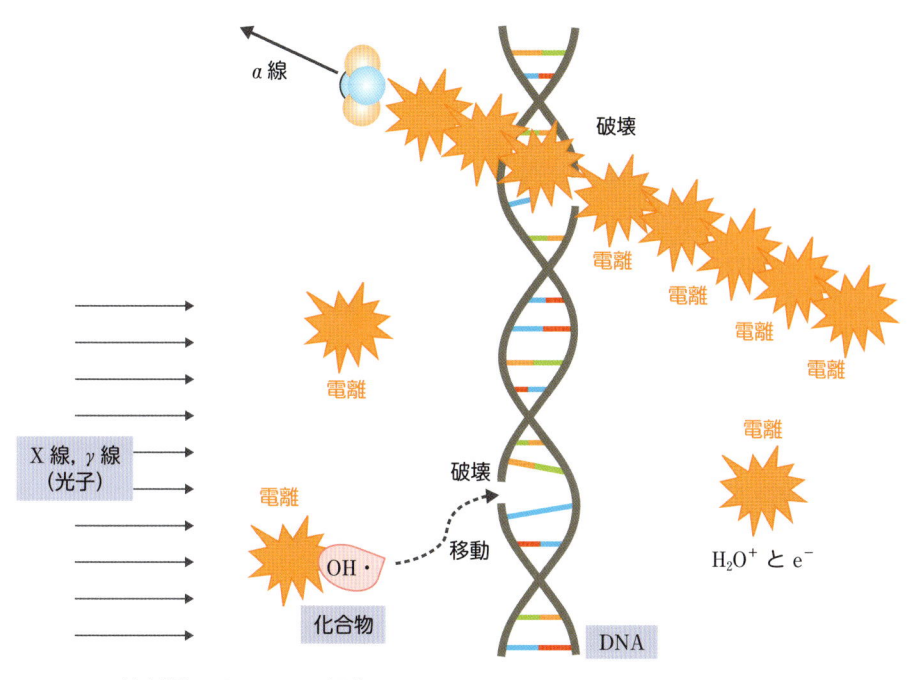

図 12-9　放射線によるDNA損傷

放射線がDNAを構成する原子をイオン化すると，DNAが破壊されることがある．また，電離によってつくられた反応性の高い化合物が移動してDNAを破壊することもある．

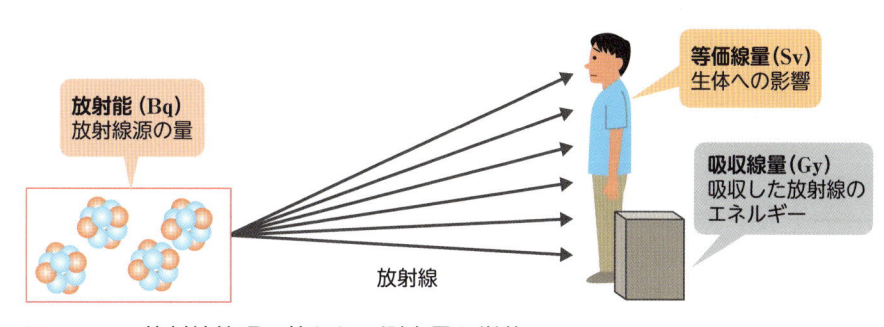

図 12-10　放射線管理に使われる測定量と単位

12.2.5 ┃ 放射能と放射線の単位

　放射線管理には図12-10に示す3種類の測定量を用いる．これらは，放射性物質の量を表す**放射能**，物質が受けた放射線量を表す**吸収線量**，さらに人体への影響を表す**等価線量**（線量当量ともいう）である．

❶放射能

　放射能は1秒あたりの放射性同位体の崩壊数で，単位はBq（ベクレル[8]）である．1つの崩壊で複数の放射線を放出する場合も，崩壊数は1である．崩壊で放射される放

※8　Antoine Henri Becquerel（1852-1908）はフランスの物理学者．自発的放射能の発見により1903年ノーベル物理学賞．

射線は原子核によってさまざまなので，必ず核種を特定し「^{99}Mo が 20 GBq[9]」という表現で用いる．

❷吸収線量

吸収線量は物質が吸収した単位質量あたりのエネルギーで，放射線の物質への影響を表す．放射能のような単位時間あたりの量ではなく，照射時間内の積算量である．単位は Gy（グレイ[10]）で，物質 1 kg あたりの吸収量が 1 J の場合に 1 Gy と定義する．吸収されずに透過してしまう放射線のエネルギーは含まない．

❸等価線量

吸収線量が同じであっても，生体の場合は放射線の種類によって影響が異なる．放射線が人体に与える影響を示す量が等価線量で，単位は Sv（シーベルト[11]）である．放射線の種類に応じた係数を吸収線量に掛けた量で，X 線・γ 線・β 線に対しては 1 Gy = 1 Sv，α 線に対しては 1 Gy = 20 Sv である．

要点まとめ

- ・2 種類の同位体：放射性同位体（自然に原子核の崩壊が進む）
  　　　　　　　　　安定同位体（自然には崩壊しない）
- ・主な放射線：原子核が放射する α 線・β 線・γ 線，原子が放射する X 線
- ・電離作用：放射線は物質中の原子から電子を跳ね飛ばしてイオンをつくる
- ・放射性同位体数 N の減少　　$N(t) = N(0) \left(\dfrac{1}{2} \right)^{t/T}$　（t：時間，T：半減期）
- ・放射線に関する量と単位：放射能（Bq），吸収線量（Gy），等価線量（Sv）

12.3 原子核・放射線に関する利用技術

考えてみよう　　原子核や放射線の知識を利用した技術はさまざまな領域に広がり，われわれの生活を支えている．技術の利用例を 3 件以上挙げよう．

12.3.1 ▌ 見る：非破壊検査

対象物を壊さずにその内部を調べることを**非破壊検査**という．非破壊検査の 1 つに放射線を利用した検査がある．すでに示した手の X 線写真（図 12-6）はその一例で，骨と筋肉に対する X 線の透過力の差を利用していた．

※ 9　GBq は 10^9 Bq で，ギガベクレルと読む．
※ 10　Louis Harold Gray（1905-1965）はイギリスの物理学者．主として放射線が生体に与える影響について研究し，放射線生物学の分野を発展させた．
※ 11　Rolf Maximilian Sievert（1896-1966）はスウェーデンの物理学者．放射線が人体に与える影響を研究し，放射線防護に功績を残した．

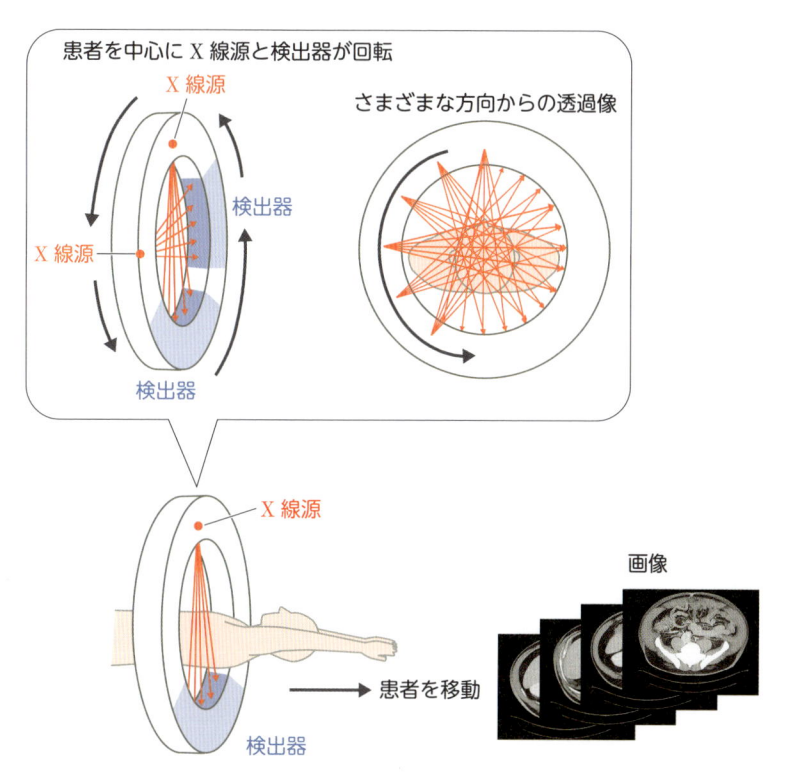

図12-11　X線の透過力を利用するX線CT

写真提供：Mathias Weil – stock.adobe.com/jp

❶ X線CT

　放射線の透過力の差を利用する方法を**透過法**といい，**X線CT**（computed tomography[※12]）はその一種である．図12-11に示すように患者を中心にX線源と検出器が回転し，さまざまな方向からの透過像を撮る．そして，そのデータからコンピューターが断面構造を計算し，画像化する．さらに患者を移動させながら撮像を続けると，3次元の情報が得られる．

❷ トレーサー法

　微量の放射性同位体を含む化合物を生物などに投与し，化合物からのγ線を検出すると，化合物の分布状況を知ることができる．この化合物をトレーサー（追跡子），この検査方法を**トレーサー法**という．

　γ線を放出する放射性同位元素をトレーサーとする医療診断を**シンチグラフィー**という．図12-12に示す骨シンチグラフィーはその一例で，がんの骨転移を検査する．投与する薬剤は^{99m}Tcを含み（反応式は12.5式），体内で骨代謝がさかんな部位に集ま

[※12]　一方向から見た像では深さがわからないが，横方向からも見ることで深さがわかる．Tomographyとはこの原理による計算技術で，多方向から見た複数の透過像から2次元の断面画像を計算する．

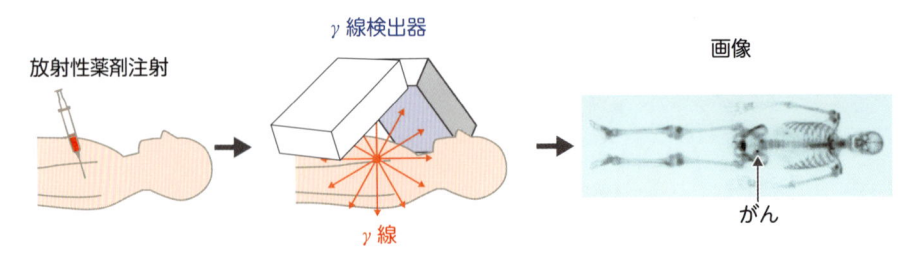

図12-12　トレーサーが集まる部位からのγ線を検出する骨シンチグラフィー

写真提供：IzaVel / PIXTA

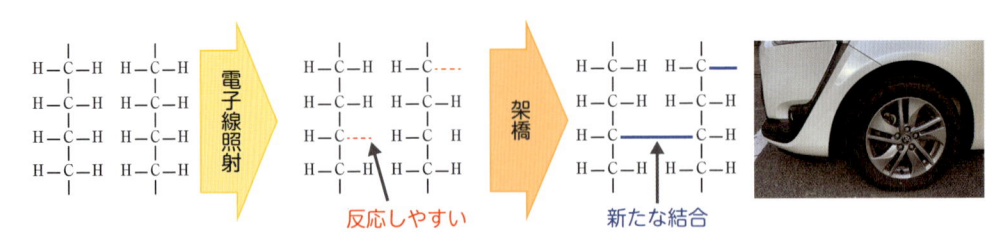

図12-13　放射線の照射による架橋の原理

電子線をタイヤの内側のゴムに照射すると，内側の表面だけを架橋で硬化できる．この硬化が，タイヤの変形による位置のずれを防いでいる．

る．^{99m}Tcが放出するγ線はX線より透過力が高く，体内での吸収は少ない．体外の検出器がこのγ線を捉えて，^{99m}Tcの分布を画像として表示する．

12.3.2 ▌変える：分子の改変

❶架橋

　　長い形状の分子と分子の間に新たな結合をつくることを**架橋**という．触媒を加えて反応させる方法の他に，放射線も使われる．プラスチックやゴムに放射線を照射すると，分子の一部に反応性の高い部位ができる．**図12-13**のように，この部位と隣の分子との間に新たな結合ができ，材質の強度と耐摩耗性を向上させる．

❷がん治療

　　がんを対象とする**放射線治療**も放射線による改変の利用である．**図12-8**の電離作用でがん細胞が死滅する．細胞の分裂中はDNA損傷が修復されにくく，細胞分裂が活発ながん細胞は放射線に弱い．治療効果を得ながら，被曝による治療以外の影響を抑える技術が，多く開発されている．

❸滅菌

　　放射線はゴム手袋などの医療機器の**滅菌**にも用いられる．微生物をほぼ死滅させる滅菌を，ゴムなどの材質を劣化させない照射線量で行うことができる．密封した包装のまま滅菌するので，使用直前の開封まで滅菌を保証できる．

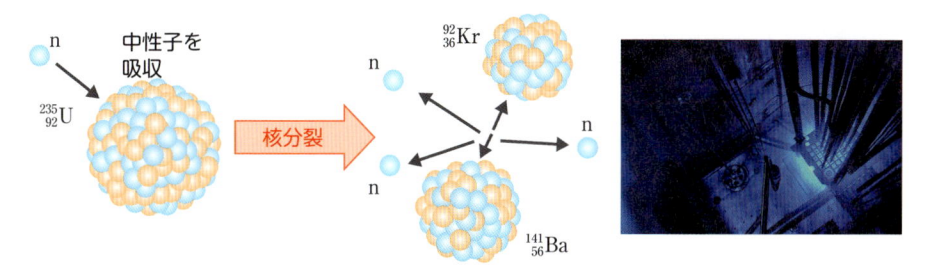

図12-14　原子炉炉心で起きる核分裂反応

左は核分裂反応の例．右の写真奥の小さな四角はそれぞれが細長い容器の上端部で，ウランを封入した細線の束が格納されている．核エネルギーのごく一部が光となるため，青白く発光している．
写真提供：Parilov – stock.adobe.com/jp

12.3.3 ▌取り出す：核エネルギー

❶核分裂反応

　原子力発電所の原子炉内では大きな原子核が分裂して半分程度の原子核に分かれる核反応が起きている．これを**核分裂反応**という．図12-14は反応の例で，ウラン $^{235}_{92}U$ が中性子を吸収して $^{141}_{56}Ba$ と $^{92}_{36}Kr$ に分裂し，3個の中性子を出す．同じ $^{235}_{92}U$ が中性子を吸収しても分裂後の原子核は必ずしも Kr と Ba ではなくさまざまで，放出する中性子も3個とは限らない．なお，12.2.2で説明した原子核崩壊と同様，核子数と電荷量の合計は核分裂反応の前後で変わらない．

❷核エネルギー

　核分裂などの原子核反応によって得られるエネルギーを，**核エネルギー**または**原子力エネルギー**という．このエネルギーはまず，反応後にできた粒子の運動エネルギーや電磁波となる．そして原子炉内で熱エネルギーに変わる．原子力発電所はこの熱エネルギーを取り出し，電気エネルギーに変換する施設である．

❸原子炉の制御

　核分裂時に放出された中性子が別のウランに吸収されると，新たな核分裂が起きる．これを**連鎖反応**という．放出された中性子の多くが吸収されて核分裂を起こすと，連鎖反応で核分裂が増えていく．しかし核分裂を起こさずに中性子を吸収する物質（中性子吸収材という）を原子炉内に入れると，中性子が減るので核分裂の増加を抑えることができる．原子炉ではこの中性子吸収材の出し入れなどで連鎖反応を制御し，反応を継続させている．

確認問題 **問** 以下に示す原子核・放射線の利用法で，現実には不可能なものはあるか．

a）宇宙線を使った，ピラミッド内部の空洞調査

b）原子核の α 崩壊で発生する熱を使った，外惑星探査機用電源

c）トレーサーを使った，植物内における Na^+ の移動計測

d）β 線の透過力を使った，膜状工業製品の厚み検査

e）犯罪現場の遺留品が含む原子核の質量を調べ，微量元素を検出する捜査

f）放射線による突然変異を使った，観賞用アサガオの新品種開発

解答 ない．すべて実際に行われている．

- ・放射線を用いて，X線CT・シンチグラフィーなどの検査が行われる．
- ・放射線を用いて，材料の材質の改良，がん治療や機器の殺菌が行われる．
- ・核分裂連鎖反応を制御して，原子力発電が行われている．

1 がん治療のため，患者の下咽頭がんに $2.5\,\mathrm{Gy}$ の X 線を 4 回照射した．このときの等価線量の総量は何 Sv か．（→ 12.2.5，12.3.2）

2 医療用モリブデン 99（$^{99}\mathrm{Mo}$）は半減期 66 時間で β^- 崩壊して，テクネチウム 99 の励起状態（$^{99\mathrm{m}}\mathrm{Tc}$）となる．（→ 12.2.1，12.2.4，12.3.1）

①購入時に $20\,\mathrm{GBq}$ あった $^{99}\mathrm{Mo}$ は 200 時間後に何 GBq になっているか．計算は 200 時間を半減期の約 3 倍と考えた概算でよい．なお，G（ギガ）は 10^9 である．

②$^{99}\mathrm{Mo}$ が崩壊してできる $^{99\mathrm{m}}\mathrm{Tc}$ の半減期は 6 時間であり，Mo は γ 線放出前の $^{99\mathrm{m}}\mathrm{Tc}$ を少量含んでいる．Mo から化学的に精製分離した Tc を薬剤として調製し，$100\,\mathrm{MBq}$ の $^{99\mathrm{m}}\mathrm{Tc}$ を患者に投与した．投与から 2 時間半後にシンチグラフィーの計測を開始し，30 分間で終了した．この時点で患者の体内にある $^{99\mathrm{m}}\mathrm{Tc}$ は何 Bq か．

3 カリウムは人体に不可欠の元素で，体重のおよそ 0.2 ％ を占める．そして $^{40}\mathrm{K}$ は天然カリウム中に 0.0117 ％ の割合で存在する放射性同位元素である．（→ 12.1.2，12.2.3，12.2.5）

①体重 $60\,\mathrm{kg}$ の人体内にある $^{40}\mathrm{K}$ の個数を概算せよ．ただし，K の原子量を 39，アボガドロ数を 6×10^{23} とする．

②放射性同位元素の数 N と寿命 T がわかっているとする．T の単位を秒で表したとき，放射能を計算できる式は以下の 2 式のいずれか．

  a）$N\,(1/2)^{1/T}$

  b）$N - N\,(1/2)^{1/T}$

③$1/T$ が十分小さいとき，近似式 $(1/2)^{1/T} \approx 1 - 0.69/T$ が成立する．この近似式を使って①で求めた $^{40}\mathrm{K}$ の放射能を概算せよ．なお，$^{40}\mathrm{K}$ の半減期は 12.5 億年である．

④$1\,\mathrm{Bq}$ の $^{40}\mathrm{K}$ により，毎秒人体が吸収する放射線のエネルギーを $1.0 \times 10^{-13}\,\mathrm{J/s}$ とする．$^{40}\mathrm{K}$ による，この体重の人物の 1 年間の吸収線量を概算せよ．

解答 ➡

付 録

● 主な物理量とその単位

分 類	物理量	単位の記号	単位の名称	基本単位のみによる表記	他の表記
SI基本単位	時間	s	セカンド（秒）		
	長さ	m	メートル		
	質量	kg	キログラム		
	電流	A	アンペア		
	熱力学温度	K	ケルビン		
	物質量	mol	モル		
	光度	cd	カンデラ		
一般	面積	m^2			
	体積	m^3			
	体積	L	リットル		$10^{-3}\,m^3$
	平面角	rad	ラジアン		
	平面角	°	度		$(\pi/180)\,rad$
力学	力	N	ニュートン	$kg \cdot m \cdot s^{-2}$	
	圧力	Pa	パスカル	$kg \cdot m^{-1} \cdot s^{-2}$	N/m^2
	密度	kg/m^3			
	力のモーメント	$N \cdot m$		$kg \cdot m^2 \cdot s^{-2}$	
	速さ，速度	m/s			
	加速度	m/s^2			
	角速度，角振動数	rad/s		s^{-1}	
	振動数（周波数）	Hz	ヘルツ	s^{-1}	
エネルギー	仕事，エネルギー，熱量，電力量	J	ジュール	$kg \cdot m^2 \cdot s^{-2}$	$N \cdot m$
	仕事率，電力	W	ワット	$kg \cdot m^2 \cdot s^{-3}$	J/s
	セルシウス温度	℃	セルシウス度	K	
	熱容量，エントロピー	J/K		$kg \cdot m^2 \cdot s^{-2} \cdot K^{-1}$	
	比熱	$J/(g \cdot K)$			
	モル比熱	$J/(K \cdot mol)$			
電磁気	電荷，電気量	C	クーロン	$A \cdot s$	
	電圧，電位	V	ボルト	$kg \cdot m^2 \cdot s^{-3} \cdot A^{-1}$	W/A
	電気抵抗，インピーダンス	Ω	オーム	$kg \cdot m^2 \cdot s^{-3} \cdot A^{-2}$	V/A
	電気容量	F	ファラド	$kg^{-1} \cdot m^{-2} \cdot s^4 \cdot A^2$	C/V
	電場	N/C または V/m		$kg \cdot m \cdot s^{-3} \cdot A^{-1}$	
	誘電率	F/m		$kg^{-1} \cdot m^{-3} \cdot s^4 \cdot A^2$	
	磁束	Wb	ウェーバ	$kg \cdot m^2 \cdot s^{-2} \cdot A^{-1}$	$V \cdot s$
	磁束密度	T	テスラ	$kg \cdot s^{-2} \cdot A^{-1}$	Wb/m^2

分類	物理量	単位の記号	単位の名称	基本単位のみによる表記	他の表記
原子	エネルギー	eV	電子ボルト		
	放射能	Bq	ベクレル	s^{-1}	
	吸収線量	Gy	グレイ	$m^2 \cdot s^{-2}$	J/kg
	等価線量（線量当量）	Sv	シーベルト	$m^2 \cdot s^{-2}$	J/kg

● 物理定数

物理量	記号	値
重力加速度（標準値）	g	9.80665 m/s^2
絶対零度		-273.15℃
気体定数	R	8.314462618 J/(K・mol)
アボガドロ定数	N_A	$6.02214076 \times 10^{23}$/mol
真空中の光の速度	c	2.99792458×10^8 m/s
電気素量	e	$1.60217662 \times 10^{-19}$ C
クーロン定数（真空中）	k_0	8.987551792×10^9 N・m^2/C^2
電気定数（真空の誘電率）	ε_0	$8.8541878188 \times 10^{-12}$ F/m
磁気定数（真空の透磁率）	μ_0	$1.25663706127 \times 10^{-6}$ N/A^2
プランク定数	h	$6.62607015 \times 10^{-34}$ J・s
リュードベリ定数	R	$1.0973731568157 \times 10^7$/m
ボーア半径	a_0	$5.29177210544 \times 10^{-11}$ m
電子の比電荷	e/m_e	$-1.75882000838 \times 10^{11}$ C/kg
電子の質量	m_e	$9.1093837139 \times 10^{-31}$ kg
統一原子質量単位（1 u）		$1.66053906892 \times 10^{-27}$ kg

● 10の累乗（るいじょう）を示す接頭語

	接頭語	数値		接頭語	数値
P	ペタ	10^{15}	d	デシ	10^{-1}
T	テラ	10^{12}	c	センチ	10^{-2}
G	ギガ	10^9	m	ミリ	10^{-3}
M	メガ	10^6	μ	マイクロ	10^{-6}
k	キロ	10^3	n	ナノ	10^{-9}
h	ヘクト	10^2	p	ピコ	10^{-12}
da	デカ	10^1	f	フェムト	10^{-15}

● ギリシャ文字の表記と読み方

大文字	小文字	読み方
A	α	アルファ
B	β	ベータ
Γ	γ	ガンマ
Δ	δ	デルタ
E	ε	イプシロン
Z	ζ	ツェータ
H	η	イータ
Θ	θ	シータ
I	ι	イオタ
K	κ	カッパ
Λ	λ	ラムダ
M	μ	ミュー

大文字	小文字	読み方
N	ν	ニュー
Ξ	ξ	グザイ，クシー，クサイ
O	o	オミクロン
Π	π	パイ
P	ρ	ロー
Σ	σ	シグマ
T	τ	タウ
Y	υ	ウプシロン
Φ	ϕ	ファイ
X	χ	カイ
Ψ	ψ	プサイ，プシー
Ω	ω	オメガ

索 引
index

編者プロフィール

木下順二（きのした　じゅんじ）

東京医科大学非常勤講師．東京女子医科大学助手，同大学講師，同大学准教授を経て，現職．
博士（学術）．専門は量子エレクトロニクス，物理教育．

やさしい基礎物理学
<ruby>基<rt>き</rt></ruby><ruby>礎<rt>そ</rt></ruby><ruby>物<rt>ぶつ</rt></ruby><ruby>理<rt>り</rt></ruby><ruby>学<rt>がく</rt></ruby>

2025年1月25日　第1刷発行

編　集	木下順二	
発行人	一戸敦子	
発行所	株式会社　羊　土　社	
	〒101-0052	
	東京都千代田区神田小川町 2-5-1	
	TEL　　03（5282）1211	
	FAX　　03（5282）1212	
	E-mail　eigyo@yodosha.co.jp	
	URL　　www.yodosha.co.jp/	
印刷所	三美印刷株式会社	

ⓒ YODOSHA CO., LTD. 2025
Printed in Japan

ISBN978-4-7581-2176-7

羊土社　発行書籍

やさしい基礎生物学 第2版

南雲　保／編著，今井一志，大島海一，鈴木秀和，田中次郎／著
定価 3,190 円（本体 2,900 円＋税 10%）　B5判　221頁　ISBN 978-4-7581-2051-7

豊富なカラーイラストと厳選されたスリムな解説で大好評，多くの大学での採用実績をもつ教科書の第2版．自主学習に役立つ章末問題も掲載され，生命の基本が楽しく学べる，大学1〜2年生の基礎固めに最適な一冊．

PT・OT　臨床につながる物理学

望月　久，棚橋信雄／著
定価 3,300 円（本体 3,000 円＋税 10%）　B5判　264頁　SBN 978-4-7581-0260-5

ヒトの運動や物理療法の理解に欠かせない物理学．現場でのより良い実践につながるよう，理学・作業療法の臨床に関わる事象を取り上げ，基礎からわかりやすく解説しました．長く役立つ知識を修得したい方におすすめ！

身近な生化学

分子から生命と疾患を理解する

畠山　大／著
定価 3,080 円（本体 2,800 円＋税 10%）　B5判　295頁　ISBN 978-4-7581-2170-5

生化学反応を日常生活にある身近な生命現象と関連づけながら，実際の講義で話しているような語り口で解説することにより，学生さんが親しみをもって学べるテキストとなっています．

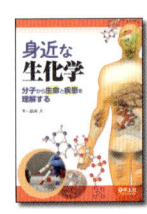

解剖生理や生化学をまなぶ前の
楽しくわかる生物・化学・物理

岡田隆夫／著，村山絵里子／イラスト
定価 2,860 円（本体 2,600 円＋税 10%）　B5判　215頁　ISBN 978-4-7581-2073-9

理科が不得意な医療系学生のリメディアルに最適！必要な知識だけを厳選して解説，専門基礎でつまずかない実力が身につきます．頭にしみこむイラストとたとえ話で，最後まで興味をもって学べるテキストです．

生理学・生化学につながる　ていねいな化学

白戸亮吉，小川由香里，鈴木研太／著
定価 2,200 円（本体 2,000 円＋税 10%）　B5判　192頁　ISBN 978-4-7581-2100-2

医療者を目指すうえで必要な知識を厳選！生理学・生化学・医療とのつながりがみえる解説で「なぜ化学が必要か」がわかります．化学が苦手でも親しみやすいキャラクターとていねいな解説で楽しく学べます．

生理学・生化学につながる　ていねいな生物学

白戸亮吉，小川由香里，鈴木研太／著
定価 2,420 円（本体 2,200 円＋税 10%）　B5判　220頁　ISBN 978-4-7581-2110-1

医療者を目指すうえで必要な知識を厳選！生理学・生化学・医療に自然につながる解説で，1冊で生物学の基本から生理学・生化学への入門まで．親しみやすいキャラクターとていねいな解説で楽しく学べます．